天基探测与应用前沿技术丛书

主编 杨元喜

高光谱遥感影像智能处理

Intelligent Processing of Hyperspectral Remote Sensing Imagery

▶ 张良培　钟燕飞　王心宇　著

国防工业出版社

·北京·

内 容 简 介

本书结合作者及所在课题组多年从事高光谱遥感研究内容，全面梳理高光谱遥感观测-解译-应用体系，在全面介绍高光谱遥感的基本原理、星-空-地高光谱观测平台的基础上，系统阐述了高光谱遥感影像去噪、混合像元分解、地物分类和异常目标探测原理与模型方法，并介绍了高光谱视频目标跟踪、高光谱热红外探测、高光谱深空探测等新兴领域的前沿技术。

本书可供从事高光谱遥感技术、地球科学、模式识别等领域的科研人员、专业技术人员阅读，也可作为相关专业师生的学习参考书。

图书在版编目（CIP）数据

高光谱遥感影像智能处理 / 张良培，钟燕飞，王心宇著 . -- 北京：国防工业出版社，2024. 7. -- （天基探测与应用前沿技术丛书 / 杨元喜主编）. -- ISBN 978-7-118-13397-4

Ⅰ. TP751

中国国家版本馆 CIP 数据核字第 2024U5E264 号

※

国防工业出版社出版发行

（北京市海淀区紫竹院南路23号　邮政编码100048）
雅迪云印（天津）科技有限公司印刷
新华书店经售

*

开本 710×1000　1/16　印张 19¼　字数 351 千字
2024 年 7 月第 1 版第 1 次印刷　印数 1—1500 册　定价 158.00 元

（本书如有印装错误，我社负责调换）

| 国防书店：(010) 88540777 | 书店传真：(010) 88540776 |
| 发行业务：(010) 88540717 | 发行传真：(010) 88540762 |

天基探测与应用前沿技术丛书
编审委员会

主　　　编　杨元喜

副　主　编　江碧涛

委　　　员　(按姓氏笔画排序)

　　　　　　王　密　　王建荣　　巩丹超　　朱建军

　　　　　　刘　华　　孙中苗　　肖　云　　张　兵

　　　　　　张良培　　欧阳黎明　罗志才　　郭金运

　　　　　　唐新明　　康利鸿　　程邦仁　　楼良盛

丛 书 策 划　王京涛　　熊思华

丛 书 序

　　天高地阔、水宽山远、浩瀚无垠、目不能及，这就是我们要探测的空间，也是我们赖以生存的空间。从古人眼中的天圆地方到大航海时代的环球航行，再到日心学说的确立，人类从未停止过对生存空间的探测、描绘与利用。

　　摄影测量是探测与描绘地理空间的重要手段，发展已有近 200 年的历史。从 1839 年法国发表第一张航空像片起，人们把探测世界的手段聚焦到了航空领域，在飞机上搭载航摄仪对地面连续摄取像片，然后通过控制测量、调绘和测图等步骤绘制成地形图。航空遥感测绘技术手段曾在 120 多年的时间长河中成为地表测绘的主流技术。进入 20 世纪，航天技术蓬勃发展，而同时期全球地表无缝探测的需求越来越迫切，再加上信息化和智能化重大需求，"天基探测"势在必行。

　　天基探测是人类获取地表全域空间信息的最重要手段。相比传统航空探测，天基探测不仅可以实现全球地表感知（包括陆地和海洋），而且可以实现全天时、全域感知，同时可以极大地减少野外探测的工作量，显著地提高地表探测效能，在国民经济和国防建设中发挥着无可替代的重要作用。

　　我国的天基探测领域经过几十年的发展，从返回式卫星摄影发展到传输型全要素探测，已初步建立了航天对地观测体系。测绘类卫星影像地面分辨率达到亚米级，时间分辨率和光谱分辨率也不断提高，从 1∶250000 地形图测制发展到 1∶5000 地形图测制；遥感类卫星分辨率已逼近分米级，而且多物理原理的对地感知手段也日趋完善，从光学卫星发展到干涉雷达卫星、激光测高卫星、重力感知卫星、磁力感知卫星、海洋环境感知卫星等；卫星探测应用技术范围也不断扩展，从有地面控制点探测与定位，发展到无需地面控制点支持的探测与定位，从常规几何探测发展到地物属性类探测；从专门针对地形测量，发展到动目标探测、地球重力场探测、磁力场探测，甚至大气风场探测和海洋环境探测；卫星探测载荷功能日臻完善，从单一的全色影像发展到多光谱、高光谱影像，实现"图谱合一"的对地观测。当前，天基探测卫星已经在国土测绘、城乡建设、农业、林业、气象、海洋等领域发挥着重要作用，取得了系列理论和应用成果。

任何一种天基探测手段都有其鲜明的技术特征，现有天基探测大致包括几何场探测和物理场探测两种，其中诞生最早的当属天基光学几何探测。天基光学探测理论源自航空摄影测量经典理论，在实现光学天基探测的过程中，前人攻克了一系列技术难关，《光学卫星摄影测量原理》一书从航天系统工程角度出发，系统介绍了航天光学摄影测量定位的理论和方法，既注重天基几何探测基础理论，又兼顾工程性与实用性，尤其是低频误差自补偿、基于严格传感器模型的光束法平差等理论和技术路径，展现了当前天基光学探测卫星理论和体系设计的最前沿成果。在一系列天基光学探测工程中，高分七号卫星是应用较为广泛的典型代表，《高精度卫星测绘技术与工程实践》一书对高分七号卫星工程和应用系统关键技术进行了总结，直观展现了我国1∶10000光学探测卫星的前沿技术。在光学探测领域中，利用多光谱、高光谱影像特性对地物进行探测、识别、分析已经取得系统性成果，《高光谱遥感影像智能处理》一书全面梳理了高光谱遥感技术体系，系统阐述了光谱复原、解混、分类与探测技术，并介绍了高光谱视频目标跟踪、高光谱热红外探测、高光谱深空探测等前沿技术。

天基光学探测的核心弱点是穿透云层能力差，夜间和雨天探测能力弱，而且地表植被遮挡也会影响光学探测效能，无法实现全天候、全时域天基探测。利用合成孔径雷达（SAR）技术进行探测可以弥补光学探测的系列短板。《合成孔径雷达卫星图像应用技术》一书从天基微波探测基本原理出发，系统总结了我国SAR卫星图像应用技术研究的成果，并结合案例介绍了近年来高速发展的高分辨率SAR卫星及其应用进展。与传统光学探测一样，天基微波探测技术也在不断迭代升级，干涉合成孔径雷达（InSAR）是一般SAR功能的延伸和拓展，利用多个雷达接收天线观测得到的回波数据进行干涉处理。《InSAR卫星编队对地观测技术》一书系统梳理了InSAR卫星编队对地观测系列关键问题，不仅全面介绍了InSAR卫星编队对地观测的原理、系统设计与数据处理技术，而且介绍了双星"变基线"干涉测量方法，呈现了当前国内最前沿的微波天基探测技术及其应用。

随着天基探测平台的不断成熟，天基探测已经广泛用于动目标探测、地球重力场探测、磁力场探测，甚至大气风场探测和海洋环境探测。重力场作为一种物理场源，一直是地球物理领域的重要研究内容，《低低跟踪卫星重力测量原理》一书从基础物理模型和数学模型角度出发，系统阐述了低低跟踪卫星重力测量理论和数据处理技术，同时对低低跟踪重力测量卫星设计的核心技术以及重力卫星反演地面重力场的理论和方法进行了全面总结。海洋卫星测高在研究地球形状和大小、海平面、海洋重力场等领域有着重要作用，《双星跟飞海洋测高原理及应用》一书紧跟国际卫星测高技术的最新发展，描述了双星跟飞卫星测高原理，并结合工程对双星跟飞海洋测高数据处理理论和方法进行了全面梳理。

天基探测技术离不开信息处理理论与技术，数据处理是影响后期天基探测产品成果质量的关键。《地球静止轨道高分辨率光学卫星遥感影像处理理论与技术》一书结合高分四号卫星可见光、多光谱和红外成像能力和探测数据，侧重梳理了静止轨道高分辨率卫星影像处理理论、技术、算法与应用，总结了算法研究成果和系统研制经验。《高分辨率光学遥感卫星影像精细三维重建模型与算法》一书以高分辨率遥感影像三维重建最新技术和算法为主线展开，对三维重建相关基础理论、模型算法进行了系统性梳理。两书共同呈现了当前天基探测信息处理技术的最新进展。

本丛书成体系地总结了我国天基探测的主要进展和成果，包含光学卫星摄影测量、微波测量以及重力测量等，不仅包括各类天基探测的基本物理原理和几何原理，也包括了各类天基探测数据处理理论、方法及其应用方面的研究进展。丛书旨在总结近年来天基探测理论和技术的研究成果，为后续发展起到推动作用。

期待更多有识之士阅读本丛书，并加入到天基探测的研究大军中。让我们携手共绘航天探测领域新蓝图。

2024 年 2 月

前　言

21世纪世界进入了高度信息化时代，以遥感科学为代表的空间信息领域取得了蓬勃发展。高光谱遥感作为遥感科学重大突破之一，自20世纪80年代问世以来已经成为一个颇具特色的前沿领域。不同于全色、彩色和多光谱遥感，高光谱遥感将影像和光谱探测融为一体，实现了"图谱合一"的对地观测，其密集且狭窄的光谱波段可精确表征地物的本征特性。因此，高光谱遥感受到了国内外学者的普遍关注，并在自然资源监测、地质调查、军事探测、环境监测以及深空探测等领域得到了广泛的应用。

高光谱遥感技术的发展，既需要集成材料、电子信息、探测器技术等学科的传感器技术作为支撑，也需要高光谱遥感理论研究和应用落地的不断探索。近年来，高光谱成像载荷实现了全谱段的高精度光谱探测，已经形成了星载、有人机、无人机和地面平台的多尺度立体观测体系，为高光谱遥感提供源源不断的数据支撑。高光谱遥感理论和应用研究也取得了长足的进步，不断涌出创新理论模型和新颖的应用。作者曾在2005年编写了教材《高光谱遥感》（武汉大学出版社），为了紧跟高光谱遥感技术发展，在2011年和2014年相继编写了《高光谱遥感》（测绘出版社）和《高光谱遥感影像处理》（科学出版社）两本书。如今，随着海量高维高光谱数据的持续获取和人工智能技术的快速进步，尤其是以深度学习为代表的数据驱动下的图像解译技术取得跨越式发展，亟须完善新型的高光谱遥感的观测–解译–应用理论体系。本书紧密结合近年来航空航天科技和传感器技术的发展，完善了高光谱观测平台体系介绍，重点增加了无人机高光谱观测系统的详细内容；在高光谱数据处理方面，增加了当前新型数据处理算法和模型介绍，重点增加了深度学习技术在高光谱影像降噪、混合像元分解、像素分类和目标探测方面的内容；在高光谱遥感应用方面，增加了高光谱视频目标跟踪、热红外探测、深空探测等方面的新颖内容。

  本书共7章：第1章绪论，介绍高光谱遥感的基本理论和国内外现状；第2章高光谱成像原理、系统与数据集，介绍高光谱成像原理和深空、星载、机载、无人机、地面高光谱遥感观测系统和未来的主要发展趋势；第3章高光谱遥感影像去噪技术，介绍高光谱影像的噪声类型、形成机理和分布特性，重点阐述基于模型驱动和数据驱动的去噪算法，以及模拟数据和真实数据的实验分析；第4章高光谱遥感混合像元分解，概述了混合像元问题，重点阐述了基于传统优化和深度学习的混合像元分解模型；第5章高光谱遥感地物分类，介绍高光谱分类的基本原理，重点阐述传统和深度学习的高光谱遥感分类模型；第6章高光谱遥感异常探测，介绍高光谱异常探测理论，重点介绍统计-正则化-深度学习理论体系下的高光谱遥感异常探测模型；第7章介绍高光谱遥感智能处理前沿技术，对当前高光谱影像智能处理在视频目标跟踪、热红外探测和深空探测等领域的应用进行了阐述。

  本书由张良培、钟燕飞、王心宇主要撰写，曹丽琴、胡鑫、王少宇、崔春旸、罗朝之等对部分章节的撰写作出了贡献。感谢杨元喜院士对本书的出版给予的大力支持与帮助，同时感谢本书所引用文献的众多作者。

  由于学识所限，书中难免存在不妥之处，敬请各位专家、同行批评指正。

作 者
2023年10月

目　录

第1章　绪论 ………………………………………………………………… 1

1.1　高光谱遥感理论基础 …………………………………………………… 1
1.1.1　电磁波谱 ………………………………………………………… 2
1.1.2　电磁辐射与地表的相互作用 …………………………………… 3
1.1.3　大气窗口 ………………………………………………………… 4
1.1.4　分辨率 …………………………………………………………… 5

1.2　高光谱遥感数据特点 …………………………………………………… 6

1.3　高光谱遥感影像智能处理任务 ………………………………………… 7
1.3.1　高光谱遥感影像去噪任务 ……………………………………… 7
1.3.2　高光谱遥感影像光谱分解任务 ………………………………… 8
1.3.3　高光谱遥感影像精细分类任务 ………………………………… 8
1.3.4　高光谱遥感影像异常目标探测任务 …………………………… 9

1.4　本书的内容与章节安排 ………………………………………………… 10
参考文献 ………………………………………………………………………… 10

第2章　高光谱成像原理、系统与数据集 ……………………………… 15

2.1　高光谱成像系统成像原理 ……………………………………………… 15
2.1.1　色散型成像光谱仪 ……………………………………………… 15
2.1.2　干涉型成像光谱仪 ……………………………………………… 16

2.1.3　滤光片型成像光谱仪 ……………………………………… 17
　　　2.1.4　计算型成像光谱仪 …………………………………………… 18
　　　2.1.5　空间采样方式 ………………………………………………… 20
2.2　星-空-地高光谱成像系统 ……………………………………………… 21
　　　2.2.1　星载高光谱成像系统 ………………………………………… 22
　　　2.2.2　机载高光谱成像系统 ………………………………………… 26
　　　2.2.3　无人机高光谱成像系统 ……………………………………… 28
　　　2.2.4　地面高光谱成像系统 ………………………………………… 30
2.3　典型高光谱遥感基准数据集 …………………………………………… 30
　　　2.3.1　高光谱遥感去噪基准数据集 ………………………………… 30
　　　2.3.2　高光谱遥感混合像元分解基准数据集 ……………………… 31
　　　2.3.3　高光谱遥感分类基准数据集 ………………………………… 32
　　　2.3.4　高光谱遥感异常探测基准数据集 …………………………… 36
　　　2.3.5　高光谱遥感基准数据集汇总 ………………………………… 38
2.4　高光谱成像系统发展趋势 ……………………………………………… 40
参考文献 …………………………………………………………………………… 41

第3章　高光谱遥感影像去噪技术 …………………………………………… 48

3.1　高光谱遥感影像噪声问题 ……………………………………………… 48
　　　3.1.1　高光谱遥感影像噪声成因分析 ……………………………… 48
　　　3.1.2　高光谱遥感影像噪声类型分析 ……………………………… 50
　　　3.1.3　高光谱遥感影像混合噪声分布特性分析 …………………… 51
3.2　基于影像滤波的高光谱遥感影像去噪算法 …………………………… 52
3.3　基于正则化模型的高光谱遥感影像去噪算法 ………………………… 56
　　　3.3.1　基于全变分先验的高光谱遥感影像去噪方法 ……………… 57
　　　3.3.2　基于稀疏先验的高光谱遥感影像去噪方法 ………………… 59
　　　3.3.3　基于低秩先验的高光谱遥感影像去噪方法 ………………… 61
3.4　基于深度学习的高光谱遥感影像去噪算法 …………………………… 63
　　　3.4.1　基本原理 ……………………………………………………… 63
　　　3.4.2　基于外部数据驱动的高光谱遥感影像去噪算法 …………… 64
　　　3.4.3　基于内部数据驱动的高光谱遥感影像去噪算法 …………… 67

3.4.4 基于内部-外部数据联合驱动的高光谱遥感影像
去噪算法 ·········· 70
3.5 实验分析 ·········· 73
3.5.1 高光谱遥感影像质量评价 ·········· 73
3.5.2 实验设计 ·········· 76
3.5.3 模拟数据实验 ·········· 76
3.5.4 真实数据实验 ·········· 78
3.6 小结 ·········· 81
参考文献 ·········· 82

第4章 高光谱遥感混合像元分解 ·········· 88

4.1 混合像元问题 ·········· 88
4.1.1 混合像元成因分析 ·········· 88
4.1.2 混合像元模型 ·········· 89
4.1.3 混合像元分解任务 ·········· 93
4.2 端元个数估计方法 ·········· 93
4.3 传统混合像元分解方法 ·········· 95
4.3.1 端元提取-丰度反演方法（两步式解混）·········· 95
4.3.2 混合像元盲分解方法（一步式解混）·········· 99
4.4 高光谱全自动分解方法 ·········· 104
4.4.1 基于稀疏迭代误差分析的全自动分解方法 ·········· 105
4.4.2 基于显著性先验的全自动分解方法 ·········· 106
4.5 基于深度学习的混合像元分解方法 ·········· 114
4.5.1 基于自编码的混合像元分解方法 ·········· 114
4.5.2 基于空间结构稀疏展开的高光谱盲分解方法 ·········· 117
4.6 实验分析 ·········· 120
4.6.1 高光谱分解实验数据集和精度评价指标 ·········· 120
4.6.2 端元个数估计实验与分析 ·········· 123
4.6.3 盲分解实验与分析 ·········· 125
4.6.4 基于深度学习的混合像元分解实验与分析 ·········· 128
4.7 小结 ·········· 132

参考文献 ·· 133

第5章　高光谱遥感地物分类 ··· 140

5.1　高光谱遥感分类 ·· 140
5.2　传统高光谱遥感分类方法 ·· 141
　　5.2.1　基于光谱信息的传统分类方法 ··································· 141
　　5.2.2　基于空谱信息的传统分类方法 ··································· 143
5.3　基于空间取块机制的高光谱遥感深度学习分类方法 ········· 147
　　5.3.1　基于成像机制的训练样本增强策略 ··························· 149
　　5.3.2　卷积神经网络分类基准模型 ····································· 151
　　5.3.3　条件随机场模型 ·· 153
5.4　端到端高光谱遥感深度学习分类方法 ····························· 155
　　5.4.1　基于局部取块无关的端到端高光谱分类方法 ············· 155
　　5.4.2　基于光谱–空间–尺度注意力网络的端到端高光谱
　　　　　分类方法 ·· 160
5.5　实验分析 ·· 170
　　5.5.1　高光谱影像分类精度评价指标 ·································· 170
　　5.5.2　无人机载高光谱高空间分辨率影像分类基准数
　　　　　据集 ··· 172
　　5.5.3　基于空间取块机制的高光谱遥感深度学习方法的
　　　　　实验结果与分析 ··· 175
　　5.5.4　端到端的高光谱遥感深度学习分类方法的实验
　　　　　结果与分析 ·· 183
5.6　小结 ··· 190
参考文献 ·· 191

第6章　高光谱遥感异常探测 ·· 199

6.1　概述 ··· 199
　　6.1.1　高光谱遥感异常探测的概念与特点 ··························· 199
　　6.1.2　高光谱遥感异常探测的研究现状与问题 ···················· 200
6.2　基于统计的高光谱遥感异常探测方法 ····························· 203

6.2.1　RX 异常探测器 ……………………………………………… 203
　　　6.2.2　基于随机选择的异常探测器 ………………………………… 204
　6.3　基于表达的异常探测方法 ………………………………………… 204
　　　6.3.1　基于表达的正则化先验 ……………………………………… 205
　　　6.3.2　基于鲁棒性主成分分析的异常探测器 ……………………… 206
　　　6.3.3　基于协同表示的异常探测器 ………………………………… 207
　　　6.3.4　基于低秩稀疏的异常探测器 ………………………………… 208
　　　6.3.5　基于丰度与字典低秩分解的异常探测器 …………………… 208
　6.4　基于深度学习的异常探测方法 …………………………………… 209
　　　6.4.1　自编码器理论 ………………………………………………… 209
　　　6.4.2　光谱约束的对抗自编码异常探测器 ………………………… 211
　　　6.4.3　流形约束的自编码器异常探测器 …………………………… 212
　　　6.4.4　基于全卷积自编码器的全自动异常探测器 ………………… 212
　　　6.4.5　基于深度低秩先验的异常探测器 …………………………… 217
　6.5　实验分析 …………………………………………………………… 225
　　　6.5.1　高光谱异常探测精度评价体系 ……………………………… 225
　　　6.5.2　实验数据 ……………………………………………………… 228
　　　6.5.3　实验结果与分析 ……………………………………………… 229
　6.6　小结 ………………………………………………………………… 234
　参考文献 ………………………………………………………………… 235

第 7 章　高光谱遥感智能处理前沿技术 …………………………………… 246

　7.1　高光谱视频目标跟踪 ……………………………………………… 246
　　　7.1.1　概述 …………………………………………………………… 246
　　　7.1.2　高光谱视频目标跟踪研究现状 ……………………………… 247
　　　7.1.3　基于可见光-高光谱融合的双孪生网络目标跟踪
　　　　　　方法 …………………………………………………………… 250
　　　7.1.4　实验结果与分析 ……………………………………………… 250
　7.2　高光谱热红外探测 ………………………………………………… 257
　　　7.2.1　概述 …………………………………………………………… 257
　　　7.2.2　高光谱热红外影像异常目标探测应用 ……………………… 258

  7.2.3 高光谱热红外影像地物分类 …………………………………… 264
7.3 高光谱深空探测 ……………………………………………………… 268
  7.3.1 火星高光谱探测发展 ………………………………………… 268
  7.3.2 基于高光谱的火星探测分析 ………………………………… 270
 参考文献 ………………………………………………………………… 279

附录　高光谱遥感算法库 ……………………………………………… 286
 参考文献 ………………………………………………………………… 288

第 1 章 绪 论

1.1 高光谱遥感理论基础

20 世纪 80 年代初期，随着成像光谱技术的出现，高光谱遥感这一新兴遥感技术发展迅猛，光学遥感进入了崭新阶段[1-2]。高光谱遥感具备光谱分辨率高的特性，可在紫外、可见光、近红外、短波红外以及中长波红外等电磁波谱段范围，获取窄而连续的光谱信息，这些反映物质特性的光谱辐射信息与空间影像信息等多维信息同步获取，表现出"图谱合一"的优势。如图 1.1 所示，相比于多光谱数据，高光谱数据可以准确反映不同材质诊断性的光谱特征[3]，其"光谱连续、图谱合一"的独特优势，使得原本在宽波段遥感中不可探测的物质得以探测，同时使地物精细识别、定量反演成为可能，大大提升了人们对客观世界的认知水平[4]。高光谱遥感作为遥感领域的革命性科技突破之一[5]，建立在光谱学、地球科学、空间科学、电子科学、计算机科学

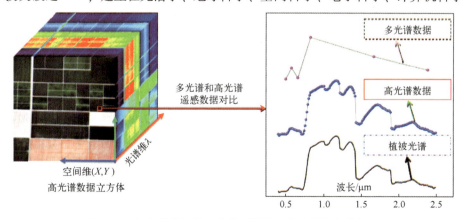

图 1.1 高光谱数据所反映的不同材质的诊断性光谱特征

等多学科的基础之上,广泛应用于军事侦察、农业林业、生态环境、矿物识别、灾害应急、自然资源、城市规划等众多领域并取得了显著成果。高光谱遥感技术在我国国民经济、社会发展、国防建设的宏观决策中发挥着不可或缺的作用,高光谱数据与信息产品也已成为国家基础性、战略性信息资源[6]。

1.1.1 电磁波谱

电磁波理论是高光谱遥感的物理基础,不同物质具备不同的电磁辐射特性,进而可以根据物质的电磁辐射特性设计相应遥感传感器,对物质进行探测与识别分析。电磁辐射通常可以用能量、波长或频率来表示。在不同电磁波谱区间,电磁辐射与物质相互作用的机制不相同,按照电磁波在真空中传播频率的递增顺序,如图 1.2 所示,电磁波可分为无线电波、微波、可见光、红外、紫外、X 射线以及 γ 射线等[7]。

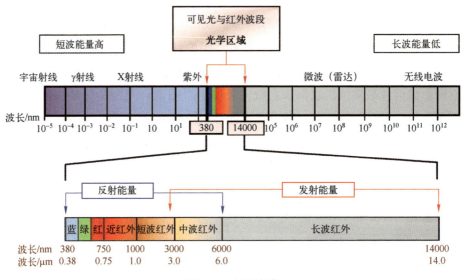

图 1.2 电磁波谱

可见光是人眼可感知的主要电磁辐射区间,其波长范围一般为 380~750nm,可进一步分为红、橙、黄、绿、青、蓝、紫 7 种颜色。高光谱成像可以覆盖比可见光更宽的波长范围,例如常见的高光谱成像的电磁波谱区间包括可见光-近红外(380~1000nm)、近红外-短波红外(1000~2500nm)、中波红外(3000~5000nm)、长波红外(8000~14000nm),上述常用光谱成像区间由传感器感光元件、大气窗口、电磁辐射特性共同决定。其中,近红外在物理性质上与可见光相似,主要是获取地表反射太阳辐射,又称为反射红外,常用于植被、水体监测;长波红外又称为热红外,可探测地物自身发射的辐射能量,常用于热异常、气体、矿物探测。

在不同的电磁辐射区间内,电磁波与物质相互作用的机制不同,可见光、近红外作用机制为分子或原子内部的电子、分子或原子内部的电子激发,而中长波红外作用机制为分子振动与分子转动。同时,不同的电磁辐射区间的探测器感光材质不同,因而在实际应用中需要根据目标辐射特性选取合适的探测区间。可见光-短波红外高光谱成像的技术成熟度较高,而中长波红外高光谱成像技术仍处于发展阶段。

1.1.2 电磁辐射与地表的相互作用

当电磁波到达地表后,电磁辐射与地表必然发生相互作用,主要有三种基本物理过程:反射、吸收和透射。即当太阳的辐射能量入射到地面时,对应三种情况:一部分能量被地物反射;一部分能量被地物吸收,使其成为地物自身的能量或再由地物自身发射;一部分能量被地物透射。如图 1.3 所示,应用能量守恒原理,可以将入射能量与三部分的关系表示为

$$E_I(\lambda) = E_R(\lambda) + E_A(\lambda) + E_T(\lambda) \tag{1.1}$$

式中:$E_I(\lambda)$ 为入射总能量;$E_R(\lambda)$ 为反射能量;$E_A(\lambda)$ 为吸收能量;$E_T(\lambda)$ 为透射能量。三者均是波长 λ 的函数。

图 1.3 中,$E_E(\lambda)$ 为发射能量,针对地物本身的能量传输过程,发射能量与吸收能量相等,即 $E_E(\lambda) = E_A(\lambda)$。

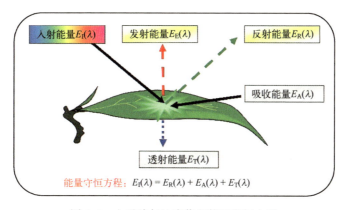

图 1.3 电磁波与地表作用能量守恒方程

物质均具有反射与发射电磁波的特性,且物质在不同波长处的反射与发射电磁波能力不同,因此在某一波谱范围内无法区分的物质,却可在另一个

波谱范围内区分。同时，受不同地物性质与状态的影响，其能量反射、吸收和透射特性有所不同，下面对地物反射、发射进行重点介绍。

反射是指当电磁辐射到达两种不同介质的分界面时，入射能量的一部分或全部返回原介质的现象。反射可通过反射率 $\rho(\lambda)$ 进行度量，以反射能量占入射能量的百分比表示，即

$$\rho(\lambda)=\frac{E_{R}(\lambda)}{E_{I}(\lambda)} \tag{1.2}$$

物体的反射率随波长变化，同时受入射角、地物颜色、表面粗糙度等多种因素影响，反射光谱特性表征了地物目标的本质信息。物体对于电磁波的反射通常可分为镜面反射、漫反射、方向反射三种类型。

任何温度高于 0K 的物质均向外发射辐射能量。发射率 $\varepsilon(\lambda)$ 是表征物体表面以热辐射形式释放能量相对强弱的物理量，其参照物为相同温度下的黑体，定义为物体在一定温度下发射能量与同一温度下黑体辐射能量之比：

$$\varepsilon(\lambda,T)=\frac{E_{E}(\lambda,T)}{E_{\text{blackbody}}(\lambda,T)} \tag{1.3}$$

黑体的发射率为 1，其他物体的发射率介于 0~1 之间。地物的发射率大小受颜色、表面粗糙度、含水量、视场角、波长、温度、观测角等多种因素影响，是影响地表温度的重要基本因素之一。由于温度相同的相邻地物的发射率不同，使得红外热辐射能量不同，因而可以进行地物类别区分。

1.1.3 大气窗口

地球大气层对于不同频率电磁辐射的透过率不同。太阳电磁辐射在大气的反射、散射和吸收作用影响下存在不同程度的衰减，其中受大气衰减作用最轻、透射率较高的区间常称作大气窗口。选取合适的大气窗口最大限度获取地表辐射信息是遥感技术研究的重点之一。目前，高光谱遥感常用的大气窗口有以下几种。

（1）0.3~1.15μm 大气窗口：包括部分紫外、全部可见光和部分近红外谱段，透过率均在 70% 以上，主要用于获取地物的反射辐射信息，是目前光学遥感应用的主要大气窗口之一。其中：0.3~0.4μm 的紫外窗口，透过率约为 70%；0.4~0.7μm 的可见光窗口，透过率约为 95%；0.7~1.15μm 的近红外窗口，透过率约为 80%。

（2）1.3~2.5μm 大气窗口：包括近红外与短波红外波段，其中：1.3~

1.9μm 透过率为60%~95%（1.55~1.75μm 透过率较高）；2.0~2.5μm 透过率约为80%。

（3）3.5~5.0μm 大气窗口：包括中红外波段，透过率为60%~70%；在中红外区间，地物在反射太阳辐射能量的同时也向外发射热辐射。

（4）8~14μm 大气窗口：包括热红外波段，透过率约为80%，主要来自地物自身的热辐射能量，因此适用于夜间成像，可探测地物温度。

1.1.4 分辨率

遥感成像技术的发展伴随着两方面的进步：一是通过缩小遥感器瞬时视场来提高影像空间分辨率；二是通过缩小波宽或增加波段数来提高影像光谱分辨率。为方便深入理解，下面对一些遥感常见的分辨率概念进行说明。

1) 空间分辨率

空间分辨率是指遥感影像上能够详细区分的最小尺寸，是用来表征影像分辨地面目标细节的指标。通常用像元大小或瞬时视场（IFOV）来表示。其中遥感仪器的瞬时视场是指遥感系统的探测单元在某一特定时刻从给定高度"看到"的地球表面区域，该区域的大小由瞬时视场角与传感器对地距离共同决定。大多数遥感图像以像元为基本单元构成，当空间分辨率为10m时，则每个像元代表地面上10m×10m的区域。空间分辨率主要可分为中低分辨率、高分辨率，高空间分辨率可以揭示更精细的细节，如树木、车辆、建筑物等，但相比于中低分辨率，其幅宽覆盖范围更小。

2) 光谱分辨率

光谱分辨率是对光谱维探测能力的度量。其中，单一波段的光谱分辨率为波段宽度，狭义上被严格定义为半峰全宽，即该波段光谱响应函数最大值的50%时的波长宽度；而成像系统的光谱分辨率包括波段数量与波段宽度指标。如图1.4所示，光谱响应函数表示光谱响应强度与波长的关系，其中最大光谱响应光谱的波长为中心波长，半峰全宽为波段宽度。通常按照光谱分辨率精细程度，可分为多光谱、高光谱、超光谱等类型。

3) 时间分辨率

时间分辨率是指对同一区域进行两次遥感观测所需的最小时间间隔，也称为重访周期。周期长短取决于卫星轨道类型、传感器视场角、卫星侧摆能力与卫星组网等因素。重访时间间隔越大，时间分辨率越低。高时间分辨率遥感是未来遥感技术发展的一个趋势，可实现地物类型与参量的精准反演和

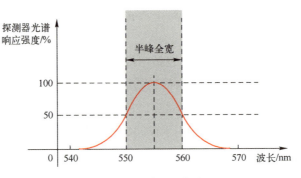

图 1.4 光谱响应曲线

高时频变化监测，可为交通、农业、渔业、水利、林业、军事等部门提供重要的实时监测数据。

4）辐射分辨率

辐射分辨率是指遥感传感器在接收光谱辐射信号时能分辨的最小辐射通量差，它反映了传感器分辨地物辐射能量变化灵敏度与变化范围的能力，在遥感影像上表现为每一个像元的辐射量化级。传感器的量化区分能力越强，量化级别的比特位数越多（一般用位深表示），图像层次越丰富，传感器的辐射分辨率越高。根据编码方式的不同，一般将位深≥10bit 的遥感影像定义为高辐射分辨率影像。

1.2 高光谱遥感数据特点

与传统多光谱遥感影像相比，高光谱遥感影像具有以下特点。

（1）光谱连续。高光谱遥感数据光谱分辨率高，在可见光、近红外、短波红外、中红外与长波红外等范围进行连续光谱采样时，其波段数可达数百个，形成一条近似于连续的光谱曲线，光谱分辨率可优于 10nm，可以直观地反映地物本质的反射与吸收光谱特性。

（2）图谱合一。高光谱影像立方体是由二维空间信息和一维光谱信息构成的，其图像空间用于描述地物空间分布，光谱则用于描述每个像元的光谱属性，实现图像空间与光谱特征有效融合，从而有效解决"成像无光谱"和"光谱不成像"的历史问题。

（3）信息冗余。高光谱遥感影像由窄而连续的波段构成，数据量大，当光谱采样间隔小于光谱分辨率时，相邻波段之间存在大量谱间信息冗余，如何从冗余信息中提取诊断性的光谱特征是高光谱遥感处理的重点任务之一。

（4）信噪比低。在相同成像条件下，成像信噪比、空间分辨率与光谱分辨率之间相互制约。受口径、能量等诸多因素的限制，相比于多光谱影像，同等空间分辨率的高光谱影像信噪比低，提高高光谱影像的数据质量是保障后续应用的重要预处理环节。

（5）混合像元。由于空间分辨率、地物混合、大气散射等因素，混合像元（多种基本地物/物质混合的像元）广泛存在于中低分辨率的高光谱遥感影像中，为此在精细化、定量化应用中需要考虑混合像元问题。

（6）光谱可变性。同物异谱与异物似谱是影响地物精细识别的主要挑战，其核心原因在于地物光谱的变异性，导致同一地物由于环境因素（如太阳高度、含水量等）影响光谱曲线。不同地物类型具有部分相似的光谱特征，光谱变异性会随着空间分辨率提高而增大，其存在使类内方差变大、类间方差变小，增加了细粒度精细地物识别的难度。

1.3 高光谱遥感影像智能处理任务

高光谱遥感技术在国民经济建设、人类社会可持续发展和国防建设中均发挥着重要作用，高光谱遥感影像智能处理作为解决对地观测到地学应用的关键，通过解决混合像元、噪声干扰、信息冗余、光谱变异等诸多挑战服务于行业应用。模式识别、机器学习和人工智能领域大量新理论、新方法和新技术的发展，极大地促进了高光谱信息处理技术的发展，高光谱遥感信息处理已进入智能化时代。本书侧重于高光谱遥感处理中去噪、混合像元分解、地物分类、异常探测这四类任务的介绍。

1.3.1 高光谱遥感影像去噪任务

受硬件条件与观测环境的限制[8]，高光谱影像存在较为严重的影像噪声[9]。目前，针对高光谱影像去噪研究取得了一定的成果。然而，已有降噪模型在"混合噪声建模–含噪数据挖掘"方面仍存在以下问题。

（1）难以显示建模真实高光谱影像中存在的多类型混合噪声[10]。受观测环境的影响，高光谱遥感影像同时存在着多类型噪声污染[11]，且不同波段的噪声强度存在差异[12]。现有的去噪方法难以建模真实高光谱影像的多类型混合噪声[13]。

（2）针对高光谱观测影像的数据挖掘不足[11]。目前，已有部分研究尝试将数据驱动的方法引入高光谱影像去噪任务。然而，在外部数据方面，高质量高光谱遥感影像的缺乏导致"含噪-无噪"监督式学习难以开展；在内部数据方面，高光谱遥感影像各波段含噪程度各异，仅依赖数据内部特征难以学习到通用噪声去除的先验信息。

针对以上问题，本书"以智能化高光谱遥感影像质量改善"为研究主线，开展了高光谱遥感影像混合噪声深度学习去除方法研究。针对传统方法存在的问题，介绍现有"空-天-地"协同的影像去噪方法。从数据驱动的角度出发，利用高光谱遥感影像自身挖掘真实噪声样本与无噪样本，实现内部数据驱动的去噪学习；针对低质量数据难以提取无噪样本问题，引入高质量地面数据生成地面降质影像；针对模拟-真实数据降质差异降低模型泛化性问题，提出无监督自适应学习策略，在高质量地面影像上进行预训练，并设计了判别器对噪声进行隐式建模，在处理真实数据时由判别器对去噪参数进行微调，提升模型泛化性。

1.3.2 高光谱遥感影像光谱分解任务

光谱分解技术[14-15]是解决高光谱混合像元问题的主要思路[16]，传统的光谱分解策略可以实现无监督的端元个数估计[17]、无监督的端元光谱提取[18]与无监督的丰度分布反演[19-20]，但仍存在以下亟须解决的问题。

（1）不同模型与模型之间相互独立且缺乏反馈机制，导致光谱分解过程中存在大量的累计误差，估计的端元个数无法适用于后续分解。

（2）线性盲分解中光谱特性已充分挖掘，但空间特性未高效利用[21-26]，缺少可高效融合光谱与空间信息的模型与方法[27]。

（3）基于自编码的混合像元分解方法网络结构可解释性不足。

针对以上问题，本书介绍智能化的高光谱遥感影像光谱分解技术。针对端元个数估计独立问题，介绍基于视觉显著性的端元个数自动估计方法；针对混合像元盲分解中空间信息利用效率较低问题[28-29]，介绍基于空间结构稀疏约束的非负矩阵盲分解方法；针对基于自编码的混合像元分解方法网络可解释性不足问题，介绍联合混合机理和深度网络的智能化深度展开高光谱遥感影像光谱分解技术，具有较高的效率和可解释性。

1.3.3 高光谱遥感影像精细分类任务

近年来，随着无人机和微型光谱仪的发展，高光谱遥感影像的空间分辨率也在不断提升，然而极高的光谱和空间分辨率带来了更高的空谱异质性，使得传统方法和早期深度学习方法难以取得优异的分类结果[30-31]，现有研究主要存在以下亟须解决的问题。

（1）传统高光谱分类方法无法自动提取特征[32]。依赖于手工特征的设计，受专家经验影响较大[33]，效果难以令人满意[34]。

（2）长距离空间依赖关系难以获取。早期基于空间取块的深度学习方法受限于空间块的输入方式[35-36]，网络无法建立长距离空间依赖关系，使得分类图中孤立、错分区域较多。

（3）无法利用全局上下文信息，且推理速度慢。基于空间取块的深度学习方法空间块大小难以确定，较大相邻像元之间重叠区域大，在推理时计算冗余较大[37-38]，推理速度十分缓慢，而较小又无法充分利用上下文信息[39-40]。

针对以上问题，本书拟基于先进的智能化深度学习技术设计分类框架：首先使用卷积神经网络，逐层、自动地提取深层特征用于分类；然后联合条件随机场模型，整合全局空间上下文信息，使网络能够建立长距离空间依赖关系提高分类结果；最后直接采用基于编码器-解码器的全卷积网络架构，进行端到端的训练和推理，以整张影像为输入、整张影像为输出，从根本上解决网络无法利用全局上下文信息的问题。并且针对近年来具有更高空间分辨率的高光谱遥感影像（双高影像），进一步加入基于光谱-空间-尺度注意力，实现对双高影像的精细分类。

1.3.4　高光谱遥感影像异常目标探测任务

遥感影像的异常探测，是在没有任何目标先验信息的情况下，将与周围典型背景有显著性光谱差异的异常像元从影像中提取出来的过程[41]。深度算法相较于传统算法，可以提取异常和背景之间的判别性特征[42]。然而，大部分深度算法在背景估计时仍存在以下问题。

（1）依赖独立的预处理和探测器构建步骤导致误差累积[43-45]。现有基于自编码器的方法虽然利用了深度学习优秀的特征表征能力，但依赖预处理和探测器构建步骤增强了异常和背景的判别特征，探测框架非端到端，产生了累积误差且过程复杂。

（2）无监督网络基于自监督方式训练导致重建背景不纯净。无监督自编码器基于自监督方式，在无约束的条件下同时提取异常和背景特征，特征与异常或背景对应关系不明[46]，需人工进行特征筛选，产生额外步骤和误差[47-52]。

针对第一个问题，本书拟基于深度学习技术进行背景特征提取，研究基于全卷积自编码器的全自动异常探测框架，无须人工参数设置，摒弃繁琐的预处理和探测器构建步骤。针对第二个问题，拟结合低秩正则化模型和深度网络，对二者同时进行建模，提升背景抑制能力。低秩正则化模型约束深度网络，指导网络定向地重建背景，同时保持了端到端特性。

1.4 本书的内容与章节安排

本书结合著者及其团队多年相关技术研究精华，对高光谱图像的主要处理技术与成像基础，即成像系统、去噪、混合像元分解、地物分类、异常探测等领域较新的探究成果、发展脉络与代表性算法进行了系统整理与详尽阐释，旨在为读者了解、学习和研究高光谱图像智能处理技术贡献绵薄之力。

全书共分7章，章节安排如下：第1章对高光谱技术及高光谱处理技术由传统到智能化的发展历史进行概述；第2章介绍高光谱成像原理、系统与数据集，对于星载、机载、无人机与地面各层次的高光谱成像系统进行系统介绍；第3~6章介绍各领域的高光谱遥感智能处理技术，包括影像去噪、混合像元分解、地物分类、异常探测四大类的传统技术与智能处理技术的类别层次与典型示例，并对开源算法与开源数据进行整理与实验分析。第7章对高光谱遥感智能处理前沿技术与应用进行介绍，包括高光谱视频目标跟踪、高光谱热红外探测、高光谱深空探测等领域，作为较新颖研究方向，未来可期。

参考文献

[1] 童庆禧，张兵，郑兰芬．高光谱遥感：原理、技术与应用[M]．北京：高等教育出版社，2006．

[2] YANG Z, ALBROW-OWEN T, CAI W, et al. Miniaturization of optical spectrometers [J]. Science, 2021, 371 (6528): 722-735.

[3] 赵英时．遥感应用分析原理与方法[M]．北京：科学出版社，2003．

[4] 张兵．高光谱图像处理与信息提取前沿[J]．遥感学报，2016，20（5）：1062-1090．

[5] 童庆禧,张兵,张立福. 中国高光谱遥感的前沿进展 [J]. 遥感学报, 2016, 20 (5): 689-707.

[6] 杜培军,夏俊士,薛朝辉,等. 高光谱遥感影像分类研究进展 [J]. 遥感学报, 2016, 20 (2): 236-256.

[7] 童庆禧,张兵,郑兰芬. 高光谱遥感:原理,技术与应用 [M]. 北京:高等教育出版社, 2006.

[8] 马吉苹,郑肇葆,童庆禧,等. 成像光谱仪影像条纹噪声检测和平滑 [C]//中国科协2001年学术年会, 9月13-16日, 长春, 吉林, 中国. 中国科学技术协会, 吉林省人民政府, 2001.

[9] 刘欣鑫. 光学遥感影像复杂条带噪声的变分处理方法研究 [D]. 武汉:武汉大学, 2018.

[10] TORRES J, INFANTE S O. Wavelet analysis for the elimination of striping noise in satellite images [J]. Optical Engineering, 2001, 40 (7): 1309-1314.

[11] LU T, LI S, FANG L, et al. Spectral-spatial adaptive sparse representation for hyperspectral image denoising [J]. IEEE Transactions on Geoscience and Remote Sensing, 2015, 54 (1): 373-385.

[12] DABOV K, FOI A, KATKOVNIK V, et al. Image denoising by sparse 3-D transform-domain collaborative filtering [J]. IEEE Transactions on Image Processing, 2007, 16 (8): 2080-2095.

[13] RUDIN L I, OSHER S, FATEMI E. Nonlinear total variation based noise removal algorithms [J]. Physica D Nonlinear Phenomena, 1992, 60 (1/4): 259-268.

[14] 陈晋,马磊,陈学泓,等. 混合像元分解技术及其进展 [J]. 遥感学报, 2016, 20 (5): 1102-1109.

[15] CHANG C I. Real-time recursive hyperspectral sample and band processing: algorithm architecture and implementation [M]. Berlin: Springer, 2017.

[16] 黄远程. 高光谱影像混合像元分解的若干关键技术研究 [D]. 武汉:武汉大学, 2010.

[17] WAX M, KAILATH T. Detection of signals by information theoretic criteria [J]. IEEE Transactions on Acoustics Speech and Signal Processing, 1985, 33 (2): 387-392.

[18] BOARDMAN J W, KRUSE F A, GREEN R O. Mapping target signatures via partial unmixing of AVIRIS data [C]//Fifth Annual JPL Airborne Earth Science Workshop, January 23-26, 1995, Pasadena, California, USA. NASA, c1995: 23-26.

[19] BOYD S, VANDENBERGHE L. Introduction to applied linear algebra: vectors, matrices, and least squares [M]. Cambridge: Cambridge University Press, 2018.

[20] HEINZ D C, CHANG C I. Fully constrained least squares linear spectral mixture analysis

method for material quantification in hyperspectral imagery [J]. IEEE Transactions on Geoscience and Remote Sensing, 2001, 39 (3): 529-545.

[21] BIOUCAS-DIAS J M, FIGUEIREDO M A. Alternating direction algorithms for constrained sparse regression: Application to hyperspectral unmixing [C]//2010 2nd Workshop on Hyperspectral Image and Signal Processing: Evolution in Remote Sensing, June14-16, 2010, Reykjavik, Iceland. IEEE, c2010: 1-4.

[22] IORDACHE M D, BIOUCAS-DIAS J M, PLAZA A. Sparse unmixing of hyperspectral data [J]. IEEE Transactions on Geoscience and Remote Sensing, 2011, 49 (6): 2014-2039.

[23] IORDACHE M D, BIOUCAS-DIAS J M, PLAZA A. Total variation spatial regularization for sparse hyperspectral unmixing [J]. IEEE Transactions on Geoscience and Remote Sensing, 2012, 50 (11): 4484-4502.

[24] IORDACHE M D, BIOUCAS-DIAS J M, PLAZA A. Collaborative sparse regression for hyperspectral unmixing [J]. IEEE Transactions on Geoscience and Remote Sensing, 2014, 52 (1): 341-354.

[25] IORDACHE M D, BIOUCAS-DIAS J M, PLAZA A, et al. MUSIC-CSR: hyperspectral unmixing via multiple signal classification and collaborative sparse regression [J]. IEEE Transactions on Geoscience and Remote Sensing, 2014, 52 (7): 4364-4382.

[26] ZHONG Y, FENG R, ZHANG L. Non-local sparse unmixing for hyperspectral remote sensing imagery [J]. IEEE Journal of Selected Topics in Applied Earth Observations and Remote Sensing, 2014, 7 (6): 1889-1909.

[27] BERMAN M, KIIVERI H, LAGERSTROM R, et al. ICE: a statistical approach to identifying endmembers in hyperspectral images [J]. IEEE Transactions on Geoscience and Remote Sensing, 2004, 42 (10): 2085-2095.

[28] 贾森. 非监督的高光谱图像解混技术研究 [D]. 杭州: 浙江大学, 2007.

[29] 王楠. 高光谱影像的盲分解研究 [D]. 武汉: 武汉大学, 2014.

[30] PAOLETTI M, HAUT J, PLAZA J, et al. Deep learning classifiers for hyperspectral imaging: a review [J]. ISPRS Journal of Photogrammetry and Remote Sensing, 2019, 158: 279-317.

[31] HE L, LI J, LIU C, et al. Recent advances on spectral-spatial hyperspectral image classification: an overview and new guidelines [J]. IEEE Transactions on Geoscience and Remote Sensing, 2017, 56 (3): 1579-1597.

[32] TOKSöZ M A, ULUSOY I. Hyperspectral image classification via basic thresholding classifier [J]. IEEE Transactions on Geoscience and Remote Sensing, 2016, 54 (7): 4039-4051.

[33] LI S, SONG W, FANG L, et al. Deep learning for hyperspectral image classification: an overview [J]. IEEE Transactions on Geoscience and Remote Sensing, 2019, 57 (9):

6690-6709.

[34] LI J, BIOUCAS-DIAS J M, PLAZA A. Spectral-spatial hyperspectral image segmentation using subspace multinomial logistic regression and Markov random fields [J]. IEEE Transactions on Geoscience and Remote Sensing, 2011, 50 (3): 809-823.

[35] JIA X, KUO B C, CRAWFORD M M. Feature mining for hyperspectral image classification [J]. Proceedings of the IEEE, 2013, 101 (3): 676-697.

[36] TONG X, XIE H, WENG Q. Urban land cover classification with airborne hyperspectral data: what features to use? [J]. IEEE Journal of Selected Topics in Applied Earth Observations and Remote Sensing, 2013, 7 (10): 3998-4009.

[37] HUANG X, LU Q, ZHANG L. A multi-index learning approach for classification of high-resolution remotely sensed images over urban areas [J]. ISPRS Journal of Photogrammetry and Remote Sensing, 2014, 90: 36-48.

[38] 卢其凯. 基于类别空间的高分辨率遥感影像分类方法研究 [D]. 武汉: 武汉大学, 2016.

[39] ZHAO J, ZHONG Y, JIA T, et al. Spectral-spatial classification of hyperspectral imagery with cooperative game [J]. ISPRS Journal of Photogrammetry and Remote Sensing, 2018, 135: 31-42.

[40] ZHONG P, WANG R. Jointly learning the hybrid CRF and MLR model for simultaneous denoising and classification of hyperspectral imagery [J]. IEEE Transactions on Neural Networks and Learning Systems, 2014, 25 (7): 1319-1334.

[41] MANOLAKIS D. Detection algorithms for hyperspectral imaging applications: a signal processing perspective [C]//IEEE Workshop on Advances in Techniques for Analysis of Remotely Sensed Data, October 27-28, 2003, Greenbelt, Maryland, USA. IEEE, c2003: 378-384.

[42] LU X, ZHANG W, HUANG J. Exploiting Embedding manifold of autoencoders for hyperspectral anomaly detection [J]. IEEE Transactions on Geoscience and Remote Sensing, 2019, 58 (3): 1527-1537.

[43] GONG M, ZHANG M, YUAN Y. Unsupervised band selection based on evolutionary multiobjective optimization for hyperspectral images [J]. IEEE Transactions on Geoscience and Remote Sensing, 2016, 54 (1): 544-557.

[44] QU Y, WANG W, GUO R, et al. Hyperspectral anomaly detection through spectral unmixing and dictionary-based low-rank decomposition [J]. IEEE Transactions on Geoscience and Remote Sensing, 2018, 56 (8): 4391-4405.

[45] HUYAN N, ZHANG X, ZHOU H, et al. Hyperspectral anomaly detection via background and potential anomaly dictionaries construction [J]. IEEE Transactions on Geoscience and

Remote Sensing, 2018, 57 (4): 2263-2376.

[46] XIE W, LEI J, LIU B, et al. Spectral constraint adversarial autoencoders approach to feature representation in hyperspectral anomaly detection [J]. Neural Networks, 2019, 119: 222-234.

[47] JIANG T, LI Y, XIE W, et al. Discriminative reconstruction constrained generative adversarial network for hyperspectral anomaly detection [J]. IEEE Transactions on Geoscience and Remote Sensing, 2020, 58 (7): 4666-4679.

[48] JIANG K, XIE W, LI Y, et al. Semisupervised spectral learning with generative adversarial network for hyperspectral anomaly detection [J]. IEEE Transactions on Geoscience and Remote Sensing, 2020, 58 (7): 5224-5236.

[49] JIANG T, XIE W, LI Y, et al. Weakly supervised discriminative learning with spectral constrained generative adversarial network for hyperspectral anomaly detection [J]. IEEE Transactions on Neural Networks and Learning Systems, 2021, 33 (11): 6504-6517.

[50] ZHONG J, XIE W, LI Y, et al. Characterization of background-anomaly separability with generative adversarial network for hyperspectral anomaly detection [J]. IEEE Transactions on Geoscience and Remote Sensing, 2020, 59 (7): 6017-6028.

[51] JIANG T, XIE W, LI Y, et al. Discriminative semi-supervised generative adversarial network for hyperspectral anomaly detection [C]//IGARSS 2020-2020 IEEE International Geoscience and Remote Sensing Symposium, September26 - October2, 2020, Waikoloa, Hawaii, USA. IEEE, c2020: 2420-2423.

[52] LI Y, JIANG T, XIE W, et al. Sparse coding-inspired GAN for hyperspectral anomaly detection in weakly supervised learning [J]. IEEE Transactions on Geoscience and Remote Sensing, 2021, 60: 1-11.

第2章　高光谱成像原理、系统与数据集

本章主要介绍高光谱遥感成像原理，着重介绍不同高度遥感观测平台的典型高光谱成像系统，并对公开的典型高光谱遥感数据集进行整理总结，最后简要介绍高光谱成像系统的发展趋势。

2.1　高光谱成像系统成像原理

高光谱成像系统根据光谱表征方式的不同可分为四大类：色散型成像光谱仪、干涉型成像光谱仪、滤光片型成像光谱仪和计算型成像光谱仪。

2.1.1　色散型成像光谱仪

色散型成像光谱仪入射狭缝位于准直系统的前焦面上，入射的辐射经准直光学系统准直后，再经棱镜或光栅狭缝色散，由成像系统将光能按波长顺序成像在传感器的不同位置上。因为高性能和高环境适应性，色散型成像光谱仪成为应用最广泛的成像光谱仪。色散型成像光谱仪的基本组成包括狭缝、准直镜、色散分光器件、聚焦镜和探测器。依据色散分光器件可将色散型成像光谱仪分为棱镜型成像光谱仪和光栅型成像光谱仪，如图2.1所示。

1）棱镜型成像光谱仪

棱镜型成像光谱仪使用棱镜作为核心分光器件，如图2.1（a）所示。其分光原理是组成棱镜的透射材料对不同波长具有不同的折射率，在棱镜的楔角α确定的情况下，一束光的出射偏向角i与入射角θ的关系为

$$i = \theta + \arctan\left(n\sin\left(\alpha - \arctan\left(\frac{\sin\theta}{n}\right)\right)\right) - \alpha \tag{2.1}$$

由式（2.1）可知，当入射角θ不变时，偏向角i为折射率n的函数，因

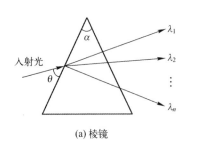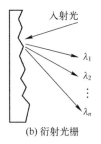

(a) 棱镜　　　　　　　　　(b) 衍射光栅

图 2.1　色散分光元件

此偏向角 i 会随着波长的变化而变化，从而在通过棱镜折射后在空间上被分离色散开来。

2) 光栅型成像光谱仪

光栅分光是通过光学衍射。光栅由大量大小相等、间隔相等的小狭缝组成，如图 2.1（b）所示。单个狭缝引起一条衍射条纹，从各个狭缝出来的波会发生干涉，因而在透镜的焦面上形成一组干涉–衍射条纹，条纹极大位置与波长有关，从而获得所需的色散谱线。

光栅基本方程为

$$\sin i \pm \sin\theta = mg\lambda \tag{2.2}$$

式中：θ 为入射角；i 为衍射角；m 为光栅衍射级次；g 为光栅刻线密度；λ 为对应波长。

光栅的色散率很高，因此光栅型成像光谱仪可以达到很高的光谱分辨率，但是由于光栅存在多级衍射效应，因而光栅型成像光谱仪的工作光谱不能过宽。

2.1.2　干涉型成像光谱仪

干涉型成像光谱仪主要利用了光的干涉现象进行光谱分析。其核心原理是通过干涉信号来反映光谱的自相关函数，而自相关函数的傅里叶变换等同于光谱功率谱。因此，可以通过精确测量每个像元的干涉图，并通过傅里叶变换将干涉图中的光强分布转换为频谱信息，进而有效地获取物质的光谱特征。获取光谱像元辐射干涉图的方法和技术是该类型光谱仪研究的核心问题，它决定了由其所构成的干涉成像光谱仪的适用范围及性能。目前，获取像元辐射干涉图的方法主要有迈克尔逊型干涉法、双折射型干涉法和三角共路型干涉法三种。基于这三种干涉方法，形成了三种典型的干涉成像光谱仪。本章主要详细介绍迈克尔逊型干涉成像光谱仪。

迈克尔逊型干涉成像光谱仪通过动镜机械扫描，产生物面像元辐射的时间序列干涉图，再对干涉图进行傅里叶变换，得到相应物面像元辐射的光谱。它由前置系统、狭缝、准直镜、分束器、静镜、动镜、成像镜和探测器等部分组成，如图2.2所示。

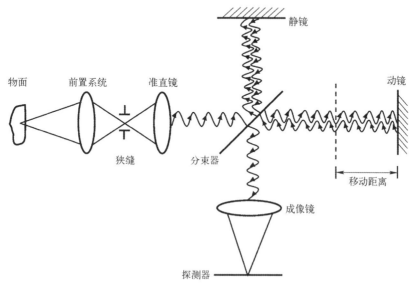

图2.2 迈克尔逊型干涉成像光谱仪原理图

迈克尔逊型干涉成像光谱仪有一对精密磨光的平面镜作为动镜和静镜（系统）。从物面射来的光线通过狭缝经准直镜对准后，直射向分束器。分束器由厚薄和折射率均匀的一对相同的玻璃板组成，靠近准直镜的一块玻璃板的背面镀有银膜（分束板），可以将入射的光线分为强度均匀的两束（反射和透射），其中反射部分射到静镜，经静镜反射后再透过分束器通过成像镜进入探测器；透射部分射到动镜上，经反射后经分束器的镀银面反射向成像镜，进入探测器。由于这两束相干光线的光程差不相同，因此在探测器上会形成干涉图样。通过移动动镜可以进行不同的干涉测量。分束器中靠近动镜的一块玻璃板起着补偿光程的作用（补偿板）。

2.1.3 滤光片型成像光谱仪

滤光片型成像光谱仪也是每次只测量目标上一行像元的光谱分布，它采用相机加滤光片的方案，原理简单，种类繁多，如窄带滤光片型、可调谐滤光片型等。

2.1.3.1 窄带滤光片型成像光谱仪

窄带滤光片是一种能够对探测目标辐射中的特征光谱进行有效提取、同时对带外杂光进行高抑制的光学器件，将窄带滤光片置于相机的探测器前即可实现相机对拟观测目标的特征光谱图像探测，从而形成最简单形式的成像光谱仪。如果观测目标或场景具有多个特征波长，则可以使用多个窄带滤光片组成的滤光片组，通过分时切换实现多波长的单色光谱成像探测。

2.1.3.2 可调谐滤光片型成像光谱仪

可调谐滤光片的种类较多，应用在成像光谱仪上的主要有声光可调谐滤光片[1]和液晶可调谐滤光片[2]。

声光可调谐滤光片主要利用声光衍射原理，器件的核心是晶体和与其相连的压电换能器，通过将高频的射频电信号作用于换能器，使之转换为在晶体内的超声波振动（这种振动波可以在传播区域内周期性地调制晶体折射率），从而产生空间周期性的调制作用。这种调制与体相位光栅类似，可以对入射到晶体介质上的电磁波进行衍射，而且衍射光的波长与高频驱动电信号的频率一一对应，只要改变高频驱动信号的频率即可改变衍射光的波长，达到分光的目的。

液晶可调谐滤光片以液晶的电控双折射效应和偏振光的干涉为原理研制而成，它由多组平行排列的 Lyot 型滤光片级联而成，每一级 Lyot 滤光片都是通过在两个平行的偏振片之间填充液晶层和石英晶体来实现对波长的调制。但是液晶可调谐滤光片作为核心分光元件，其本身存在光谱透过率低的问题，直接限制了液晶可调谐滤光片成像光谱仪的光谱检测能力。另外，液晶的折射率受温度影响较大，中心波长随温度变化漂移明显，因此对光谱测量精度也会产生一定的影响。

2.1.4 计算型成像光谱仪

近年来，压缩感知理论指导下的压缩欠采样成像系统在大尺度、高维度图像数据采集中，通过特定的信息编码调制手段，可以在远低于奈奎斯特-香农采样定律要求的采集量下实现高质量数据重构[3]。压缩光谱成像技术包含前端光学信息调控与后端数字信号计算重构两个阶段。前端光学调控的基本思想是通过对空间-光谱数据立方体的编码调制，并通过下采样提取目标场景的有效信息，再借助后端重构算法实现场景信息重建。前向调制及采样过程抽象为如下数学表述：

$$g = H \cdot f \tag{2.3}$$

式中：g 为采样结果；f 为原始目标场景；H 为光学调控所对应的测量矩阵。

在后端数字信号处理过程中，借助重构算法求解如下优化问题：

$$\mathop{\arg\min}_{f} \left\{ \underbrace{\frac{1}{2} \| g - H \cdot f \|_2^2}_{\text{第一项}} + \underbrace{\lambda \varGamma(f)}_{\text{第二项}} \right\} \tag{2.4}$$

式中：第一项为保真项，其中 $\| \cdot \|_2^2$ 表示 L_2 范数；第二项 $\varGamma(\cdot)$ 为正则项，表征目标信号的先验信息，其中 λ 为其权重系数。

压缩光谱成像系统根据信息调制过程的差异，可以分为单像素光谱成像、编码孔径光谱成像、空间-光谱双重编码光谱成像、微阵列型光谱成像、散射介质光谱成像等几大类，每个类别中还有多种改进形式。本章主要介绍编码孔径光谱成像。

编码孔径光谱成像仪最初是单色散编码孔径光谱成像仪，后来发展为双重色散编码孔径光谱成像仪。单色散编码孔径光谱成像仪开创了压缩光谱成像系统的先河，该系统通过前端物镜将目标场景成像于编码孔径平面内，采用编码孔径对每个波长执行相同的空间调制，并通过色散元件对数据立方体进行光谱分离，进而再投影到探测器焦平面，其捕获的数据包含二维空间信息与一维光谱信息的复用，如图2.3所示。

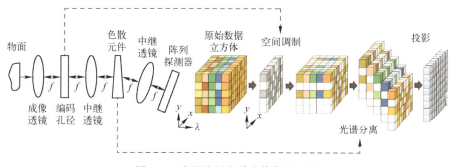

图 2.3　编码孔径光谱成像仪原理图

系统中具体的光信号路径为：目标场景经成像透镜（物镜）聚焦于编码孔径处，经编码孔径调制后，由中继透镜投射到色散元件（棱镜）上，再经棱镜色散剪切处理的信号，最后通过中继透镜投影到面阵探测器上。

2.1.5 空间采样方式

高光谱成像系统空间采样方式可分为空间扫描、光谱扫描、快照成像和空谱扫描四种。

2.1.5.1 空间扫描

空间扫描依据操作模式可以分为摆扫式与推扫式两种类型。摆扫式成像光谱仪采用的是一个动态扫描组件，该组件在垂直于飞行路径的方向上进行往复式扫描动作，并且随着传感器搭载平台（如卫星或飞机）的前进，共同作用以实现对地面目标的二维图像采集，如图 2.4 所示。典型的传感器包括 HyMap、OMIS 等。推扫式成像光谱仪利用固定在光学系统中的狭缝来选择性地接收来自地面目标的一行像素数据。这种狭缝通常布置在光学系统的共轭焦平面上，它允许从特定方向上的地面区域收集光谱信息。随着飞行器或卫星在轨道上的前进，狭缝依次对准不同的地面位置，从而连续不断地获取一维空间光谱剖面。由于狭缝的方向与飞行方向垂直，因此随着平台的前进，这些连续的一维剖面组合起来就形成了一个二维图像，如图 2.5 所示。典型的传感器包括 HYDICE、PHI 等。

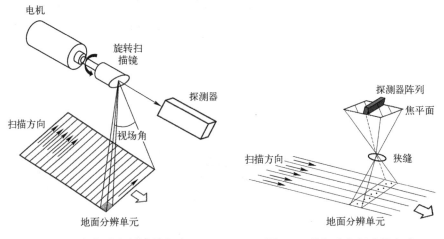

图 2.4 摆扫式空间成像方式　　图 2.5 推扫式空间成像方式

2.1.5.2 光谱扫描

在光谱扫描式成像光谱仪中，每个二维传感器阵列都捕获并输出对应于高光谱立方体某一特定波长通道的光谱信息。这种设备的设计原理依赖于光学带通滤波器,在保持平台固定的情况下,通过顺序更换滤光片来实现对目标区域的多波长扫描。然而,当目标处于动态变化之中时,可能会导致光谱数据在频域上的模糊,进而降低光谱扫描的有效性和准确性。由于光谱通道之间的切换需要依靠轮式结构的转动来完成,因此旋转结构带来的振动对成像质量影响较为明显,成像所需曝光时间较长;且单次曝光只能获得指定光谱范围的图像,光谱响应曲线是离散的,无法获取连续谱段的图像,存在实时性问题。

2.1.5.3 快照成像

快照式光谱成像是一种能够在单次曝光中同时获取空间和光谱信息的成像技术。与传统的扫描式光谱成像不同,快照式方法无须逐点或逐线扫描,而是通过特殊的光学编码或探测器,直接在一次拍摄中获取被测物体的完整光谱数据信息(x、y 为空间维度,λ 为光谱维度)。由于其高效性和实时性,快照式光谱成像广泛应用于遥感、医学成像、环境监测和工业检测等领域,尤其适合动态或瞬时变化的场景,在需要快速获取光谱信息的应用中展现出独特优势。

2.1.5.4 空谱扫描

在空谱扫描式成像光谱仪中,每个二维传感器阵列均输出包含高光谱立方体中波长编码及空间信息的数据。这种成像方式在空间扫描系统前端配置色散元件(如渐进滤光片)实现分光,通过移动成像系统使探测器完成对目标物体光谱信息的获取。探测器的一个维度对应空间维度,另一个维度对应光谱维度,即探测器每次采集的二维数据都是一行目标空间的所有光谱信息,并且结合推扫形式以获得二维的空间光谱数据,推扫的方向与波长渐变方向一致。

2.2 星-空-地高光谱成像系统

高光谱遥感获取地面目标信息是通过遥感传感器来实现的,传感器之所以能够获取地表信息,是因为地表任何物体在辐射电磁波的同时也反射入射的电磁波。传感器需要搭载在遥感观测平台上才能对地物进行更好的扫描成像。完整的高光谱成像系统包括遥感传感器和遥感观测平台。遥感观测平台根据距地面的高度大体上可分为地面平台、航空平台和卫星平台三类。随着无人机技术的快速发展,无人机平台已成为主要航空观测平台。因此,根据遥感观测平台的不同,可以将高光谱成像系统分为星载高光谱成像系统、机载高光谱成像系统、无人机高光谱成像系统以及地面高光谱成像系统(图2.6),不同的高光谱成像系统获取的高光谱图像数据质量不同。

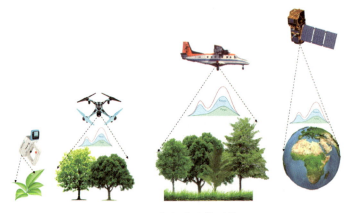

图2.6 高光谱成像系统

2.2.1 星载高光谱成像系统

随着航天技术的发展,产生了星载高光谱成像仪,表2.1列举了国内外高光谱卫星及传感器的主要技术参数指标。2000年,美国国家航空航天局(National Aeronautics and Space Administration,NASA)发射的地球观测卫星(Earth Observing-1,EO-1)上搭载了高光谱成像仪Hyperion[4],共有220个波段,波长覆盖范围为0.357~2.567μm,光谱分辨率为10nm。2001年搭载于天基自主计划卫星(Project for On-Board Autonomy,PROBA)的紧凑型高分辨率成像光谱仪(Compact High Resolution Imaging Spectrometer,CHIRS)[5]发射成功,CHIRS探测光谱范围覆盖0.405~1.05μm,共有5种探测模式,最多波段数为64,光谱分辨率为5~12nm。欧洲空间局(European Space Agency,ESA)于2002年3月发射的ENVISAT卫星装载了包括15个波段的中等分辨率成像光谱仪(Medium Resolution Imaging Spectrometer,MERIS)。美国在2005年发射的火星轨道勘测器(Mars Reconnaissance Orbiter,MRO)上搭载了小型火星高光谱勘测载荷(Compact Reconnaissance Imaging Spectrometer for Mars,CRISM),覆盖波段为0.383~3.96μm,在可见光波段光谱分辨率达到6.55nm,在红外波段达到6.63nm,空间分辨率低于20m[6]。2009年5

月,美国发射的"战术卫星"-3(Tactical Satellite 3,TacSat-3)搭载的高级响应战术有效军用成像光谱仪(Advanced Responsive Tactically-Effective Military Imaging Spectrometer,ARTEMIS)[7],空间分辨率达到5m,光谱范围为0.4~2.5μm,光谱分辨率为5nm。日本在2009年1月发射的温室气体观测卫星(Greenhouse Gases Observing Satellite,GOSAT)[8]上安装了温室气体观测传感器傅里叶变换光谱仪(Fourier-Transform Spectrometer,FTS)和云气溶胶成像仪(Cloud and Aerosol Imager,CAI)。2014年,NASA成功发射极轨碳观测卫星(Orbiting Carbon Observatory 2,OCO-2),其主要载荷为高光谱与高空间分辨率CO_2探测仪[9],能够探测2.042~2.082μm、1.594~1.619μm和0.758~0.772μm三个大气吸收光谱通道,光谱通道数为1016。2022年4月1号,德国OHB System-AG公司研制的第一颗高光谱卫星——环境测绘与分析计划(Environmental Mapping and Analysis Program,EnMAP)卫星[10],空间分辨率为30m,光谱范围为0.42~2.45μm,光谱波段数为244。

表2.1 国内外高光谱卫星及传感器主要技术参数指标

传感器	年份	国家/机构	波段范围/μm	光谱分辨率/nm	波段数	空间分辨率/m	幅宽/km	分光方式
EO-1 Hyperion	2000	美国	0.4~2.5	10	220	30	7.5	光栅
PROBA-1 CHRIS	2001	欧洲空间局	0.4~1.0	1.25~11	150	17/34	13	棱镜
ENVISAT MERIS	2002	欧洲空间局	0.39~1.04	1.8	15	300	1150	—
MRO CRISM	2005	美国	0.4~4.05	7~8	544	15.7~19.7	>10	光栅
Changdrayaan-1 M3	2008	美国	0.42~3	10	260	100	40	光栅
IMS-1 HYSI	2008	印度	0.4~0.95	10	64	506	129.5	滤光片
TacSat-3 ARTEMIS	2009	美国	0.4~2.5	5	400	4	—	光栅
PRISMA HS1	2019	意大利	0.4~2.5	≤12	237	30	30	棱镜
EnMAP HSI	2022	德国	0.42~2.45	5/12	244	30	30	棱镜
HySIS HSI	2023	印度	0.4~2.4	10	316	30	—	—
ALOS-3 HISUI	2023	日本	0.4~2.5	10/12.5	185	30	30	—
SZ-3 CMODIS	2002	中国	0.4~12.5	20~1000	34	400~500	650~700	滤光片
FY-3 MERSI-1	2008	中国	0.4~12.5	20~1000	20	250/1000	2048	—
FY-3 MERSI-2	2017	中国	0.4~12.5	20~1000	25	250/1000	2048	—
HJ-1A HSI	2008	中国	0.45~0.95	5	115	100	50	傅里叶干涉
TG-1 HSI	2011	中国	0.4~2.5	10/20	128	10/20	10	棱镜

续表

传感器	年份	国家/机构	波段范围/μm	光谱分辨率/nm	波段数	空间分辨率/m	幅宽/km	分光方式
SPARK HSI	2016	中国	0.41~1.11	4.5	160	50	100	棱镜
GF-5 01 AHSI	2018	中国	0.4~2.5	5/10	330	30	60	光栅
OHS HSI	2018	中国	0.41~1.11	2.5	32	10	150	滤光片
ZY-1 02D HSI	2019	中国	0.4~2.5	10/20	166	30	60	光栅
GF-5 02 AHSI	2021	中国	0.4~2.5	5/10	330	30	60	光栅

中国高光谱技术的发展紧跟国际发展前沿，图2.7展示了中国主要的高光谱卫星及其载荷[11]。在2002年3月发射的神舟三号宇宙飞船中搭载了中分辨率的成像光谱仪（Chinese Moderate Resolution Imaging Spectrometer，CMODIS）[12]，其包含34个波段，波长范围为0.4~12.5μm。2007年我国发射了首颗探月卫星嫦娥一号，搭载了由中国科学院西安光学精密机械研究所研制的干涉式成像光谱仪（Imaging Interferometer，IIM）[13]，其主幅宽为25.6km，月表像素分辨率为200m，光谱范围为0.48~0.96μm，光谱波段数为32。为满足气象预报、环境监测和气候预报的需要，我国于2008年开始发射风云三号系列卫星，截至目前，FY-3A、FY-3B、FY-3C、FY-3D、FY-3E卫星已成功发射，其中FY-3A卫星已于2018年3月停止运行。FY-3A、FY-3B和FY-3C卫星携带中分辨率光谱成像仪[14]（Medium Resolution Spectral Imager-I，MERSI-1），由19个可见光-近红外（Visible and Near-Infrared，VNIR）通道（0.4~2.1μm）和热红外（TIR）通道（10~12.5μm）。相比之下，FY-

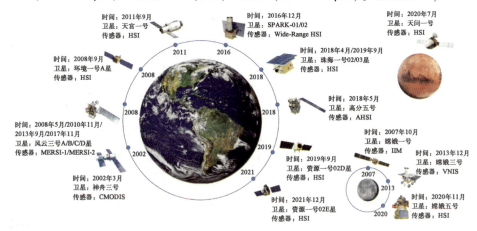

图2.7　国产主要高光谱卫星及其载荷

3D 和 FY-3E 搭载了（Medium Resolution Spectral Imager-Ⅱ，MERSI-2）传感器[15]，该传感器集成了先前"风云"3号卫星 MERSI-1 传感器和可见光和红外辐射计（VIRR）仪器的功能。MERSI-2 传感器在 0.4~12.5μm 的光谱范围内提供 25 个光谱通道，是世界上第一个能够获得 250m 分辨率的红外数据的成像仪器。2008 年我国发射的环境与减灾小卫星（HJ-1）星座中，搭载了一台工作在可见光至近红外光谱区（0.45~0.95μm）、具有 128 个波段、光谱分辨率优于 5nm 的高光谱成像仪[16]。2011 年 9 月 29 日发射的"天宫一号"飞行器携带了我国自行研制的高光谱成像仪[17]。该高光谱成像仪是当时我国空间分辨率和光谱综合指标最高的空间光谱成像仪，采用离轴三反非球面光学系统、复合棱镜分光与非球面准直成像光谱仪的总体技术方案，保证了其探测波段范围 0.4~2.5μm，实现了纳米级光谱分辨率的地物特征和性质的成像探测。2016 年，嫦娥三号探测器实现了中国探月工程（Chinese Lunar Exploration Program，CLEP）的首次月球软着陆，玉兔月球车在月球表面进行了调查，其搭载了一台工作在光谱范围为 0.45~0.95μm 和 0.9~2.4μm、具有 400 个波段、光谱采样间隔为 5nm 的可见光和近红外成像光谱仪（Visible and Near-Infrared Imaging Spectrometer，VNIS）[18]。2018 年 5 月 9 日，我国发射了世界首颗实现对大气和陆地综合观测的全谱段高光谱卫星高分五号卫星[19]，高分五号卫星携带 6 台仪器，设计寿命为 8 年，包括近红外和短波红外高光谱传感器[20]、温室气体探测器、光谱成像仪、差分吸收光谱仪、大气环境红外探测器和多角度偏振探测器。2018 年，珠海一号中的 Orbita 高光谱卫星搭载着工作在光谱范围为 0.4~1.0μm、具有 256 个光谱波段的高光谱成像仪[21]。2019 年 9 月 12 日，我国发射了资源一号 02D 卫星，其携带一个近红外传感器和一台高光谱成像仪，其中高光谱成像仪具有 166 个光谱波段，光谱范围为 0.45~2.5μm，近红外光谱分辨率为 10nm，短波红外光谱分辨率为 20nm。2020 年 7 月 23 日，我国发射了天问一号用于火星探测任务，其搭载的高光谱成像仪光谱范围为 0.45~1.05μm 和 1.0~3.4μm。2020 年 11 月 24 日，我国发射了嫦娥五号，其搭载的月球矿物光谱分析仪成像光谱范围为 0.45~0.95μm，采用声光可调滤光器作为分光器件，集合内置超声电机驱动的二维指向机构，可对月球表面进行多光谱摆扫式成像和机械臂采样点的全光谱精细光谱成像测量。2021 年 12 月 26 日，我国发射了资源一号 02E 卫星，与资源一号 02D 卫星组网运行。该卫星除配置了与资源一号 02D 卫星相同的可见光-近红外、高光谱相机外，还新增了一台空间分辨率为 16m、115km 幅宽的推扫式热红外相机，使得该星进一步具备8~10μm的热红外探测能力。

2.2.2 机载高光谱成像系统

目前，国内外主要机载高光谱载荷及其参数如表2.2所列。最早的航空成像光谱仪是1983年由美国喷气推进实验室（JPL）研制的（AIS，Airborne Imaging Spectrometer）[22]，其在1.2~2.4μm波谱范围内，提供128个窄波段光谱信息，产生了一条近似完整而连续的光谱曲线，并在矿物填图、植被、化学等方面的应用中取得了成功，显示了成像光谱仪的巨大潜力。1987年，航空可见光-红外成像光谱仪（Airborne Visible Infrared Imaging Spectrometer，AVIRIS）研制成功，AVIRIS是首次测量全部太阳辐射覆盖波长（0.4~2.5μm）的成像光谱仪，共有224个通道，AVIRIS高光谱传感器安装在ER-2飞机上，成为第一台用于民用领域的机载高光谱传感器。AVIRIS仪器进行了持续的改进提升，因其优越的性能被作为各类应用评价的标准。目前，最新一代AVIRIS-NG具有425个通道，光谱分辨率提高至5nm，仍被认为是全世界最先进的机载高光谱成像仪之一。与AVIRIS同一时间研制成功的成像光谱仪还有加拿大的小型机载成像光谱仪（Compact Airborne Spectrographic Imager，CASI），其光谱分辨率为1.8nm，在可见光和部分红外区域有288个波段。1993年，芬兰Specim公司制造了推扫式成像系统AISA[23]，该系统由高光谱成像仪、微型全球定位系统/惯性导航系统（GPS/INS）传感器和PC数据获取单元组成。1995年，由美国研制的高光谱数字实验图像仪（Hyperspectral Digital Imagery Collection Experiment，HYDICE）开始投入使用，它的探测范围为0.4~2.5μm，有波段宽度为3~20μm不等的210个波段。1997年，澳大利亚Intergrated Spectronics公司研发出高光谱制图仪（Hyperspectral Mapper，Hy-Map）[24]，在0.4~2.5μm光谱范围内有126个波段，在3~5μm和8~10μm内各有一个波段，共计128个波段。2003年，慕尼黑大学研制出一款可见光-红外成像光谱仪（Airborne Visible Infrared Imaging Spectrometer，AVIS）[25]，光谱范围为0.4~0.85μm，光谱分辨率为7nm，共计64个波段。2004年，美国斯登尼斯空间中心研制出海岸研究成像光谱仪（Coastal Research Imaging Spectrometer，CRIS）[26]，由可见光高光谱成像和红外成像两个分系统组成。2005年，瑞士和比利时共同研制出机载成像光谱仪（Airborne Prism Experiment，APEX），目的是模拟欧洲空间局（ESA）的PRODEX计划中的星载光谱成像仪，并将其作为辐射传递标准，为星载光谱成像仪提供依据和定标。

表 2.2 国内外主要机载高光谱载荷及其参数

载荷名称	波谱范围 /μm	光谱分辨率 /nm	波段数	单位	分光方式	扫描方式
AIS	1.2~2.4	9.3	128	美国 JPL	光栅	推扫式
AVIRIS	0.4~2.5	10	224	美国 JPL	光栅	摆扫式
MAIS	0.44~12.2	20/25/450	71	中国科学院上海技术物理研究所	光栅	摆扫式
CASI	0.4~1.0	1.8	288	加拿大 Itres Research, Inc.	光栅	推扫式
HYDICE	0.4~2.5	10	210	美国 NRL	棱镜	推扫式
AISAFENIX	0.38~2.5	1.7/3.4/6.8	361/448/622	芬兰 Specim	棱镜+光栅+棱镜	推扫式
PHI	0.4~2.5	5	256	中国科学院上海技术物理研究所	光栅	推扫式
HyMap	0.45~2.48	15~20	128	澳大利亚 Intergrated Spectronics	光栅	摆扫式
OMIS	0.45~12.5	10/60/15	128	中国科学院上海技术物理研究所	光栅	摆扫式
DAIS21115	0.40~2.5	—	204	德国 GER	光栅	—
SASI	0.4~2.5	2.3/15.6	288/100	加拿大 ITRESResearch,Inc.	光栅	推扫式
PROBE-1	0.4~2.5	—	128	美国 EarthSearchSciences,Inc.	光栅	摆扫式
AVIRIS-NG	0.38~2.51	8.1	425	美国 JPL	光栅	推扫式
APEX	0.4~2.5	5~10	300	瑞士-比利时	棱镜	摆扫式
JVNIR/SWIR	0.39~2.50	2.2~8.6	490	中国科学院上海技术物理研究所	光栅	—
JLWIR	8~12.5	60	75	中国科学院上海技术物理研究所	光栅	—

20 世纪 80 年代中后期,我国开始着手发展高光谱成像系统,研究步伐基本与国际同步。1990 年,中国科学院上海技术物理研究所研制出模块化机载成像光谱仪(Modular Airborne Imaging Spectrometer, MAIS),该仪器具有 71 个光谱波段,前 32 个波段覆盖 0.44~1.08μm 的光谱范围,另外 32 个波段覆盖 1.50~2.50μm 的光谱范围,波段宽为 30nm,其余 7 个波段覆盖 8.2~12.2μm 热红外谱段。1998 年,中国科学院上海技术物理研究所成功研发了实用型模块化成像光谱仪(Operational Modular Imaging Spectrometer, OMIS)[27],OMIS 具有两种工作模式:OMIS-Ⅰ型共有 128 个波段,其中 0.46~1.1μm 光谱范围内有 64 个波段,1.06~1.70μm 光谱范围内有 16 个波段,2.0~2.5μm 光谱范围内有 32 个波段,3~5μm 光谱范围内有 8 个波段,8~12.5μm 光谱范

围内有 8 个波段；OMIS-Ⅱ型共有 68 个波段，其中 0.46~1.1μm 光谱范围内有 64 个波段，1.55~1.75μm、2.08~2.35μm、3~5μm、8~12.5μm 光谱范围内各有一个波段。之后又成功研制出使用面阵 CCD 的推扫式高光谱成像仪（Pushbroom Hyperspectral Imager，PHI)[28]，在 0.4~0.85μm 光谱范围内分辨率优于 5nm，共 244 个光谱通道，并进一步研制出宽视场面阵 CCD 高光谱成像仪 WHI。在"十二五"国家高技术研究发展计划中，中国科学院上海技术物理研究所研发出 JVNIR/JSWIR 机载可见光-近红外短波高光谱成像载荷和 JLWIR 机载热红外成像光谱仪。

2.2.3 无人机高光谱成像系统

近年来，随着成像光谱仪技术的进步，微型高光谱成像系统取得了显著的发展，其重量不断减轻，体积也更为紧凑。同时，无人机航空电子系统、最大起飞重量、续航能力等性能不断加强，使得无人机高光谱成像系统取得巨大进展[29]。相比于星载和有人机载高光谱成像平台，无人机高光谱成像系统制造和数据采集成本低，数据采集灵活，可以获取更高空间分辨率的数据[30]。因此，无人机高光谱遥感已经成为遥感领域新的研究热点并显示出巨大的应用价值和潜力。无人机高光谱观测平台主要包括微型无人机平台、轻量化高光谱成像仪和辅助集成设备三部分，其中辅助集成设备一般包括控制传感器帧频、曝光时间、数据采集和存储的微型计算机系统，用于记录曝光时间、位置信息的全球卫星导航系统（GNSS）模块及记录姿态信息的惯性测量单元（IMU）模块，用于集成成像仪到无人机平台的稳定云台。

表 2.3 展示了当前国内外主流的无人机可见光-近红外高光谱载荷及其性能参数。目前，国内外诸多厂商在推出微型光谱成像仪的同时，还提供无人机集成的整体方案。根据成像光谱范围可将传感器分为三组：①可见光-近红外（VNIR）：波长范围一般在 0.4~1.0μm，是目前产品最多且使用最多的波谱范围，可以用于水体[31-32]、植被[33-34]、土壤[35-36]等监测。②短波红外（Short Wavelength Infrared，SWIR）：波长范围一般在 0.9~2.5μm，可用于矿物识别[37-38]、大气探测[39]、食品安全[40-41]等领域。③可见光-短波红外（VIS-SWIR）：该波段范围的载荷体积大、重量高，多用于星载和有人机平台。目前，美国 Headwall 公司和 Corning 公司分别推出了该类型的无人机载荷并实现了典型应用。Headwall 公司的 Coaligned-Hyperspec 为双探测器组合方式，其集成了 VNIR 和 SWIR 两套高光谱成像仪；Corning 公司的 425shark 为单探测器成

像型高光谱仪,其单镜头和单分光的光学结构避免了双探测器型的配准、标定、数据融合及后处理等问题[42]。然而,该类型的传感器售价昂贵,在应用时受限于无人机挂载能力的限制导致有效数据采集时间较短,难以进行大范围应用。

表2.3 国内外主流的无人机可见光-近红外高光谱载荷及其性能参数

传感器	光谱范围/μm	波段数	光谱分辨率/nm	空间像素	视场角/(°)	质量/kg	生产厂商	国家	扫描方式
Nano-Hyperspec-VNIR	0.4~1.0	270	6	640	22.6	0.5	Headwall	美国	推扫式
Micro CASI-1920	0.4~1.0	288	5	1920	36.6	<1.5	Itres	加拿大	推扫式
Mjolnir V-1240	0.4~1.0	200	6	1240	20	4	HySpex	挪威	推扫式
Pika NUV2	0.33~0.8	253	2.8	1500	—	2.8	Resonon	美国	推扫式
Pika L	0.4~1.0	281	3.3	900	—	0.75	Resonon	美国	推扫式
Pika XC2	0.4~1.0	447	1.9	1600	—	2.57	Resonon	美国	推扫式
GaiaSky-mini-VN	0.4~1.0	256	3.5	1920	36	1.3	双利合谱	中国	推扫式
Gaiasky-mini2-VN	0.4~1.0	360	3.5	2080	36	1.5	双利合谱	中国	推扫式
Gaiasky mini3-VN	0.4~1.0	224/448	5	124	23	1.1	双利合谱	中国	推扫式
410 shark	0.4~1.0	155	—	704	29.5	0.7	Corning	美国	推扫式
UHD185	0.45~0.95	125	8	50×50	7~33	0.47	Cubert	德国	快照式
Ultris 5	0.45~0.85	50	26	250×250	15	0.12	Cubert	德国	快照式
Ultris 20 series	0.35~1.0	163	4	410×410	35	0.35	Cubert	德国	快照式
OCI-D2000	0.47~0.97	40	12~15	500×250	17	≤0.54	Bayspec	美国	快照式
Rikola	0.5~0.9	≤380	10	1010×1010	36.5	≤0.72	Senop	芬兰	光谱扫描
SNAPSCAN VNIR	0.47~0.9	150	10~15	3650×2048	—	0.58	Imec	比利时	空谱扫描
ADIMEC VNIR	0.47~0.9	150	10	2040	—	0.15	Imec	比利时	空谱扫描
Micro-Hyperspec SWIR	0.9~2.5	166/267	6.3	384/640	—	1.6~2	Headwall	美国	推扫式
MicroSASI-384	1.0~2.5	200	—	384	40	≤2	Itres	加拿大	推扫式
Pika NIR-320	0.9~1.7	164	4.9	320	7~88	3.21	Resonon	美国	推扫式
Pika NIR-640	0.9~1.7	328	5.6	640	—	3.21	Resonon	美国	推扫式
SWIR-384	1.0~2.5	288	5.4	384	16	5.7	HySpex	挪威	推扫式
Coaligned-Hyperspec	0.4~2.5	271/267	6/8	640	—	2.83	Headwall	美国	推扫式
425shark	0.4~2.5	512	4.1	640	—	3.5	Corning	美国	推扫式

2.2.4 地面高光谱成像系统

地面高光谱遥感系统通过将高光谱成像仪固定在移动或静态平台上，在地面收集数据。便携式手持光谱辐射计提供被测材料的光谱信息，用于校准和分析收集的高光谱数据，常用于采矿和农业应用，以确定所研究材料的光谱信息。目前，用于地面遥感的移动高光谱车辆已经越来越受欢迎。移动车辆由成像、同步和导航传感器组成，其中包括高光谱相机、数码相机、导航传感器和用于地理参考的 GPS。静态平台提供了更好的观测能力和时间分辨率，已有许多应用，如有毒工业化学品和气体检测、火山学研究、燃烧分析和伪装。

2.3 典型高光谱遥感基准数据集

2.3.1 高光谱遥感去噪基准数据集

表 2.4 展示了当前国内外典型的高光谱遥感去噪基准数据集。

（1）EO-1 数据集[43]由 Hyperion 传感器采集，该数据可从 NASA 网站中免费下载。已有研究表明，EO-1 Hyperion 高光谱遥感影像受到条带噪声、高斯噪声等多种类型干扰，大部分影像均存在一定质量问题，需通过影像预处理方式进行改善[4, 44-46]。

表 2.4 国内外典型高光谱遥感去噪基准数据集

类型	数据集	光谱分辨率/nm	空间分辨率/m	波段数	影像大小/像素	噪声类型	传感器/相机	单位
星载高光谱去噪数据集	EO-1	10	30	242	—	条带噪声、高斯噪声等	Hyperion	NASA
	HJ-1A	5	100	110~128	—	条带噪声	IFIS	中国资源卫星数据与应用中心
	SPARK	4.5	50	160	—	条带噪声、随机噪声	HIS	中国科学院微小卫星研究院
	CRISM	6.55	—	544	—	条带噪声、随机噪声	CRISM	NASA
地面高光谱去噪数据集	CAVE	10	—	31	512×512	—	Apogee Alta U260	哥伦比亚大学成像与视觉实验室
	ICVL	1.25	—	519	1392×1300	—	Specim PS Kappa DX4	本古里安大学跨学科计算视觉实验室

（2）HJ-1A 数据集[43]由干涉成像光谱仪 IFIS 采集，由中国资源卫星数据与应用中心提供。由于光谱通道较窄，首尾波段难以获得足够的光源，影像中存在严重的条带噪声污染与模糊现象[47-51]。

（3）SPARK 数据集[43]由中国科学院微小卫星研究院提供。由于未进行星上定标，部分波段存在严重的条带噪声以及少量随机噪声，并局部伴有垂直条带和水平条带共存的复杂降质场景[43]。

（4）CRISM 数据集由小型火星高光谱勘测载荷拍摄，尽管经过辐射校正，但影像中许多波段仍然存在条带噪声和随机噪声污染问题。

与星载高光谱遥感影像相比，地面高光谱遥感影像大多数没有噪声干扰，具有极高的成像质量，在研究中通常将地面高光谱遥感影像作为高质量参考影像，通过人为添加噪声进行模拟实验，以下两个地面高光谱遥感数据集在去噪领域中使用较多。

（1）CAVE 数据集[52]由哥伦比亚大学成像与视觉实验室使用 Apogee Alta U260 所拍摄，该数据集由 32 个真实场景组成，分为 5 个部分，包括 400~700nm 范围 10nm 步长（共 31 个波段）的全光谱分辨率反射率数据。

（2）ICVL 数据集[53]由本古里安大学跨学科计算视觉实验室使用 Specim PS Kappa DX4 高光谱相机拍摄，包含 200 个室外场景图像，图像大小为 1392×1300 像素，光谱波段数为 519，光谱范围为 400~1000nm，光谱分辨率为 1.25nm。

2.3.2 高光谱遥感混合像元分解基准数据集

典型高光谱遥感混合像元分解基准数据集如表 2.5 所列。

表 2.5 典型高光谱遥感混合像元分解基准数据集

类型	数据集	光谱范围/μm	光谱分辨率/nm	空间分辨率/m	可使用波段数	影像大小/像素	端元个数	传感器/相机
星载高光谱混合像元分解数据集	CA-Cropland	0.4~2.5	10	30	171	250×190	5	Hyperion
机载高光谱混合像元分解数据集	Urban	0.4~2.5	10	—	162	307×307	4~6	Hydice
	Jasper Ridge	0.38~2.5	9.46	20	198	512×614	4~5	AVIRIS
	Cuprite	0.37~2.48	10	20	188	250×190	9~14	AVIRIS
地面高光谱混合像元分解数据集	RMMS	0.47~0.9	—	—	132	64×128	4~5	IMEC SNAPSCAN VNIR

（1）Urban 数据集[54]由 Hydice 传感器获取，图像大小为 307×307 像素。原始数据有 210 个波段，在去除噪声和水吸收波段后，一般留下 162 个波段做后续处理与分析，地物类别包含沥青、屋顶、草地、树木、金属以及泥土。

（2）Jasper Ridge 数据集[55]共 224 个波段，波谱范围为 380~2500nm，去除受到水汽和大气影响的波段后，有 198 个波段可用，图像大小为 512×614 像素，包含公路、土壤、水体和树木 4 种地物。

（3）Cuprite 数据集原始图像有 224 个波段，光谱范围为 370~2480nm，空间分辨率为 20m。在移除噪声通道和吸水通道后，实际使用的波段数为 188。Cuprite 数据集中的真实端元个数是未知的，在以往的研究中，Cuprite 数据集解混的端元个数并不固定，常用的端元个数值为 9、10、12 和 14。

（4）RMMS 数据集[56]是使用 IMEC SNAPSCAN VNIR 推扫式高光谱相机拍摄的，该数据集包含简单混合场景（SMS）、复杂混合场景（CMS）两个场景，均用于高光谱遥感混合像元分解，图像大小为 64×128 像素，原始光谱波段数为 147，去掉噪声波段后有 132 个波段可用。SMS 场景包含苔藓、卵石、木棍、叶子 4 种地物，CMS 场景包含苔藓、卵石、木棍、真植被、假植被 5 种地物。

2.3.3 高光谱遥感分类基准数据集

2.3.3.1 星载/机载高光谱遥感分类基准数据集

典型星载/机载高光谱遥感分类基准数据集如表 2.6 所列。

表 2.6 典型星载/机载高光谱遥感分类基准数据集

类型	数据集	光谱范围/μm	光谱分辨率/nm	空间分辨率/m	可使用波段数	影像大小/像素	地物类别	传感器
星载高光谱分类数据集	Botswana	0.4~2.5	10	30	145	1476×256	14	Hyperion
	HyRANK	0.4~2.5	10	30	176	250×1376 249×945 241×1632 249×772 245×1626	14	Hyperion
	WHU-OHS	0.4~1.0	2.5	10	32	512×512	24	OHS-HSI
机载高光谱分类数据集	雄安新区	0.4~1.0	—	0.5	250	3750×1580	19	全谱段多模态成像光谱仪
	Washington DC	0.4~2.4	—	—	191	1208×307	7	Hydice

续表

类型	数据集	光谱范围/μm	光谱分辨率/nm	空间分辨率/m	可使用波段数	影像大小/像素	地物类别	传感器
机载高光谱分类数据集	Pavia University & Center	0.43~0.86	—	1.3	103/102	610×340 1096×715	9	ROSIS
	Indian Pines	0.4~2.5	10	20	200	145×145	16	AVIRIS
	Salinas	0.4~2.5	10	3.7	204	512×217	16	AVIRIS
	DFC2013 Houston	0.38~1.05	—	2.5	144	349×1905	15	ITERS CASI-1500
	DFC2018 Houston	0.38~1.05	—	1	48	—	20	ITERS CASI-1500
	KSC	0.4~2.5	10	18	176	512×614	13	AVIRIS
	Eagle_reize	0.4~1.0	—	1	252	2082×1606	10	SPECIM AsiaEAGLE Ⅱ
	Chikusei	0.4~1.0	—	2.5	128	2517×2335	19	Headwall Hyperspec-VNIR-C
	AeroRIT	0.4~0.9	10	0.4	372	1973×3975	5	Headwall Photonics Micro Hyperspec E
	Xuzhou HYPSEX	0.4~2.5	8	0.73	436	500×260	9	HYSPEX VNIR-1600 HYSPEX SWIR-384
	Luoiia-HSSR	0.4~1.0	≤5	0.75	249	—	23	全谱段多模态成像光谱仪

（1）Botswana 数据集[57]于2001年5月在博茨瓦纳奥卡万戈三角洲由NASA EO-1卫星获取，影像大小为1476×256像素，空间分辨率约为30m，波段数为242，去除噪声波段后实际使用的波段数为145，研究区共有14种地物，代表了位于三角洲末端的季节性沼泽、偶尔沼泽和干燥林地的土地覆盖类型。

（2）HyRANK 数据集[58]由EO-1卫星Hyperion传感器拍摄的，空间分辨率为30m，该数据集包含了2幅用于训练的高光谱图像（Dioni、Loukia）和3幅用于测试的高光谱图像，5幅图像均有176个光谱波段，图像大小各不相同，其中Dioni数据集图片大小为250×1376像素，Loukia数据集图片大小为249×945像素，包含14种地物。

（3）WHU-OHS 数据集[59]由 42 张 OHS 卫星图像组成，在中国超过 40 个不同的地点采集，每张 OHS 图像都有大约 230 万手动标记像素，光谱波段数为 32，共有 24 种地物，包括裸地、绿地、湖泊、树林等。

（4）雄安新区（马蹄湾村）数据集[60]由中国科学院上海技术物理研究所研制的高分专项航空系统全谱段多模态成像光谱仪采集，光谱范围为 $0.4 \sim 1.0\mu m$，波段数为 250，影像大小为 3750×1580 像素。地物共计 19 种，包括水稻茬、草地、榆树、白蜡、国槐、菜地、杨树、大豆、刺槐、水稻、水体、柳树、复叶槭、栾树、桃树、玉米、梨树、荷叶、建筑。

（5）Washington DC 数据集是由 Hydice 传感器获取的航空高光谱影像，数据包含了 $0.4 \sim 2.4\mu m$ 可见光和近红外波段范围的 191 个波段，图像大小为 1208×307 像素，地物包括屋顶、街道、铺碎石的路、草地、树木、水和阴影。

（6）Pavia University & Center 数据集是在意大利北部帕维亚上空飞行时获得的影像，是由 ROSIS 传感器拍摄的，光谱范围为 $0.43 \sim 0.86\mu m$，共 115 个波段，空间分辨率为 1.3m。Pavia U 实际使用的波段数为 103，图像大小为 610×340 像素，共 9 种地物。Pavia C 实际使用的波段数为 102，图像大小为 1096×715 像素，共 9 种地物。

（7）Indian Pines 数据集是在美国印第安纳州西北部的印第安松试验场由机载可见光-红外成像光谱仪（AVIRIS）拍摄，AVIRIS 的波长范围为 $0.4 \sim 2.5\mu m$，数据集空间分辨率约为 20m，图像大小为 145×145 像素，波段数为 220，去除 20 个吸水带，实际使用的波段数是 200。研究区域有 16 种地物，包括玉米、燕麦、小麦、森林等。

（8）Salinas 数据集由 AVIRIS 传感器在加利福尼亚州 Salinas Valley 拍摄，图像大小为 512×217 像素，空间分辨率为 3.7m，波段数为 224，去除 20 个吸水带，实际使用的波段数为 204。研究区域有 16 种地物，包括蔬菜、裸露的土壤、葡萄园等。

（9）DFC2013 Houston[61]和 DFC2018 Houston 数据集[62]是由 ITERS CASI-1500 传感器在美国得克萨斯州休斯敦及其周边农村地区获取的，DFC2013 Houston 数据空间分辨率为 2.5m，图像大小为 349×1905 像素，含有 144 个波段，波段范围是 $0.38 \sim 1.05\mu m$，研究区域有 15 种地物；DFC2018 Houston 数据空间分辨率为 1m，波段范围是 $0.38 \sim 1.05\mu m$，含有 48 个波段，研究区域有 20 种地物。

（10）Kennedy Space Center（KSC）数据集是在美国佛罗里达州肯尼迪太

空中心由机载 AVIRIS 拍摄，光谱范围为 0.4~2.5μm，空间分辨率为 18m，图像大小为 512×614 像素。在去除吸水带以及低信噪比波段后，实际使用的波段数为 176。研究区域有 13 种地物，包括灌木丛、柳树沼泽、卷心菜棕榈吊床、湿地松等。

（11）Eagle_reize 数据集[63]由 SPECIM AsiaEAGLE Ⅱ 传感器拍摄，图像大小为 2082×1606 像素，包含光谱范围为 0.4~1.0μm 的 252 个波段，包含 10 种地物。

（12）Chikusei 数据集[64]由 Headwall Hyperspec-VNIR-C 传感器于日本筑西市（Chikusei）拍摄。该数据包含 128 个波段，范围为 0.4~1.0μm，图像大小为 2517×2335 像素，空间分辨率为 2.5m，共有 19 种地物，包含城市与农村地区。

（13）AeroRIT 数据集[65]由 Headwall Photonics Micro Hyperspec E 传感器对罗切斯特理工学院进行拍摄获得，该数据集光谱范围为 0.4~0.9μm，光谱分辨率为 10nm，是第一个具有近 700 万像素标注的综合性大规模高光谱场景，可用于识别汽车、道路和建筑物。

（14）Xuzhou HYPSEX[66] 数据集由机载 HYSPEX 高光谱相机在徐州近郊采集。该数据集由 500×260 像素组成，具有 0.73m/像素的极高空间分辨率，光谱范围为 0.42~2.5μm，去除噪声带后波段数为 436，包含作物、植被等九类地物。

（15）Luojia-HSSR[67] 数据集由航空全谱段多模态成像光谱仪采集，光谱范围为 0.4~1.0μm，波段数为 249，包含 23 类地物。数据集共有 6438 张 256×256 像素的影像，其中 749 张用于验证，3480 张用于训练，2209 张用于测试。

2.3.3.2 无人机高光谱遥感分类基准数据集

（1）WHU-Hi 基准数据集[68]是武汉大学 RSIDEA 研究组 2020 年发布的系列无人机双高遥感基准数据集，服务于双高精细分类与双高目标探测等任务。该数据集于湖北省江汉平原等区域，由美国 Headwall 公司的 Nano-HyperSpec 无人机载成像光谱仪所拍摄，光谱范围为 400~1000nm。其中，面向双高精细分类算法研究与农作物精细分类应用，构建了包含简单农业区域（LongKou）、城乡接合区域（HanChuan）以及复杂农业区域（HongHu）三个场景的全标注双高数据集；同时，面向高光谱异常目标探测任务，构建了 WHU-Hi-River 数据集。

① WHU-Hi-LongKou 数据。该数据采集地点为湖北省龙口镇典型的简单农业场景，采集平台为大疆 M600pro 无人机搭载的 Nano-Hyperspec-VNIR 成像光谱仪，飞行高度为 500m，空间分辨率为 0.463m，影像尺寸为 550×400 像素，在 400~1000nm 波谱范围内有 270 个谱段。采集区域内共包含 9 种地物，其中包含 6 种农作物：玉米、棉花、芝麻、阔叶大豆、窄叶大豆和水稻。

② WHU-Hi-HanChuan 数据。该数据采集地点为湖北省汉川市典型的城乡接合区域，采集平台为莱卡 Aibot X6 无人机搭载的 Nano-Hyperspec-VNIR 成像光谱仪，飞行高度为 250m，空间分辨率为 0.109m，影像尺寸为 1217×303 像素，在 400~1000nm 波谱范围内有 274 个谱段。采集区域内共包含房屋、道路、农作物和水体等 16 种地物，其中包含 7 种农作物：玉草莓、豇豆、大豆、高粱、空心菜、西瓜和蔬菜。

③ WHU-Hi-HongHu 数据。该数据采集地点为湖北省洪湖市典型的复杂农业区域，采集平台为大疆 M600pro 无人机搭载的 Nano-Hyperspec-VNIR 成像光谱仪，飞行高度为 100m，空间分辨率为 0.043m，影像尺寸为 940×475 像素，在 400~1000nm 波谱范围内有 270 个谱段。研究区土地破碎化异常严重，单个地块面积非常小，共种植了棉花、油菜、白菜、卷心菜等 17 种作物，并且种植了相同作物的不同品种（如大白菜和卷心菜），使得作物精细分类难度较大，如图 2.8 所示。

（2）UAV-HSI-Crop 数据集[69]是由中国农业大学 2022 年发布的无人机双高遥感数据集，成像区域位于河北省深州市，研究区 A 位于马家口村，研究区 B 位于马家口村以北 6km 处的西京盟村。该数据集由美国 Resonon 公司的 Pika L 无人机成像光谱仪所拍摄，共有 200 个波段，光谱范围为 400~1000nm，研究区域 A 的影像大小为 2332×959 像素，研究区域 B 的影像大小为 864×1618 像素，空间分辨率均为 0.1m，该影像是一个复杂的农业场景，有各种各样的作物，共有 29 种地物，主要包括玉米、小米、大白菜、胡萝卜、叶芥末等。

2.3.4 高光谱遥感异常探测基准数据集

2.3.4.1 机载高光谱遥感异常探测基准数据集

（1）Airport-Beach-Urban Dataset（ABU）数据集[70]由 AVIRIS 传感器和 ROSIS 传感器对美国不同地区的飞机、海滩、城区拍摄所得，作者从 AVIRIS 传感器和 ROSIS 传感器官方网站下载大图像后手动提取 100×100 像素的样本图像，共 13 张影像。

(a) 研究区域的典型作物照片

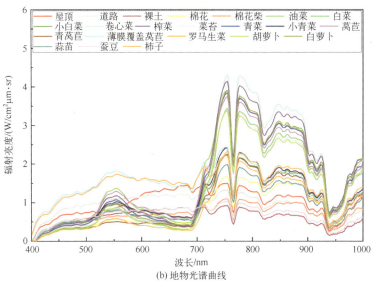

(b) 地物光谱曲线

图 2.8 WHU-Hi-HongHu 数据集

（2）AVIRIS-1 数据集[71]由 AVIRIS 传感器采集，场景对应于美国圣地亚哥机场的某区域。影像覆盖光谱范围为 370～2510nm，空间分辨率为 3.5m，影像大小均为 100×100 像素。AVIRIS-2 数据集的光谱波段个数为 186，将 3 架飞机看作异常目标，共 143 像素。

（3）HYDICE 数据集[72]是由 HYDICE 传感器采集，场景为美国密歇根州郊区居民区。影像的光谱范围为 400~2500nm，空间分辨率为 3m。影像场景大小为 80×100 像素。去除水汽波段，低信噪比、质量差的波段后，共保留 162 个波段。将 10 辆人工车辆看作异常目标，共 17 像素，背景土地覆盖类型包括停车场、土壤、水、道路。

2.3.4.2 无人机高光谱异常探测基准数据集

WHU-Hi-River 数据集采集地点为中国湖北省洪湖市的一条长河岸，图像的空间分辨率为 6cm，图像场景大小为 105×168 像素。该图像有 135 个波段，光谱范围为 400~1000nm。异常检测任务中将 2 块塑料板和 2 块灰色面板作为异常，总共 36 像素，在基于特征的检测任务中，2 块塑料板被视为目标，总共有 21 像素，如图 2.9 所示。

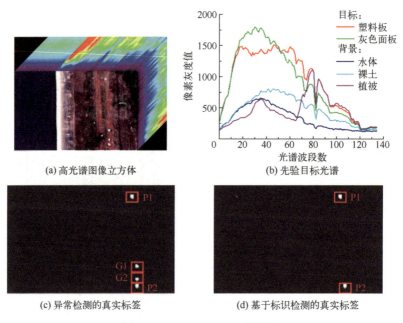

图 2.9 WHU-Hi-River 数据集

2.3.5 高光谱遥感基准数据集汇总

为方便读者快速获取经典数据资源，表 2.7 将去噪、混合像元分解、分类、异常探测 4 种高光谱数据处理任务的典型高光谱遥感数据集进行了整理汇总①。

---

① http://rsidea.whu.edu.cn/resource_Intelligent_processing_of_hyperspectral_RS.htm

表 2.7 高光谱遥感基准数据集汇总表

高光谱数据处理任务	基准数据集类型	基准数据集名称	参考文献
高光谱去噪	星载基准数据集	EO-1 Hyperion	[43]
		HJ-1A	[43]
		SPARK	[43]
		CRISM	—
	地面基准数据集	CAVE	[52]
		ICVL	[53]
高光谱混合像元分解	星载基准数据集	CA-Cropland	[73]
	机载基准数据集	Urban	[54]
		Jasper Ridge	[55]
		Cuprite	—
	地面基准数据集	RMMS	[56]
高光谱分类	星载基准数据集	Botswana	[57]
		HyRANK	[58]
		WHU-OHS	[59]
	机载基准数据集	雄安新区	[60]
		Washington DC	—
		Pavia University & Center	—
		Indian Pines	—
		Salinas	—
		DFC2013 Houston	[61]
		DFC2018 Houston	[62]
		KSC	—
		Eagle_reize	[63]
		Chikusei	[64]
		AeroRIT	[65]
		Xuzhou HYPSEX	[66]
		Luojia-HSSR	[67]
	无人机基准数据集	WHU-Hi	[68]
		UAV-HSI-Crop	[69]
高光谱异常探测	机载基准数据集	ABU	[70]
		AVIRIS-1	[71]
		HYDICE	[72]
	无人机基准数据集	WHU-Hi-River	—

2.4 高光谱成像系统发展趋势

每一种成像光谱仪的发展都伴随着设计技术和制造技术的突破。不同类型的成像光谱仪在性能上有所侧重，但是所有的成像光谱仪在通用指标上都是向着高光谱分辨率、高空间分辨率和高时间分辨率方向发展的[74]，具体呈现以下发展趋势。

（1）探测波段进一步拓宽至远红外，定量化精细化要求越来越高[75]。为了获取地物更丰富的光谱信息，获取全天时的地物反射和发射光谱特征，成像光谱仪波段范围将覆盖从紫外到远红外。同时为保证更高指标下高光谱的应用效能，实验室、在轨仪器内部及其对地、对日、对月、对恒星的综合定标手段也日益丰富，并朝着更精细化的方向发展。此外，发展超大幅宽和更高分辨率的高光谱遥感技术，对于进一步发展宽工作波段范围的大规模探测器和大口径光学器件也提出了更高的要求。

（2）星载高光谱遥感数据处理智能化、自动化[75]。伴随着人工智能时代的来临，将深度学习与高光谱遥感技术深度结合，构建具有星上载荷参数自动优化、星上数据自动实时处理与产品生成的智能高光谱遥感卫星系统成为未来发展趋势。同时，随着成像光谱仪分辨率越来越高、获取信息维度越来越多，获取的遥感数据量呈现爆炸式增长，"大数据"特征十分显著，如何实现高光谱遥感有效数据挖掘、信息提取，提高数据压缩及传输效率，是未来高光谱遥感亟须解决的重要难题。

（3）构建高光谱卫星星座，提升高光谱遥感影像时间分辨率[11]。高光谱卫星的数据回传存在极大延迟（通常是小时级），同时受卫星重访条件、观测需求冲突和观测条件等限制，对于指定区域的观测频次常以天、周、月计，以致高光谱遥感应用需要使用存档数据解决当前问题，缺乏即时的高光谱遥感数据有效供应成为严重制约遥感下游产业发展的主要瓶颈。然而，高光谱卫星组网成星座，可以缩短重访周期，提高动态观测效率，实现地表环境监测的快速响应。

（4）利用快照式成像光谱仪观测动态场景。这种成像光谱仪在传统成像光谱仪的基础上综合了数学、物理、图像算法甚至深度学习等多学科知识，力图在最大程度上快速、完整地获得整个探测场景的三维立方数据体。虽然目前这一领域还存在一些技术瓶颈，但是在未来，快照式成像光谱仪必将在环境监测、目标识别领域得到应用[76]。

（5）成像光谱仪轻量化、集成化、系统化。随着轻小型无人机遥感技术及微纳卫星技术的发展，高光谱遥感也正向着低成本、灵活机动、集成化等方向发展[77]。目前，基于微机电系统（MEMS）的可调谐滤光型成像光谱仪、傅里叶变换干涉型成像光谱仪和光栅式色散型成像光谱仪已经基本实现了商业化，部分仪器甚至已经实现了消费级应用。基于小型无人机的轻小型高光谱遥感技术在农林病虫害监测、目标搜寻及抢险救灾等领域隐藏着巨大的应用需求和价值。微纳卫星[78]具有成本低、开发周期短等优势，能够开展更为复杂的空间遥感任务。高光谱遥感技术与微纳卫星技术的结合，将促进一体化多功能结构、综合集成化空间探测载荷的创新发展，对未来高光谱遥感轻量化、集成化、系统化，实现空间组网、全天时探测具有重要的推动作用，也为高光谱遥感卫星进入商用领域提供了可能。

参考文献

[1] XU Z, ZHAO H, JIA G, et al. Optical schemes of super-angular AOTF-based imagers and system response analysis [J]. Optics Communications, 2021, 498: 127204.

[2] YAMASHITA T, KINOSHITA H, SAKAGUCHI T, et al. Objective tumor distinction in 5-aminolevulinic acid-based endoscopic photodynamic diagnosis, using a spectrometer with a liquid crystal tunable filter [J]. Annals of Translational Medicine, 2020, 8 (5): 178.

[3] 李云辉. 压缩光谱成像系统中物理实现架构研究综述 [J]. 中国光学（中英文），2022, 15 (5): 929-945.

[4] PEARLMAN J S, BARRY P S, SEGAL C C, et al. Hyperion, a space-based imaging spectrometer [J]. IEEE Transactions on Geoscience and Remote Sensing, 2003, 41 (6): 1160-1173.

[5] BARNSLEY M J, SETTLE J J, CUTTER M A, et al. The PROBA/CHRIS mission: a low-cost smallsat for hyperspectral multiangle observations of the earth surface and atmosphere [J]. IEEE Transactions on Geoscience and Remote Sensing, 2004, 42 (7): 1512-1520.

[6] SINGH M, RAJESH V. Mineralogical characterization of Juventae Chasma, Mars: evidences from MRO-CRISM [J]. The International Archives of the Photogrammetry, Remote Sensing and Spatial Information Sciences, 2014, 40: 477-479.

[7] COOLEY T W, LOCKWOOD R B, DAVIS T M, et al. Advanced responsive tactically-effec-

tive military imaging spectrometer (ARTEMIS) design [J]. International Journal of High Speed Electronics and Systems, 2008, 18 (2): 369-374.

[8] BUTZ A, GUERLET S, HASEKAMP O, et al. Toward accurate CO_2 and CH_4 observations from GOSAT [J]. Geophysical Research Letters, 2011, 38 (14): L14812.

[9] ELDERING A, BOLAND S, SOLISH B, et al. High precision atmospheric CO_2 measurements from space: the design and implementation of OCO-2 [C]//2012 IEEE Aerospace Conference, March 3-10, 2012, Big Sky, Montana, USA. IEEE, c2012: 1-10.

[10] GUANTER L, KAUFMANN H, SEGL K, et al. The EnMAP spaceborne imaging spectroscopy mission for earth observation [J]. Remote Sensing, 2015, 7 (7): 8830-8857.

[11] ZHONG Y, WANG X, WANG S, et al. Advances in spaceborne hyperspectral remote sensing in China [J]. Geo-spatial Information Science, 2021, 24 (1): 95-120.

[12] 黄意玢, 董超华, 范天锡. 用神舟三号中分辨率成像光谱仪数据反演大气水汽 [J]. 遥感学报, 2006 (5): 742-748.

[13] 赵葆常, 杨建峰, 常凌颖, 等. 嫦娥一号卫星成像光谱仪光学系统设计与在轨评估 [J]. 光子学报, 2009, 38 (3): 479-483.

[14] 郑伟, 陈洁, 闫华, 等. FY-3D/MERSI-II 全球火点监测产品及其应用 [J]. 遥感学报, 2020, 24 (5): 521-530.

[15] 周颖, 巩彩兰, 胡勇, 等. 风云三号 MERSI 数据提取北冰洋海冰信息方法研究 [J]. 大气与环境光学学报, 2013, 8 (1): 53-59.

[16] WANG Q A, WU C Q, LI Q, et al. Chinese HJ-1A/B satellites and data characteristics [J]. Science China-Earth Sciences, 2010, 53: 51-57.

[17] 高铭, 张善从, 李盛阳. 天宫一号高光谱成像仪遥感应用 [J]. 遥感学报, 2014, 18 (z1): 2-10.

[18] XIAO L, ZHU P, FANG G, et al. A young multilayered terrane of the northern Mare Imbrium revealed by Chang'E-3 mission [J]. Science, 2015, 347 (6227): 1226-1229.

[19] 范斌, 陈旭, 李碧岑, 等. "高分五号" 卫星光学遥感载荷的技术创新 [J]. 红外与激光工程, 2017, 46 (1): 16-22.

[20] 刘银年, 孙德新, 胡晓宁, 等. 高分五号可见短波红外高光谱相机设计与研制 [J]. 遥感学报, 2020, 24 (4): 333-344.

[21] 李先怡, 范海生, 潘申林, 等. 珠海一号高光谱卫星数据及应用概况 [J]. 卫星应用, 2019 (8): 12-8.

[22] ROCK B. Preliminary airborne imaging spectrometer vegetation data [C]//International Geoscience and Remote Sensing Symposium (IGARSS), August 31-September 2, 1983, San Francisco, California. IEEE, c1983.

[23] MAKISARA K, MEINANDER M, RANTASUO M, et al. Airborne imaging spectrometer for

applications (AISA) [C]//Proceedings of IGARSS'93-IEEE International Geoscience and Remote Sensing Symposium, August 18-21, 1993, Tokyo, Japan. IEEE, c1993: 479-481.

[24] COCKS T, JENSSEN R, STEWART A, et al. The HyMapTM airborne hyperspectral sensor: the system, calibration and performance [C]//Proceedings of the 1st EARSeL Workshop on Imaging Spectroscopy, October 6-8, 1998, University of Zürich, Zürich, Switzerland. EARSeL, c1998: 37-42.

[25] MAUSER W. The airborne visible/infrared imaging spectrometer AVIS-2-multiangular und hyperspectral data for environmental analysis [C]// 2003 IEEE International Geoscience and Remote Sensing Symposium, July 21-25, 2003, Toulouse, France. IEEE, c2003: 2020-2022.

[26] WILLIAMS F L. The spectral characterization of the cross-track infrared sounder (CrIS) engineering model: updated methodology and initial test results [C]//Infrared Spaceborne Remote Sensing XI, August 3-8, 2003, San Diego, California, USA. SPIE, c2003: 9-20.

[27] 技物. 中国科学院上海技术物理研究所研制成实用型模块化成像光谱仪系统 (OMIS) [J]. 红外, 2001 (5): 50.

[28] 邵晖, 王建宇, 薛永祺. 推帚式超光谱成像仪 (PHI) 关键技术 [J]. 遥感学报, 1998 (4): 251-254.

[29] 葛明锋. 基于轻小型无人机的高光谱成像系统研究 [D]. 北京: 中国科学院大学, 2015.

[30] ZHONG Y, WANG X, XU Y, et al. Mini-UAV-borne hyperspectral remote sensing: from observation and processing to applications [J]. IEEE Geoscience and Remote Sensing Magazine, 2018, 6 (4): 46-62.

[31] WEI L, HUANG C, ZHONG Y, et al. Inland waters suspended solids concentration retrieval based on PSO-LSSVM for UAV-borne hyperspectral remote sensing imagery [J]. Remote Sensing, 2019, 11 (12): 1455.

[32] WEI L, HUANG C, WANG Z, et al. Monitoring of urban black-odor water based on nemerow index and gradient boosting decision tree regression using UAV-borne hyperspectral imagery [J]. Remote Sensing, 2019, 11 (20): 2402.

[33] SANKEY T, DONAGER J, MCVAY J, et al. UAV lidar and hyperspectral fusion for forest monitoring in the southwestern USA [J]. Remote Sensing of Environment, 2017, 195: 30-43.

[34] ZHANG N, ZHANG X, YANG G, et al. Assessment of defoliation during the Dendrolimus tabulaeformis Tsai et Liu disaster outbreak using UAV-based hyperspectral images [J]. Remote Sensing of Environment, 2018, 217: 323-339.

[35] SANKEY J B, SANKEY T T, LI J, et al. Quantifying plant–soil–nutrient dynamics in rangelands: fusion of UAV hyperspectral-LiDAR, UAV multispectral-photogrammetry, and ground-based LiDAR-digital photography in a shrub-encroached desert grassland [J]. Remote Sensing of Environment, 2021, 253: 112223.

[36] GE X, WANG J, DING J, et al. Combining UAV-based hyperspectral imagery and machine learning algorithms for soil moisture content monitoring [J]. PeerJ, 2019, 7: 6926.

[37] THIELE S T, BNOULKACEM Z, LORENZ S, et al. Mineralogical mapping with accurately corrected shortwave infrared hyperspectral data acquired obliquely from UAVs [J]. Remote Sensing, 2021, 14 (1): 5.

[38] HUYNH H H, YU J, WANG L, et al. Integrative 3D geological modeling derived from SWIR hyperspectral imaging techniques and UAV-based 3D model for carbonate rocks [J]. Remote Sensing, 2021, 13 (15): 3037.

[39] LIU C, XING C, HU Q, et al. Stereoscopic hyperspectral remote sensing of the atmospheric environment: innovation and prospects [J]. Earth-Science Reviews, 2022, 226: 103958.

[40] ÖZDOĞAN G, LIN X, SUN D W. Rapid and noninvasive sensory analyses of food products by hyperspectral imaging: recent application developments [J]. Trends in Food Science & Technology, 2021, 111: 151-165.

[41] ZHU M, HUANG D, HU X J, et al. Application of hyperspectral technology in detection of agricultural products and food: a review [J]. Food Science & Nutrition, 2020, 8 (10): 5206-5214.

[42] GOLDSTEIN N, TANNIAN B, STARK M, et al. Fabrication and testing of a UAS-based visible to extended-SWIR hyperspectral sensor [C]//2019 10th Workshop on Hyperspectral Imaging and Signal Processing: Evolution in Remote Sensing (WHISPERS), September 24-26, 2019, Amsterdam, Netherlands. IEEE, c2019: 1-5.

[43] ZHONG Y, LI W, WANG X, et al. Satellite-ground integrated destriping network: a new perspective for EO-1 Hyperion and Chinese hyperspectral satellite datasets [J]. Remote Sensing of Environment, 2020, 237: 111416.

[44] HAN T, GOODENOUGH D G, DYK A, et al. Detection and correction of abnormal pixels in Hyperion images [C]//IEEE International Geoscience and Remote Sensing Symposium, June 24-28, 2002, Toronto, Ontario, Canada. IEEE, c2002: 1327-1330.

[45] DATT B, MCVICAR T R, NIEL T G V, et al. Preprocessing EO-1 Hyperion hyperspectral data to support the application of agricultural indexes [J]. IEEE Transactions on Geoscience and Remote Sensing, 2003, 41 (6): 1246-1259.

[46] SUN L, NEVILLE R A, STAENZ K, et al. Automatic destriping of Hyperion imagery based

on spectral moment matching [J]. Canadian Journal of Remote Sensing, 2008, 34 (S1): S68-S81.

[47] 钮立明, 蒙继华, 吴炳方, 等. HJ-1A 星 HSI 数据 2 级产品处理流程研究 [J]. 国土资源遥感, 2011 (1): 77-82.

[48] SONG Y, LIU H. The comparison of two quantitative de-striping algorithms for HJ-1A HSI data [C]//2011 International Conference on Remote Sensing, Environment and Transportation Engineering, June 24-26, 2011, Nanjing, China. IEEE, c2011: 4589-4592.

[49] GAO H L, XING-FA G U, TAO Y U, et al. A refrence-band-based method for removing stripe noise from HJ-1A HSI images [J]. Infrared, 2013, 34 (3): 7-11.

[50] GAO L, ZHANG B, SUN X, et al. Optimized maximum noise fraction for dimensionality reduction of Chinese HJ-1A hyperspectral data [J]. EURASIP Journal on Advances in Signal Processing, 2013, 2013 (1): 65.

[51] GAO X, XU G, YU T, et al. The generating mechanism of strips and destriping algorithm of HJ-1A Hyperspectral Image [C]//International Symposium on Photoelectronic Detection and Imaging 2013: Imaging Spectrometer Technologies and Applications, June 25-27, 2013, Beijing, China. SPIE, c2013: 459-465.

[52] YASUMA F, MITSUNAGA T, ISO D, et al. Generalized assorted pixel camera: postcapture control of resolution, dynamic range, and spectrum [J]. IEEE Transactions on Image Processing, 2010, 19 (9): 2241-2253.

[53] ARAD B, BEN-SHAHAR O. Sparse recovery of hyperspectral signal from natural RGB images [C]//Computer Vision-ECCV 2016: 14th European Conference, October 11-14, 2016, Amsterdam, Netherlands. Springer International Publishing, 2016: 19-34.

[54] KALMAN L S, BASSETT III E M. Classification and material identification in an urban environment using HYDICE hyperspectral data [C]//Imaging Spectrometry Ⅲ, July 28-30, 1997, San Diego, California, USA. SPIE, c1997: 57-68.

[55] RODARMEL C, SHAN J. Principal component analysis for hyperspectral image classification [J]. Surveying and Land Information Science, 2002, 62 (2): 115-122.

[56] CUI C, ZHONG Y, WANG X, et al. Realistic mixing miniature scene hyperspectral unmixing: from benchmark datasets to autonomous unmixing [J]. IEEE Transactions on Geoscience and Remote Sensing, 2023, 61: 1-15.

[57] NEUENSCHWANDER A, CRAWFORD M, RINGROSE S. Results of the EO-1 experiment-use of earth observing-1 advanced land imager (ALI) data to assess the vegetational response to flooding in the Okavango Delta, Botswana [J]. International Journal of Remote Sensing, 2005, 26 (19): 4321-4337.

[58] KARANTZALOS K, KARAKIZI C, KANDYLAKIS Z, et al. HyRANK hyperspectral

satellite dataset I (version v001) [DB/OL]. (2018-04-20) [2024-05-27]. https://doi.org/10.5281/zenodo.1222202.

[59] LI J, HUANG X, TU L. WHU-OHS: A benchmark dataset for large-scale hyperspectral-image classification [J]. International Journal of Applied Earth Observation and Geoinformation, 2022, 113: 103022.

[60] 岑奕, 张立福, 张霞, 等. 雄安新区马蹄湾村航空高光谱遥感影像分类数据集 [J]. 遥感学报, 2020, 24 (11): 1299-1306.

[61] DEBES C, MERENTITIS A, HEREMANS R, et al. Hyperspectral and LiDAR data fusion: outcome of the 2013 GRSS data fusion contest [J]. IEEE Journal of Selected Topics in Applied Earth Observations and Remote Sensing, 2014, 7 (6): 2405-2418.

[62] XU Y, DU B, ZHANG L, et al. Advanced multi-sensor optical remote sensing for urban land use and land cover classification: outcome of the 2018 IEEE GRSS data fusion contest [J]. IEEE Journal of Selected Topics in Applied Earth Observations and Remote Sensing, 2019, 12 (6): 1709-1724.

[63] GHAMISI P, PHINN S. Fusion of lidar and hyperspectral data [DB/OL]. (2015-12-10) [2024-05-27]. https://doi.org/10.6084/m9.figshare.2007723.v3.

[64] YOKOYA N, IWASAKI A. Airborne hyperspectral data over Chikusei [DB/OL]. (2016-05-27) [2024-05-27]. https://naotoyokoya.com/Download.html.

[65] RANGNEKAR A, MOKASHI N, IENTILUCCI E J, et al. Aerorit: a new scene for hyperspectral image analysis [J]. IEEE Transactions on Geoscience and Remote Sensing, 2020, 58 (11): 8116-8124.

[66] TAN K, WU F, DU Q, et al. A parallel Gaussian-Bernoulli restricted Boltzmann machine for mining area classification with hyperspectral imagery [J]. IEEE Journal of Selected Topics in Applied Earth Observations Remote Sensing, 2019, 12 (2): 627-636.

[67] XU Y, GONG J, HUANG X, et al. Luojia-HSSR: a high spatial-spectral resolution remote sensing dataset for land-cover classification with a new 3D-HRNet [J]. Geo-spatial Information Science, 2023, 26 (3): 289-301.

[68] ZHONG Y, HU X, LUO C, et al. WHU-Hi: UAV-borne hyperspectral with high spatial resolution (H2) benchmark datasets and classifier for precise crop identification based on deep convolutional neural network with CRF [J]. Remote Sensing of Environment, 2020, 250: 112012.

[69] NIU B, FENG Q, CHEN B, et al. HSI-TransUNet: a transformer based semantic segmentation model for crop mapping from UAV hyperspectral imagery [J]. Computers and Electronics in Agriculture, 2022, 201: 107297.

[70] KANG X, ZHANG X, LI S, et al. Hyperspectral anomaly detection with attribute and edge-

preserving filters [J]. IEEE Transactions on Geoscience and Remote Sensing, 2017, 55 (10): 5600-5611.

[71] WANG S, WANG X, ZHONG Y, et al. Hyperspectral anomaly detection via locally enhanced low-rank prior [J]. IEEE Transactions on Geoscience and Remote Sensing, 2020, 58 (10): 6995-7009.

[72] BASEDOW R W, CARMER D C, ANDERSON M E. HYDICE system: implementation and performance [C]//Imaging Spectrometry, April 17-18, 1995, Orlando, Florida, USA. SPIE, c1995: 258-267.

[73] WANG X, ZHONG Y, CUI C, et al. Autonomous endmember detection via an abundance anomaly guided saliency prior for hyperspectral imagery [J]. IEEE Transactions on Geoscience and Remote Sensing, 2020, 59 (3): 2336-2351.

[74] 王建宇, 李春来. 高光谱遥感成像技术的发展与展望 [J]. 空间科学学报, 2021, 41 (1): 22-33.

[75] 刘银年. 高光谱成像遥感载荷技术的现状与发展 [J]. 遥感学报, 2021, 25 (1): 439-459.

[76] 于磊. 成像光谱仪的发展与应用（特邀）[J]. 红外与激光工程, 2022, 51 (1): 298-308.

[77] 张淳民, 穆廷魁, 颜廷昱, 等. 高光谱遥感技术发展与展望 [J]. 航天返回与遥感, 2018, 39 (3): 104-114.

[78] 张雷, 邵梦旗, 薛志鹏, 等. 微纳卫星高分辨视频相机光机结构设计与试验（特邀）[J]. 红外与激光工程, 2021, 50 (10): 60-66.

第3章 高光谱遥感影像去噪技术

由于恶劣的大气条件、不完善的校正过程以及传感器自身的缺陷等来自成像链路的干扰，高光谱遥感影像不可避免地受到各种噪声的污染，严重限制了影像数据的可用性。本章将围绕高光谱遥感影像去噪技术展开介绍，主要涵盖了高光谱影像噪声问题、基于模型驱动的高光谱影像去噪算法以及基于数据驱动的高光谱影像去噪算法。最后，对所涉及的典型算法进行实验对比与分析，并就其适用范围进行归纳总结。

3.1 高光谱遥感影像噪声问题

高光谱遥感影像图谱合一的特点为地理信息获取和地物识别带来了便利和优势，然而高光谱技术也为我们带来一定的困难和挑战。高光谱传感器通过大范围多平台观测获得海量的数据，但是其观测特性决定了高光谱影像受到噪声的干扰，从而导致数据的利用率较低，限制了高光谱观测数据的后续应用精度[1]。

3.1.1 高光谱遥感影像噪声成因分析

高光谱遥感影像噪声主要由电噪声和光学噪声组成。电噪声包括辐射噪声、热噪声、散粒噪声、转移噪声等；光学噪声指由结构引起的空间随机不均匀性噪声[2]。成像光谱仪在气候复杂、电磁波能量不足时工作，会引入不同类型和分布的噪声。同时，由于成像光谱仪在连续的电磁波谱上成像，而大气中各种气体、气溶胶、水汽对不同波长电磁波的透过率不同，这势必会影响传感器接收到的各波长光的强度，从而不同程度地降低数据质量。图 3.1 展示了不同平台获取的高光谱遥感影像混合噪声。在遥感数据获取过程中,噪声的产生及其对图像质量的影响是复杂的。由于对整个成像系统的噪声进行估计需要量化建模各子系统的噪声,而这一过程不容易实现,因此人们通常采用一个简单的模型来描述图像中的噪声,通过对简单模型的评估来确定成像系统的噪声强度[2]。本书将高光谱遥感影像中的噪声分为随机噪声和条带噪声,来分析成像过程中各类噪声的成因。

(a) EO-1 Hyperion

(b) 中国环境一号 A 星

(c) 宽幅光谱微纳卫星

(d) 珠海一号高光谱卫星

(e) AVIRIS Indian Pines

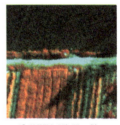
(f) WHU-Hi-HanChuan

图 3.1 高光谱遥感影像混合噪声示例

从图像信号角度出发,噪声可分为与信号无关的加性噪声和与信号相关的乘性噪声,当高光谱遥感影像受到加性噪声污染时,其退化模型为

$$Y = X + N \tag{3.1}$$

式中:$Y \in \mathbf{R}^{H \times W \times B}$表示高光谱传感器所获取的原始高光谱遥感影像,其中$H$、$W$和$B$分别表示高光谱遥感影像的高度、宽度和波段数;$X \in \mathbf{R}^{H \times W \times B}$表示潜在的高质量高光谱遥感影像;$N \in \mathbf{R}^{H \times W \times B}$表示原始高光谱遥感影像中的所有加性噪声。

高光谱遥感影像噪声去除的目的是从原始高光谱遥感影像 Y 中去除噪声成分 N,恢复出潜在的高质量高光谱遥感影像 X。

当高光谱影像受到其他类型的噪声,如泊松噪声、条带噪声、像元缺失、云雾遮挡、阴影、椒盐噪声等,高光谱退化模型为

$$Y = X + S + N \tag{3.2}$$

式中：S 为其他类型噪声；N 为模型误差和高斯噪声。

3.1.2 高光谱遥感影像噪声类型分析

3.1.2.1 高斯白噪声

高斯白噪声指服从高斯分布，且每个波段上强度相同的噪声。在高光谱系统成像的过程中，CCD将电磁波能量转化为图像信号时会产生各种形式的噪声，如暗噪声、读出噪声等。暗噪声是指CCD在不接受任何信号的情况下产生的噪声，它的强度与光积分时间成正比。读出噪声是指将CCD内部累积的电荷信号读取并转化为电压或数字信号过程中产生的噪声。由于这两类噪声符合高斯分布且广泛存在于高光谱成像过程中，因此大部分学者将高光谱噪声定义为高斯噪声，并且假设每个波段上噪声强度相同。这种假设虽然不能完美地描述高光谱噪声的统计特性，但是具有一定合理性。

太阳光经过大气层—地物表面—大气层—传感器的传播过程中，大气层对太阳光不同波谱的吸收强度是不一样的，大气对不同波段的光谱透过率也不同。太阳光在到达地面之前和经过地物吸收反射后到达传感器都要经过大气的调节，不同波长的电磁波透过率受到大气中水汽的含量和气溶胶的状态影响严重。在1450nm、1900nm附近，太阳光能量几乎被大气中的水蒸气完全吸收，因此在成像结果中，这些波段信噪比非常低，在高光谱中被称为水吸收波段。此外，在970nm、1200nm和2500nm附近也存在着较为显著的吸收现象。在400nm处太阳光的透过率受到大气散射作用的影响严重，这主要是由大气中的各种气溶胶引起的。这些因素都会影响传感器对真实光谱的响应，进而影响光谱成像的质量。然而，单纯用高斯白噪声来建模高光谱噪声已经不能满足需求。考虑到各波段噪声的强度是随波长变化的，即在透过率最弱的波段，噪声的强度最强，而随着透过率的增强，信噪比逐渐增加，波段的质量也越来越高。因此，采用有色噪声来建模高光谱噪声[3]。不同于高斯白噪声，有色噪声在不同波段上噪声的强度不同，非常符合强度随波段变化的高光谱噪声类型。

3.1.2.2 信号相关噪声

大气对地物反射光谱的吸收和散射能力与大气中各种气体的含量有关，而大气中各种气体、颗粒的含量是实时变化的。当大气中的颗粒吸收能力强时，进入成像光谱仪的光强会逐渐减弱。当光强减弱到一定程度时，CCD感光元件吸收的信号能量会弱于随机噪声的能量，导致高光谱影像信号被噪声主导。显然，这类噪声是由大气环境和 CCD 自身噪声共同引起的，其统计特性应该是 CCD 传感器中各种噪声统计特性混合的结果。由于光子统计上的随机性，通过成像光谱仪系统照射到 CCD 中的光子会产生光子噪声，目标辐射的光子和非目标辐射的光子到达 CCD 成像区域是一个随机独立的过程，因而单位时间内 CCD 接收的光子数量是在一个均值附近波动的。非目标辐射的光子数量通常服从泊松分布，并且与接收的目标光子的强度有关。当入射光子的数量较少时，光子散粒噪声表现较为明显，噪声呈泊松分布。随着光照强度的增加，光子数量增多，光子噪声的分布逐渐接近高斯分布。由于高光谱成像复杂，并不能保证足够的入射光强（与曝光时间以及入射孔径有关），因此由大气和高光谱成像元件共同形成的光子噪声可能服从高斯分布，也可能服从泊松分布，也可能为二者的混合。

3.1.2.3 条带噪声

条带噪声是由传感器故障或内部探测器响应存在差异产生的，含有条带噪声的影像行/列灰度值整体上与相邻的正常影像行/列不同，表现为一定宽度、一定延伸长度的亮带或暗带，有时甚至表现为死像元，即像元灰度值缺失。传感器需要进行实验室定标、星上定标等辐射定标以矫正探测元件响应值，进而去除条带噪声。然而，探测元件的响应值和偏置往往因工作状态而产生变化，此时按照原定的校正参数进行辐射校正反而易加重条带噪声污染[4]；另外，由于积分球光能有限，因此难以满足各类光照强度下的精确校正[5]。此外，成像仪工作环境复杂、传感器各系统之间动态干扰以及探测器自身的非均匀性等[1]也为探测器响应保持一致带来了巨大的困难，常规的辐射定标也难以解决探测器响应差异的问题。条带噪声类型繁多，分布复杂，可从强度、角度、长度、宽度、周期性等属性对条带噪声进行描述[6]，也有学者将其细分为稀疏条带、多类型条带和倾斜条带，根据不同条带噪声的特点展开研究。条带噪声污染严重降低了高光谱遥感影像的质量和可用性，而条带噪声和随机噪声的混合噪声污染也为高光谱遥感影像噪声去除带来了巨大的困难。

3.1.3 高光谱遥感影像混合噪声分布特性分析

大气环境影响、传感器自身缺陷等因素导致高光谱遥感影像受到各种类型噪声的污染。不同平台的高光谱成像仪受到的大气、传感器运动影响有所差异，进而影响高光谱遥感影像中的噪声分布特性。本节将对各平台的高光谱遥感数据噪声分布特性进行简要介绍。

对于地基平台，地面高光谱遥感影像采集过程中主要受到传感器内部因素影响，由于贴近地面，电磁波信号受大气影响较小，且成像光谱仪相对地面静止，无平台运动影响，因此成像质量普遍较高。对于无人机平台，平台相对地面向前运动，高光谱遥感影像采集过程中除了受到传感器内部因素外，还受到运动震颤的影响，噪声主要集中在电磁波能量信号较弱的首尾波段。相较之下，有人机平台由于飞行高度的原因，辐射能量受大气环境的影响，尤其是在大气的强吸收波段，传感器接收到的能量较弱。对于星载平台，由于飞行高度远大于机载/地面平台，其传感器接收的辐射能量易受到大气影响，恶劣的大气环境将严重降低数据质量，且卫星较快的飞行速度加重了运动颤震带来的影响。因此，星载高光谱遥感影像往往更容易被噪声污染问题所困扰。

3.2 基于影像滤波的高光谱遥感影像去噪算法

本节主要围绕高光谱遥感影像去噪算法中的滤波算法展开，详细阐述高光谱遥感影像去噪中的建模思想与代表性工作，下面介绍基于空-谱域滤波的高光谱遥感影像去噪算法。

早期高光谱遥感影像去噪算法主要在空间域实施，基于空间域滤波的去噪方法基本思想是设计空间滤波器以窗口的形式在图像上滑动，通过图像中相邻像素间的关系滤除噪声成分。传统方法包括中值滤波、均值滤波等。Pratt 于 1978 年顺利地将中值滤波器从一维扩展到了二维以应用于图像噪声去除，有效地消除了脉冲噪声对数字图像的影响，证明了中值滤波器的可行性[7]。中值滤波器是基于排序统计理论的一种能有效抑制噪声的非线性处理方法，以滤波窗内原图灰度值的中值或中间两个值的平均值作为窗口中心处的新值，实质上是通过去除较大或较小的像素灰度值以达到消除噪声的目的。若用 $X(i,j)$ 表示数字图像 $\{X(i,j),(i,j)\in Z^2\}$ 在点 (i,j) 处的灰度值，其中 Z 表示影像大小，则滤波窗口为 W 的二维中值滤波可定义为

$$Y(i,j)=\underset{A}{\mathrm{Med}}(X(i,j))=\mathrm{Med}(\{X(i+r,j+s),(r,s)\in Z^2\}) \quad (3.3)$$

式中：r、s 为像元位置索引值。

中值滤波器的成功，主要得益于它的两大优势：较好的保边性能，以及在抑制类脉冲噪声时使信号迅速衰减的鲁棒性[8]。这两方面，传统的线性滤波器很难达到理想的效果。边缘保持是遥感图像处理中极其重要的性质，这是因为图像边缘是否完好会直接影响最终图像空间信息的提取与表达。但值得注意的是，它抑制脉冲噪声的方式，类似于最优滤波器对指数噪声的抑制，用滑动平均值平滑高斯噪声。基于空域滤波的高光谱影像去噪流程相对简单，滤波结果往往不够理想。上述经典的空域滤波器在降噪方面表现良好，其算法拥有较低的计算复杂度，但会使得降噪后图像过于平滑，丢失图像细节。

基于频率域滤波的去噪方法假设边缘、细节信息和噪声成分在变换后的频率域中属于高频信息，影像的非边缘信息属于低频信息，将影像变换到频率域后设计合适的滤波器即可去除噪声成分，最后对频率域影像进行逆变换得到无噪高光谱遥感影像。由此，该类方法通常将高光谱遥感影像变换到预先选择的频率域中，再使用变换域滤波器将噪声滤除[9-14]，如傅里叶滤波和小波滤波[15]。傅里叶滤波以正弦、余弦函数为基底，将高光谱遥感影像变换到频率域中，通过设定图像信息与噪声的截止频率分离噪声，最后使用傅里叶逆变换恢复高光谱影像[16-18]。以低通滤波为例，低通滤波法属于频率域处理方法。在遥感影像中，灰度变化缓慢的区域对应频率域中的低频分量，灰度跳跃部分对应高频分量，如图像的边缘、尖锐部分以及颗粒噪声等。该方法首先依照某种变换模型将图像从空间域变换到频率域；然后在频率域中对影像进行处理，再将处理后的图像进行反变换到空间域。

此过程可由卷积定理表示为

$$Y(\mu,\nu) = F(\mu,\nu) \cdot X(\mu,\nu) \tag{3.4}$$

式中：$Y(\mu,\nu)$ 为经滤波处理后输出的影像；$F(\mu,\nu)$ 为滤波器；$X(\mu,\nu)$ 为图像的傅里叶变换。去噪效果主要取决于所选的滤波器。

理想低通滤波器的思想是设置一个截止频率 D，对所有大于 D 的高频分量置零，其余保留：

$$F(\mu,\nu) = \begin{cases} 1, & D(\mu,\nu) \leq D \\ 0, & D(\mu,\nu) > D \end{cases} \tag{3.5}$$

式中：$D(\mu,\nu) = \sqrt{\mu^2 + \nu^2}$ 为点 (μ,ν) 到频率域原点的距离。

由于滤波器频率特性的过渡带为零，图像经过处理后会出现明显的局部振铃效应，并且位于高频的分量细节信息被严重模糊，因此理想低通滤波器在实际中并不实用。在实际应用中常用的滤波器还有 ButterWorth 滤波器、高斯低通滤波器等[19]。

傅里叶变换着眼于影像全局，能够很好地描述周期性条带噪声的特征，但对于非周期噪声污染区域，傅里叶变换却很难描述其局部特征。相比之下，小波分解以多组小波基函数对原始图像进行多尺度分解，逐级分离影像信号和噪声，有着优越的局部分析能力[15,20]。部分学者在此基础上进行了改进。例如：空-谱小波收缩模型[13]利用空间和光谱维度的信号差异来提升噪声抑制效果；多维度维纳滤波[14]将高光谱影像整体视为张量，避免了破坏空间上下文信息，同时利用光谱相关性调整不同波段的权重以提升光谱保真度。此外，也有学者将傅里叶变换和小波分解相结合，提出小波-傅里叶联合滤波[21-22]，综合两者的优势提升滤波器性能。下面以空谱域联合滤波算法小波-傅里叶自适应滤波（Wavelet Fourier Adaptive Filter，WFAF）算法为例，介绍滤波高光谱影像算法去除：

3.2.1.1 影像小波分解

首先，对图像进行离散小波变换（Discrete Wavelet Transform，DWT），并将其分解为多个频率尺度级别。在每个级别上，除了图像近似分量之外，还形成三个方向分量：水平分量、垂直分量和对角线分量，如图3.2所示。

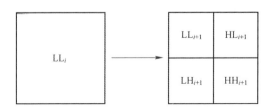

图 3.2　小波变换的频率分布图

图中：LL_i 频带是图像内容的缩略图，它是图像数据能量集中的频带；HL_{i+1} 频带存放的是图像水平方向的高频信息，它反映了图像水平方向上的变化信息和边缘信息；LH_{i+1} 频带存放的是图像竖直方向的高频信息，它反映了图像在竖直方向上的灰度变化信息和图像边缘信息；HH_{i+1} 频带存放的是图像在对角线方向的高频信息，它反映了水平方向和竖直方向上图像灰度的综合变化信息，同时包含了少量的边缘信息。用于生成下一级自带的滤波函数可根据影像噪声尝试不同的搭配。

影像小波分离在条纹方向上分离细节小波分量中的条纹（除了其他图像内容之外）（如垂直细节分量中的垂直条纹），非周期性条纹，出现在多个尺度级别。对于大多数小波实现，确定小波类型和尺度级别的数量是一个实验过程，根据条纹和图像特征而变化。然后，这些方向分量用傅里叶域中的自适应滤波器进行滤波，如3.2.1.2节所述。在对小波分量进行滤波和替换后，进行小波逆变换以重建最终的去条纹图像。

3.2.1.2 傅里叶域自适应滤波条带噪声去除算法

使用一维傅里叶变换将与条纹方向相对应的小波分量（垂直或水平）变换到频域。分量被转换为单独的向量，其中每个向量包含剥离方向上单个列或行的数字。假设条带噪声产生于垂直方向上，对图像小波变换的垂直分量中的各个列进行滤波。该过程强调频域中的条纹作为单个列的傅里叶变换的直流（Direct Current，DC）分量的变化。在这一点上，可以使用广义频率滤波，通过均衡每一列傅里叶变换的 DC 值来对条纹方向小波分量去条纹化。实现这种归一化的方法之一是将信号的 DC 分量调整为零（或任何常数值）。DC 值代表信号列的平均振幅，并且与空间域中的列平均值成比例。在这种情况下均衡 DC 值可能会引入伪影，尤其是对于小图像和具有高度对比度特征的图像。这样的特征（非条纹特征）的边缘出现在方向小波分量中并影响算法。结果可能具有较少的条纹，然而，由于 DC 均衡过程的影响，将引入拖尾伪影。该 DC 均衡过程改变了原始图像值，使得每列值的平均值相同。当在频域中归一化 DC 值时，该滤波器检测并解释方向小波分量中有影响的非条纹信号。在沿着条带化方向的每一列中均可检测到方向小波分量中有影响的像素值（如高对比度特征边缘），因为这些像素值超出了来自邻域平均值的特定统计阈值。通过从原始小波向量中排除影响值来创建没有这些像素的新向量，以满足

$$x_i^j \in Y^j, \quad |x_i^j - \overline{X^j}| < k\sigma \tag{3.6}$$

式中：x_i^j 为第 j 列中像素 i 的值；$\overline{X^j}$ 为第 j 列（或与第 j 列相邻的少数列）的统计平均值；σ 为小波分量的标准偏差；k 为用于将滤波值设置为标准偏差 σ 倍数的系数阈值。

3.2.1.3 基于软阈值的随机噪声去除算法

在小波细节分量用傅里叶自适应滤波器去条纹后，随机噪声去除算法通常应用于经过小波变换后的影像在第一尺度级别或前几个级别上的所有三个小波细节分量，通过对这些细节分量实施软阈值处理以达到降噪目的。如果

细节值小于根据图像噪声水平确定的阈值，则将其设置为零。否则，细节值被设置为细节和阈值之间的差值。该算法可以很容易地集成在所提出的去条带算法中，使其在计算上更高效，并具有实际应用的适应性。

以上是小波-傅里叶联合自适应滤波算法的核心计算原理，即在小波分解多级影像上进行条带噪声与随机噪声的选择与影像噪声的去除。基于域滤波的高光谱遥感影像去噪方法核心在于滤波器的设计和截止频率的选取，其优势在于可有效分离周期性的噪声。然而在处理分布规律较为复杂的混合噪声时往往表现欠佳，导致噪声残留或影像细节被过度平滑。此外，需要选择合适的截止频率是该类方法的通病，而截止频率的选择严重依赖于专家先验，使得该类方法在实际应用中有很大的局限性。

3.3 基于正则化模型的高光谱遥感影像去噪算法

基于正则化模型的去噪方法根据无噪高光谱影像和噪声特性设计先验，由已知观测含噪影像构建能量泛函，求解无噪影像的过程即为基于正则化模型的高光谱遥感影像去噪方法[23]。从数学的角度，依据式（3.2）建立的求解方程组通常为病态问题，即已知方程的个数少于未知变量的个数。通常，该类问题无法获得确定的唯一解，因此需要根据影像或噪声的特性构建模型先验，从而对不确定性问题的解空间进行约束，将原始病态问题转化为良态问题，通过能量泛函最优化从含噪高光谱遥感影像中估计潜在的无噪影像。能量泛函为

$$(\hat{X},\hat{S}) = \mathop{\mathrm{argmin}}_{X,S} \lambda f(X) + \beta g(S), \quad \text{s.t.} \quad \|Y-X-S\|_F^2 \leq \sigma \quad (3.7)$$

式中：$f(X)$ 与 $g(S)$ 为正则化项，分别约束无噪图像和噪声；λ 和 β 为正则化参数；σ 为高斯噪声标准差；$\|Y-X-S\|_F^2 \leq \sigma$ 表示图像的估计解和观测图像之间的误差与噪声强度相关。

正则化模型可采用变分的方法进行求解，通过拉格朗日化，将约束性最优化问题转化为无约束最优化问题，其计算公式为

$$(\hat{X},\hat{S}) = \mathop{\mathrm{argmin}}_{X,S} \|Y-X-S\|_F^2 + \lambda f(X) + \beta g(S) \quad (3.8)$$

式中：$\|Y-X-S\|_F^2$ 为数据一致性项，约束着估计无噪图像和观测含噪图像之间的数据相似性程度；$f(X)$ 为图像的某种先验信息，如结构特征、统计特征等；$g(S)$ 为非高斯噪声的先验信息，用于保证观测影像 Y 分解为无噪影像 X

和非高斯噪声 S 时，不会产生过大的偏离。正则化项代表影像先验模型，决定解的存在性、唯一性和连续性，模型的好坏直接影响着影像信息估计的结果。

当模型中只存在高斯噪声时，观测模型由式（3.2）退化为式（3.1），正则化求解过程由式（3.8）退化为

$$\hat{X} = \underset{X}{\mathrm{argmin}} \| Y - X \|_\mathrm{F}^2 + \lambda f(X) \tag{3.9}$$

本节以正则化模型为基础，介绍基于全变分、稀疏和低秩的高光谱噪声分析方法。

3.3.1 基于全变分先验的高光谱遥感影像去噪方法

全变分模型首先由 Rudin 和 Osher 提出[24]，旨在保持灰度图像的边缘信息。该模型利用图像中分段光滑的特性，对噪声图像中突出的梯度进行抑制，被证明能够在有效去除噪声的同时，保持边缘信息。对于一个大小为 $M \times N$ 的灰度图像 X，各向同性全变分定义为

$$f(\boldsymbol{x}) = \sum_{i=1}^{MN} \sqrt{(\nabla_i^\mathrm{h} X)^2 + (\nabla_i^\mathrm{v} X)^2} \tag{3.10}$$

式中：$\nabla_i^\mathrm{h} X$ 和 $\nabla_i^\mathrm{v} X$ 分别为图像第 i 像元沿水平方向和垂直方向上的梯度。

各向同性全变分（Total Variation，TV）模型采用各个梯度上平方求和的方式，对高斯随机噪声的探测和去除效果较好。当图像受到非高斯噪声干扰时，可采用各向异性 TV 模型[25]来约束潜在的无噪图像，公式为

$$f(\boldsymbol{x}) = \sum_{i=1}^{MN} |\nabla_i^\mathrm{h} X| + |\nabla_i^\mathrm{v} X| \tag{3.11}$$

由于各向异性 TV 采用 1-范数之和，因此对图像中存在的椒盐、脉冲等噪声去除效果较好。

鉴于 TV 模型式（3.10）和式（3.11）在灰度图像处理中取得的理想结果，研究者们努力将 TV 模型扩展到彩色图像、多光谱图像以及高光谱影像中。例如，彩色 TV（color TV）模型[26]，其计算多波段图像 X 每个波段上的 TV 范数值，并将每个波段上的值平方求和，其表达式为

$$\| X \|_\mathrm{CTV} = \sum_{i=1}^{MN} \Big(\sum_{j=1}^{p} (\nabla_{ij} X)^2 \Big) \tag{3.12}$$

式中：p 为波段数；$\nabla_{ij} X$ 为各向同性或者各相异性 TV；CTV 为彩色 TV。彩色 TV 模型不仅考虑了多维图像空间维的分段平滑信息，还顾及了光谱维的平滑信息，在多维图像的应用上取得了很好的效果。

彩色 TV 模型逐渐简化为空谱 TV 模型[27-29]，并分为各向同性空谱 TV 和各向异性空谱 TV。各向同性光谱 TV 的表达式为

$$f(\boldsymbol{X}) = \sum_{i=1}^{MNp} \sqrt{(\nabla_i^h \boldsymbol{X})^2 + (\nabla_i^v \boldsymbol{X})^2 + (\nabla_i^s \boldsymbol{X})^2} \qquad (3.13)$$

式中：$\nabla_i^s \boldsymbol{X}$ 表示沿光谱方向的梯度。

各向异性光谱 TV 表达式为

$$f(\boldsymbol{X}) = \sum_{i=1}^{MNp} |\nabla_i^h \boldsymbol{X}| + |\nabla_i^v \boldsymbol{X}| + |\nabla_i^s \boldsymbol{X}| \qquad (3.14)$$

空谱 TV 模型保留了彩色 TV 模型的优点，并且简化了 TV 范数的数学表达形式，目前已用于高光谱影像去噪中[29]。但是，针对高光谱数据，不同波段的扩散强度不一致，并且不同波段噪声强度也不一样，对每个通道采用上述模型求解，并没有充分考虑各个波段上的情况，会造成影像边缘模糊。由此，彩色 TV 模型可被扩展为自适应彩色 TV 模型[30]，通过对每个波段附一个权重来衡量不同波段之间噪声强度以及扩散强度的差异，其计算公式为

$$\|\boldsymbol{X}\|_{\text{CTV}} = \sum_{i=1}^{MN} \omega_i \sqrt{\sum_{j=1}^{p} (\nabla_{ij} \boldsymbol{X})^2} \qquad (3.15)$$

此外，也可在各向异性 TV 的基础上，赋予每个维度上梯度值不同的权重，来实现空间光谱维信号扩散强度和噪声强度的自适应[28]，其计算公式为

$$f(\boldsymbol{X}) = \sum_{i=1}^{MNp} \lambda_h |\nabla_i^h \boldsymbol{X}| + \lambda_v |\nabla_i^v \boldsymbol{X}| + \lambda_s |\nabla_i^s \boldsymbol{X}| \qquad (3.16)$$

模型式（3.15）和模型式（3.16）都考虑了边缘在多通道上的耦合性，能够很好地保持影像中的边缘信息，同时对不同通道或波段噪声强度差异的问题，拥有良好的自适应噪声滤除能力。当高光谱影像受到条带噪声影响时，由于条带噪声的特殊性，很可能被上述 TV 模型检测为边缘信息而非噪声。以竖直条带为例，当图像受到条带噪声污染时，图像水平方向的梯度有较大变化，而竖直方向梯度变化较小或者为零。利用条带噪声的这种特性，可基于式（3.8）中的退化模型，建立方向性光谱 TV 模型[31]，其计算公式为

$$f(\boldsymbol{X}) = \sum_{i=1}^{MNp} \lambda_h |\nabla_i^h \boldsymbol{X}| + \lambda_v |\nabla_i^v \boldsymbol{S}| + \lambda_s |\nabla_i^s \boldsymbol{X}| \qquad (3.17)$$

模型式（3.17）沿水平方向以及光谱方向最小化估计无噪图像梯度，在竖直方向最小化条带噪声梯度，该方法取得了非常好的高光谱条带噪声去除效果。

由于 TV 模型简单有效，研究者们又陆续提出了几种改进 TV 模型，如高

阶 TV 模型[32]、结构 TV 模型[33]和广义 TV 模型[34]等。这些模型也逐渐引入高光谱噪声去除中。

3.3.2 基于稀疏先验的高光谱遥感影像去噪方法

稀疏表达（Sparse Representation，SR）理论是过去近20年来机器学习与图像信号处理领域的一个研究热点。其主要假设是，自然图像本身为稀疏信号，当用一组过完备字典将输入的信号线性表达时，展开的系数在满足一定稀疏度的条件下，可以获得对原始输入信号的理想逼近[35-38]。近年来，处于信号处理与应用数学交叉点的稀疏表达理论得到了数学家以及各行各业工程师的关注和推动，理论研究及实际应用均得到了快速发展。

信号 y 在字典 A 下的线性表示为

$$y = Ax \tag{3.18}$$

式中：x 为信号 y 在字典 A 下的系数。

通常情况下，此欠定方程有无数多个解，为了缩小解空间，必须增加约束条件。根据稀疏理论假设，可得到正则化约束问题，其计算公式为

$$\min_{x} \|x\|_0, \quad \text{s.t.} \quad y = Ax \tag{3.19}$$

式中：$\|x\|_0$ 为向量非零元素的个数。

虽然，$\|\cdot\|_0$ 范数能直观有效地对信息的稀疏性进行约束，但是由于过完备字典原子间的相似性与非零元素取值的多样性，不同大小的位置的非零元素对影像的逼近程度不同，导致此类非凸问题的求解复杂度偏高，也无法获得全局最优解，成为一个（NP）难问题。而在满足有限等距（Restricted Isometry Property，RIP）条件下，可将式（3.19）转化为 $\|\cdot\|_1$ 范数松弛求解[38]，其计算公式为

$$\min_{x} \|x\|_1, \quad \text{s.t.} \quad y = Ax \tag{3.20}$$

对于灰度噪声图像，假设其列化的向量 y 在某个字典下能够稀疏表示，我们可以构造正则化函数求解无噪图像 x，其计算公式为

$$\min_{x,\alpha,A} \lambda \|y-x\|_2^2 + \{\|x-A\alpha\|_2^2 + \beta \|\alpha\|_1\} \tag{3.21}$$

式中：$\lambda \|y-x\|_2^2$ 为数据一致性项；$\{\|x-A\alpha\|_2^2 + \beta \|\alpha\|_1\}$ 为稀疏约束项，表示无噪图像 x 能够在字典 A 中以系数 α 进行重建。当字典 A 为小波正交基时，式（3.21）转为小波分析方法[39]。

针对三维高光谱影像 Y，通过对每个波段进行列化处理，将式（3.21）可推广为

$$\min_{x,\alpha,A} \lambda \|Y-X\|_2^2 + \{\|X-A\alpha\|_2^2 + \beta \|\alpha\|_1\} \qquad (3.22)$$

式（3.22）虽然能够推广到高光谱噪声分析中，但是面临如下问题：①忽略高光谱在光谱维的高冗余性；②字典 A 的选择对重建结果影响深远；③整幅图像用字典进行稀疏重建时，容易出现局部模糊的结果。因此，在式（3.22）基础上，通过对光谱维训练主成分分析（Principal Component Analysis，PCA）字典，达到综合利用空间光谱维冗余性的目的，最优化模型为

$$\min_{x,\alpha,A} \lambda \|Y-X\|_2^2 + \{\|X-A\alpha V\|_2^2 + \beta \|\alpha\|_1\}, \quad \text{s.t.} \quad V^T V = I \qquad (3.23)$$

式中：V 是秩为 $r(r<p)$ 的正交矩阵。

针对第二个问题，可通过选用二维小波基字典[40]、离散余弦变换字典[41]以及自主学习字典[42-43]来提高稀疏表示的精度和准确度。在灰度图像处理中，为了更好地保证稀疏重建图像的局部信息，可认为图像局部具有更强的纹理冗余信息，将图像分割成很多重叠小块，然后对每个小块分别稀疏重建[44-45]。类似地，可将高光谱影像分割成重叠的三维小块，再将每一个三维小块列化为向量，并做稀疏表示[41-43]，其计算公式为

$$\min_{x,\alpha,A} \lambda \|Y-X\|_2^2 + \sum_i \{\|R_i(X) - A\alpha_i\|_2^2 + \beta \|\alpha_i\|_1\} \qquad (3.24)$$

式中：$R_i(X)$ 表示在三维图像中以第 i 像素为中心攫取三维小块并列化为向量。

此外，基于影像几何结构的自相似特性，非局部方法将 Yaroslavsky 滤波的像素加权思想[46]和基于图像块的策略结合，认为对于任意图像块，在整幅影像中总能找到与之相似的纹理或结构。非局部均值滤波的方法通过搜索参考图像块在搜索窗口内的结构相似块，采用欧几里得距离计算它们的相似权重，然后对这些结构相似块进行灰度值的加权平均，用所得的新像素值代替观测影像中的噪声像素值[47]。在搜索窗口内选择参考图块的最近邻域块并存于集合 G_i，稀疏表示理论认为，参考图块与邻域块在字典表示下，具有相同的稀疏模式。将其应用到高光谱去噪，计算公式为

$$\min_{x,\alpha,A} \lambda \|Y-X\|_2^2 + \sum_{G_i} \{\|X_{G_i} - A\alpha_i\|_2^2 + \beta \|\alpha_i\|_{2,1}\} \qquad (3.25)$$

式中：G_i 为参考图块与其邻域的集合；$\|\alpha_i\|_{2,1}$ 为联合稀疏范数。式（3.25）也称为多任务稀疏表达噪声分析方法[41]。

基于稀疏的正则化方法能够很好地贴合高光谱的空间-光谱高冗余特性，设计合理的字典，不仅能高质量与高效率重建图像，还能保持图像的结构纹理和空间结构，因此具有重要研究意义。

3.3.3 基于低秩先验的高光谱遥感影像去噪方法

稀疏表达在信号处理和机器学习领域中被用于刻画向量的稀疏性。但在实际应用中往往面临的是各种各样以矩阵或者张量形式存在的数据，如视频、高光谱影像和基因微阵列（microarray）等。此时就存在着一个问题：如何度量矩阵和张量的稀疏性？套用向量的稀疏性，强行将这些数据转化为向量，那么势必会破坏这些数据的空间、光谱或者时间维的结构性信息。那么什么才是矩阵的稀疏性度量呢？容易想到要充分利用图像或矩阵的行及列之间的相关性。另外，作为流形学习[48]的基本假定，真实的高维数据都存在于一个低维的流形上。矩阵的低秩特性可以通过其行、列的相关性或将其投影至低维子空间来表述和分析。这两者均体现了矩阵的潜在低秩结构信息。由此可知：秩是矩阵稀疏性的合理度量。事实上，秩是矩阵的一种非常强的正则化约束。一个 $m \times n$ 的矩阵拥有 mn 个自由度；如果它的秩是 r，则自由度将下降为 $r(m+n-r)$。因此，秩是很好的针对矩阵的正则化子（regularizer）。

对于矩阵 $Y \in \mathbf{R}^{M \times N}$，其秩定义为所有可能分解的最小维数，其计算公式为

$$\text{rank}(Y) = \min \{ r : Y = UV^{\text{T}}, U \in \mathbf{R}^{M \times r}, V \in \mathbf{R}^{N \times r} \} \tag{3.26}$$

秩很早以前就已应用于统计学中的减秩回归[49]和三维立体视觉。根据秩的定义，赋予分解矩阵 U 和 V 不同的意义，可以衍生很多不同的分解模型。如 U 为正交字典，则矩阵 Y 的低秩分解变为主元分析（Principle Component Analysis，PCA）：

$$Y = PX^{\text{T}}, \quad \text{s.t.} \quad P^{\text{T}}P = I_{r \times r} \tag{3.27}$$

式中：变换矩阵 P 可以当作欠完备字典；X 为表示系数。

对于二维矩阵 Y，列向量与行向量都能表征矩阵低维性质，因此在提取左表示字典的同时，通过正交化系数 X 可以获得右表示矩阵，即矩阵的奇异值分解（Singular Value Decomposition，SVD）模型[50-51]，其计算公式为

$$Y = U \sum V^{\text{T}}, \quad \text{s.t.} \quad U^{\text{T}}U = I_{r \times r}, V^{\text{T}}V = I_{r \times r} \tag{3.28}$$

PCA、SVD 等经典矩阵低秩分解算法广泛应用于图像与视频处理等领域。但是只有当模型中噪声或者模型误差为高斯噪声时，才能获得较高的复原精度，当矩阵受到非高斯噪声如缺失、椒盐噪声等污染时，PCA 和 SVD 通常不能获得可信的恢复结果。此时可考虑矩阵填充（Matrix Completion，MC）问题[52]：已知矩阵 X 在某些特定位置的值，恢复矩阵 X。由于该问题无法得到

唯一解，因此可对矩阵 X 施加秩最小约束以限定解集空间，其计算公式为

$$\min \text{rank}(X), \quad \text{s.t.} \quad \pi_\Omega(Y) = \pi_\Omega(X) \tag{3.29}$$

式中：Ω 为矩阵元素位置的集合；π_Ω 为保持位置在 Ω 内矩阵元素的值不变、其他位置值为 0 的投影算子。

在此基础上可考虑数据受到稀疏噪声污染时如何恢复数据的低秩结构，即鲁棒主成分分析（Robust PCA，RPCA）[53-54]，其计算公式为

$$\min_{X,E} \text{rank}(X) + \lambda \|E\|_0, \quad \text{s.t.} \quad Y = X + E \tag{3.30}$$

式中：E 为噪声干扰。

传统的 PCA 假设数据受到高斯噪声的污染，可以采用 Frobenius 范数来度量噪声，相当于假定噪声是高斯噪声。对于稀疏性噪声，继续采用 PCA 并不能获得理想的恢复结果，甚至分析失败。而基于式（3.30），将观测矩阵 Y 替换为部分观测结果[55]，可取得更严密的结果，其计算公式为

$$\min_{X,E} \|X\|_* + \lambda \|E\|_1, \quad \text{s.t.} \quad \|\pi_\Omega(Y) - \pi_\Omega(X+E)\|_F^2 \leqslant \sigma \tag{3.31}$$

模型中，非凸的秩最小化和 0-范数最小化分别由核范数（矩阵奇异值之和）和 1-范数进行凸逼近，从而将非凸问题（式（3.29））转化为凸优化问题。RPCA 模型只能有效提取单个子空间，即所有干净数据张成一个线性子空间。而基于稀疏子空间聚类（Sparse Subspace Clustering，SSC）模型[56-57]，通过数据的自我表达，要求表达系数矩阵尽可能低秩，可建立低秩表示（Low-Rank Representation，LRR）模型[58-59]。在带稀疏噪声的情形，LLR 的数学模型为

$$\min_{Z,E} \|Z\|_* + \lambda \|E\|_1, \quad \text{s.t.} \quad Y = YZ + E \tag{3.32}$$

式中：Z 为低秩约束矩阵。

基于低秩的正则化方法能够很好地描述高光谱影像空间-光谱的高相关性特征和噪声分布规律，可有效保持图像的结构纹理并抑制稀疏噪声，具有重要研究意义。目前，PCA 变换[60-61]、SVD[29,62-63]、MC 与 RPCA[42,59,64]以及非负矩阵分解[65]等广泛应用于高光谱去噪。

综上所述，基于正则化模型的高光谱遥感影像去噪方法的核心在于影像先验的设计和正则化参数的选取，可对不同类型的噪声灵活建模，在许多场景下可取得较为鲁棒的去噪结果。然而，手工设计的先验难以完整建模所有降质影像的特点，且建模过多先验往往会伴随着非常复杂的优化过程，这本质上限制了模型在各种类型噪声污染下对高光谱遥感影像去噪任务的适用性。此外，该类方法对于正则化参数非常敏感，往往较小的参数变动会引起较大

的结果变化，针对不同的高光谱遥感影像需要人为选择合适的正则化参数，且该类方法求解过程往往非常耗时，严重降低了其实用性。

3.4 基于深度学习的高光谱遥感影像去噪算法

近年来，迅速发展的深度学习理论和计算硬件设备的改进为影像复原任务创造了契机，凭借深度学习强大的非线性特征表征能力和高效的并行运算速度，国内外学者提出了大量基于深度学习的自然影像复原方法。部分学者尝试将该思路引入高光谱遥感影像去噪任务中，避免基于传统正则化模型去噪方法手工先验的设计，通过端到端卷积神经网络（Convolutional Neural Network，CNN）以数据驱动的方式从大量含噪-无噪的高光谱遥感影像对中自动学习泛化的图像先验，从而由降质的高光谱遥感影像恢复出潜在的无噪影像。下面介绍基于深度学习的高光谱遥感影像去噪基本原理和现有的去噪网络。

3.4.1 基本原理

通常来说，CNN 是由卷积层、池化层及全连接层共同组成的具有深度结构的前馈神经网络[66]。其中，卷积层是最基本的特征提取层，它通过卷积核（Convolutional Filter）滑动获取感受野内的局部特征，并进行参数共享与局部连接。例如，第 i 层处 (x,y) 的神经元 v_{ij}^{xy} 可以接受第 $i-1$ 层的图像特征并记录在第 j 张特征图中，其计算公式为

$$v_{ij}^{xy} = \delta\left(b_{ij} + \sum_{m}\sum_{p=0}^{P_i-1}\sum_{q=0}^{Q_i-1} w_{ijm}^{pq} v_{(i-1)m}^{(x+p)(y+q)}\right) \quad (3.33)$$

式中：$\delta(\cdot)$ 代表非线性激活函数；一组权重参数 w_{ijm}^{pq} 和偏置参数 b_{ij} 将第 $i-1$ 层的 m 幅特征图连接到第 i 层第 j 张特征图；P_i 和 Q_i 表示该卷积核的空间大小，不同卷积核可以提取不同的特征，并记录在对应的特征图中。

基于深度学习的高光谱遥感影像去噪方法基本原理如式（3.34）所示，模型使用大量模拟含噪-无噪影像对训练网络，使网络自动学习由含噪高光谱遥感影像到无噪影像的映射，挖掘泛化的图像先验。网络的损失函数定义为

$$\hat{\boldsymbol{\Theta}} = \underset{\boldsymbol{\Theta}}{\arg\min}\, \mathrm{loss}(\hat{\boldsymbol{X}}, \boldsymbol{X}), \quad \text{s.t.}\ \hat{\boldsymbol{X}} = F(\boldsymbol{Y};\boldsymbol{\Theta}) \quad (3.34)$$

式中：$\mathrm{loss}(\hat{\boldsymbol{X}},\boldsymbol{X})$ 表示网络输出的去噪影像和无噪影像之间的差异衡量；$F(\cdot;\boldsymbol{\Theta})$ 表示卷积神经网络的映射函数；$\boldsymbol{\Theta}$ 表示卷积神经网络的参数。

完成损失函数计算后,网络通过反向传播算法更新网络参数,完成单次训练。网络经过多次训练直至收敛,输出训练好的网络参数$\hat{\boldsymbol{\Theta}}$,基于该参数,模型可对降质影像进行推理输出去噪结果。

3.4.2 基于外部数据驱动的高光谱遥感影像去噪算法

由式(3.34)完成模型的训练需要大量的含噪-无噪影像对,而机载、星载等高光谱平台往往无法获取真实的影像对,因此部分有监督深度学习模型一般通过模拟机载/星载平台高光谱成像仪中存在的多种噪声,将其添加到无噪的地面或机载高质量高光谱影像来生成模拟影像对,该模式即为外部数据驱动的高光谱遥感影像去噪方法。

该类方法分别对高光谱影像中的各类噪声进行模拟,对噪声分布进行建模。对于高光谱遥感影像中的暗噪声、读出噪声等服从高斯分布的噪声,统一将其建模为零均值高斯随机噪声$N_G \sim (0, \sigma_G^2)$,其中σ_G表示高斯随机噪声的标准差,可代表高斯随机噪声的强度,单波段噪声模拟过程为

$$Y = X + N_G \tag{3.35}$$

式中:$X \in \mathbf{R}^{H \times W \times B}$表示高质量高光谱遥感影像;$Y \in \mathbf{R}^{H \times W \times B}$表示经过噪声模拟后的降质影像。

对于因强烈电磁干扰等而产生的脉冲噪声,单波段噪声模拟过程为

$$Y = P(X, P_1) \tag{3.36}$$

式中:P_1表示脉冲噪声污染像素数占总像素数的比例,可代表脉冲噪声的强度;$P(\cdot, P_1)$表示随机将输入影像中的像素值更改为0或1(量化范围为0~1),且更改比例为P_1。

对于因探测器响应不一致而产生的条带噪声,可将其建模为高斯条带噪声[67],即条带噪声在影像中的每一行服从高斯分布,列方向的像素值保持一致,即$\boldsymbol{n}_S \sim (0, \sigma_S^2)$,其中$\boldsymbol{n}_S$表示影像中行方向的条带噪声向量,$\sigma_S$表示条带噪声的标准差,可代表条带噪声的强度。单波段噪声模拟过程为

$$Y = X + \text{Replicate}_v(\boldsymbol{n}_S, H) \tag{3.37}$$

式中:$\text{Replicate}_v(\boldsymbol{n}_S, H)$表示将输入向量$\boldsymbol{n}_S$沿行方向拓展$H$倍。

高光谱遥感影像不同波段噪声强度相同,因此在模拟所有波段的噪声时,可随机选取各波段的噪声强度[67]。考虑到高光谱遥感影像的光谱相关性,也可对各波段的噪声强度分布进行建模,如以高斯分布模拟各波段噪声强度[68]。

完成训练数据集构建后,需搭建合适的网络学习高光谱遥感影像的深度先验。对于高光谱遥感影像空-谱特征提取,三维高光谱遥感影像与传统二维卷积算子存在尺度不一致的问题,因此可将高光谱遥感影像作为一组灰度图像,逐波段输入网络中进行噪声去除[69]。然而,通过单个波段的二维卷积只能捕获每个像素的局部空间信息,无法提取不同波段之间的光谱信息,容易导致去噪结果出现严重的光谱失真。因此,可通过多通道二维卷积提取高光谱遥感影像所有波段的局部空间特征,并将其汇总值保存在一幅特征图中[70],加强对光谱信息的利用。此外,还可通过三维卷积将相邻的光谱信息编码在一个特征立方体中,该特征立方体由一组连续的特征映射构成[67],其计算公式为

$$v_{ij}^{xyz} = \delta \left(b_{ij} + \sum_{m} \sum_{p=0}^{P_i-1} \sum_{q=0}^{Q_i-1} \sum_{d=0}^{D_i-1} w_{ijm}^{pqd} v_{(i-1)m}^{(x+p)(y+q)(z+d)} \right) \quad (3.38)$$

式中:(x,y,z) 表示第 j 幅特征图单元在第 i 层网络中所处的空间位置;w_{ijm}^{pqd} 和 b_{ij} 分别表示该层中卷积的权重和偏置;P_i、Q_i 和 D_i 分别表示三维卷积核的高度、宽度和深度[71]。

在此基础上,还可将输入影像的噪声强度作为模型的额外输入[72]以平衡噪声抑制效果和空-谱细节保持,也可基于类循环神经网络进一步挖掘全局光谱相关性[73]。

下面以星-地数据协同的高光谱降噪网络(Satellite-Ground Integrated Denoising Network,SGIDN)模型为例[67],介绍基于外部数据的高光谱遥感影像去噪算法,总体框架如图3.3所示。

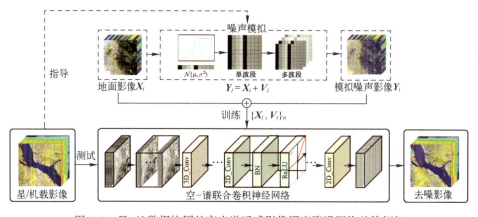

图3.3 星-地数据协同的高光谱遥感影像深度降噪网络总体框架

3.4.2.1 星-地数据协同的高光谱遥感影像去噪残差网络

考虑到高光谱遥感影像的高光谱-空间相关性和条带噪声的单向性结构特征，SGIDN 的结构由光谱-空间特征提取模块、多通道的梯度生成模块和残差学习单元组成。定义网络深度为 19，整个网络结构中的卷积核空间尺度均设置为 3×3。具体网络结构如表 3.1 所列。为了提取高光谱内部的光谱-空间特征，网络首层采用了三维卷积（3D-Conv）；在中间层设计了由二维卷积（2D-Conv）、批量规一化层（Batch Normalization，BN）和修正的线性单元（Rectified Linear Unit，ReLU）共同组成的多通道二维卷积模块（2D-Block）；在最后一层设置了残差学习单元。对于模型训练，本章所提出的 SGIDN 模型采用残差学习思想，通过映射函数从退化的高光谱遥感影像中学习潜在的噪声成分，而不是直接学习期望的干净图像。

表 3.1 本节所提出的 SGIDN 结构

网络层级	第 1 层	第 2~18 层	第 20 层
卷积核	3D-Conv	2D-Block	2D-Conv
卷积核大小	3×3×5	3×3	3×3
通道数	3	10	10
卷积核数量	1	64	10

3.4.2.2 基于三维卷积的空-谱联合特征提取

与二维卷积相比，三维卷积更适合于三维输入阵列，因为它具有强大的多维特征提取能力。如图 3.4 所示，三维卷积核将相邻的光谱信息编码在一个特征立方体中，该特征立方体由一组连续的特征映射构成。

在 SGIDN 中，最底层使用了三维卷积，并在后续的层中将其与多通道二维卷积结合实现空-谱特征联合提取。光谱维可视为三维卷积的深度与二维卷积的通道数。每次卷积运算之前，SGIDN 都会进行补零处理，对于三维卷积同时对空间维和光谱维进行补零，以使输出特征图的大小与输入特征图的大小保持一致。与完全的由三维卷积组成的网络相比，将三维卷积与二维卷积相结合的方式，可减少训练参数。

3.4.2.3 多梯度通道

在高光谱遥感影像中，条带噪声具有明显的方向性和结构性特征，并体现在梯度图像中。在基于正则化的条带噪声去除方法中，研究者将这一特性设计为单向变分先验项，大幅提升了条带噪声去除效果。因此，垂直方向和水平方向的梯度图像可视为结构性噪声放大器。

基于上述分析，SGIDN 引入垂直方向和水平方向的梯度图像作为各灰度波段的补充通道。如图 3.4 所示，SGIDN 将每个光谱波段视为一幅灰度图像，分别计算沿垂直、水平方向梯度图像，并将梯度图像与原始波段图像叠加，组成三通道波段图像。利用上述策略，大小为 $M×N×B$ 的三维高光谱输入影像可扩展为大小为 $M×N×B×C$ 的四维输入，其中 C 为通道数。通过多通道设计，可以将噪声的结构性特征编码到影像的梯度通道中，进一步提升模型训练效果。

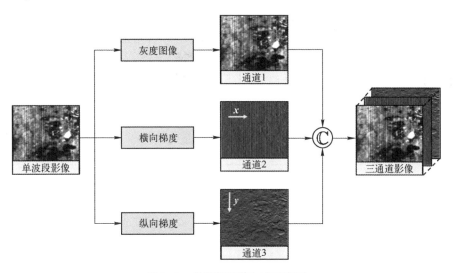

图 3.4 多梯度通道生成示意图

3.4.3 基于内部数据驱动的高光谱遥感影像去噪算法

基于外部数据驱动的深度学习高光谱遥感影像去噪方法对噪声分布进行建模，模拟成像过程中可能存在的各类噪声，使用大量模拟的含噪-无噪影像对训练模型。然而，真实获取的高光谱遥感影像往往具有更复杂的地物分布，且成像中未知的降质过程会引入复杂的混合噪声。模拟和真实高光谱遥感影像之间的结构差异和降质差异导致模拟数据上训练的 CNN 模型对真实高光谱遥感影像去噪的泛化性十分有限。针对该问题，可使用真实高光谱遥感影像对模型进行训练，计算网络在真实数据上的损失，进而提升模型的泛化性和鲁棒性，该模式即为基于内部数据驱动的深度学习高光谱遥感影像去噪方法。

本节以自数据驱动的高光谱遥感影像深度降噪网络（Self-data Driven Denoising Network，SDDN）为例介绍基于外部数据的高光谱遥感影像去噪算法。针对缺乏含噪-无噪的成对观测影像问题，该模型提出了自数据训练策略，利用高质量波段与低质量波段实现互补，从降质高光谱遥感影像自身挖掘真实噪声样本与无噪样本配对。针对深层空-谱结构特征未高效利用问题，设计了多尺度空间维降噪与多波段光谱维降噪相结合的自数据驱动降噪网络。总体框架如图3.5所示。

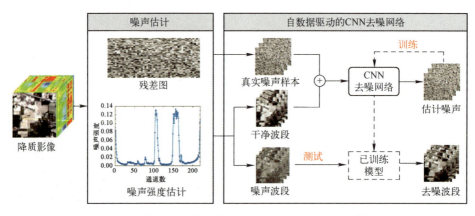

图3.5 自数据驱动高光谱遥感影像深度降噪网络总体框架

3.4.3.1 自数据训练模式

基于数据驱动的卷积神经网络去噪模型依赖于大尺度的含噪-无噪训练数据对。然而，这样的训练数据集在真实高光谱遥感观测中是不存在的。针对缺乏含噪-无噪的成对观测影像问题，该方法采用了一种自数据训练模式，将噪声污染的高光谱遥感图像自身作为训练数据集。通过高光谱遥感影像噪声估计获得噪声样本并筛选出无噪波段，实现自我配对。

为减少人工先验对噪声建模的参与，本章提出的SDDN方法采用光谱去相关思想，将多元线性回归理论和与空间局部均值-标准差统计法有机结合。假设任意波段 y_b 可由其他剩余波段线性表示为

$$y_b = Y_{\partial b} \boldsymbol{\beta}_b + \boldsymbol{\varepsilon}_b \tag{3.39}$$

式中：y_b 为将原始目标波段影像转换为对应一维数据的向量；$Y_{\partial b}$ 为剩余波段

向量化后的组合；ε_b 为模型重构误差。

基于多元线性回归理论求解的系数矩阵为

$$\hat{\boldsymbol{\beta}}b = \boldsymbol{y}_b - \boldsymbol{Y}_{\partial_b}\boldsymbol{\beta}_b \qquad (3.40)$$

则可推测出噪声残差为

$$\hat{\boldsymbol{\varepsilon}}b = \boldsymbol{y}_b - \boldsymbol{Y}_{\partial_b}\boldsymbol{\beta}_b \qquad (3.41)$$

基于上述光谱维去相关法对各波段影像噪声预测结果，可逐波段统计空间局部均值-标准差实现噪声强度估计。

3.4.3.2 自数据驱动的高光谱遥感影像深度降噪网络

为了在对目标噪声波段降噪的同时保持其与相邻光谱波段的连续性，本节介绍了一种由多波段到单波段映射的空间-光谱一体化深度降噪网络结构。如图3.6所示，以噪声波段（中心波段）前后相邻波段为辅助形成多波段组输入 $\boldsymbol{Y}_b = \{\boldsymbol{y}_{b-1}, \boldsymbol{y}_b, \boldsymbol{y}_{b+1}\}$，经过多尺度空间维降噪与多通道光谱维降噪，最终可输入目标噪声波段的预测影像 $\hat{\boldsymbol{y}}_b$。

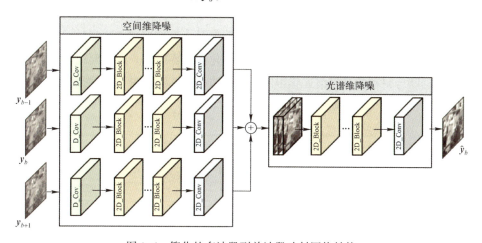

图3.6 简化的多波段到单波段映射网络结构

具体网络结构如表3.2所列，在空间维降噪网络中，网络底层采用三组不同维度的扩张卷积（Dilated Convolution，D-Conv）提取多尺度空间特征，中间层采用二维卷积（2D-Conv）、批规范化和修正的线性单元（ReLU）共同组成的二维卷积模块（2D-Block）。多波段输入经过空间维降噪后组合输入光谱维降噪网络中，其中的基本网络组成与空间维降噪网络相同，将二维卷积扩充为多通道二维卷积，并在最后一层设置了残差学习单元，输出对目标中心波段的预测降噪结果。

表 3.2 本节所提出的 SDDN 结构

CNN	空间维降噪网络			光谱维降噪网络		
网络层级	1	2~11	12	13	14~17	18
卷积核	D-Conv	2D-Block	2D-Conv	2D-Conv	2D-Block	2D-Conv
卷积核大小	3×3	3×3	3×3	3×3	3×3	3×3
卷积核数量	16×3	64	64	64	64	1

3.4.4 基于内部-外部数据联合驱动的高光谱遥感影像去噪算法

外部数据驱动的深度学习高光谱遥感影像去噪方法对噪声分布进行建模，模拟成像过程中可能存在的各类噪声，使用大量模拟的含噪-无噪影像对训练模型，模拟数据上训练的 CNN 模型对真实高光谱遥感影像去噪的泛化性十分有限；内部数据驱动的深度学习高光谱遥感影像去噪方法直接利用真实高光谱遥感影像自身无噪-含噪性质学习噪声潜在性质，受数据质量和数据体量的限制，模型学习能力十分有限。针对该问题，可在高质量地面模拟影像上进行预训练，设计判别器对噪声进行建模，在处理真实数据时由判别器对去噪参数进行微调，计算模型在真实数据上的损失，提升模型泛化性和鲁棒性。这种模式即为内部-外部数据联合驱动的高光谱遥感影像去噪方法，其结构如图 3.7 所示。

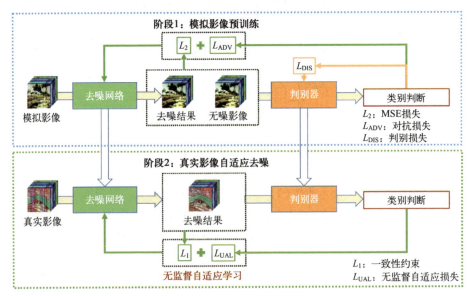

图 3.7 基于无监督自适应学习的高光谱遥感影像深度降噪网络整体框架

在高质量地面模拟影像训练过程中,判别器被训练以学习判断输入影像是否为无噪声影像,其学习过程为

$$\hat{\boldsymbol{\Theta}}_D = \underset{\boldsymbol{\Theta}_D}{\mathrm{argmin}} \frac{1}{n} \sum_{i=1}^{n} \|D(\boldsymbol{X}_i;\boldsymbol{\Theta}_D) - 1\|_2^2 + \|D(G(\boldsymbol{Y}_i;\boldsymbol{\Theta}_G);\boldsymbol{\Theta}_D)\|_2^2 \quad (3.42)$$

式中:n 为批量归一化 BN 中的规模(batchsize);$\boldsymbol{\Theta}_D$ 为判别器的可训练参数;$\boldsymbol{X}_i$ 为模拟影像对中的无噪影像;$D(\cdot;\boldsymbol{\Theta}_D)$ 为判别器的映射函数;$G(\cdot;\boldsymbol{\Theta}_G)$ 为去噪网络的映射函数;$\boldsymbol{\Theta}_G$ 为去噪网络的可训练参数;$\boldsymbol{Y}_i$ 为模拟影像对中的含噪影像。

当输入是无噪影像时,判别器的判断结果应为无噪,概率值应为 1,当输入是去噪网络输出的去噪结果时,判别器的判断结果应为含噪,概率值应为 0。对于去噪网络而言,其学习含噪影像到无噪影像的映射,且恢复的无噪结果内部分布需与无噪影像保持一致,其学习过程为

$$\hat{\boldsymbol{\Theta}}_G = \underset{\boldsymbol{\Theta}_G}{\mathrm{argmin}} \frac{1}{n} \sum_{i=1}^{n} \|G(\boldsymbol{Y}_i;\boldsymbol{\Theta}_G) - \boldsymbol{X}_i\|_2^2 + \lambda_1 \|D(G(\boldsymbol{Y}_i;\boldsymbol{\Theta}_G);\boldsymbol{\Theta}_D) - 1\|_2^2$$

(3.43)

式中:λ_1 为控制均方误差(MSE)损失和判别损失作用强度的参数。

通过上述地基模拟高光谱影像对预训练,去噪网络可学习泛化的图像先验,判别器挖掘噪声模式,拥有判断输入影像是否为无噪声影像的能力。而在真实影像自适应微调过程中,使用去噪网络对真实数据进行降噪处理得到初步的去噪结果,将去噪结果输入判别器中计算无监督自适应学习损失 L_{UAL},其输出结果应为无噪影像,即概率值应为 1,其学习过程为

$$\hat{\boldsymbol{\Theta}}_G = \underset{\hat{\boldsymbol{\Theta}}_G}{\mathrm{argmin}} \frac{1}{n} \sum_{i=1}^{n} \|G(\overline{\boldsymbol{Y}}_i;\hat{\boldsymbol{\Theta}}_G) - \overline{\boldsymbol{Y}}_i\|_1 + \lambda_2 \|D(G(\overline{\boldsymbol{Y}}_i;\hat{\boldsymbol{\Theta}}_G);\hat{\boldsymbol{\Theta}}_D) - 1\|_2^2$$

(3.44)

式中:$\overline{\boldsymbol{Y}}_i$ 为真实高光谱遥感影像;$\hat{\boldsymbol{\Theta}}_G$ 为经过预训练获得的去噪网络参数;$\hat{\boldsymbol{\Theta}}_D$ 为经过预训练获得的判别器参数,以 1-范数的形式约束去噪结果和原始影像之间的一致性;λ_2 为控制一致性约束和无监督自适应学习作用强度的参数。

综上所述,基于深度学习的高光谱遥感影像去噪方法可避免手工设计先验,利用强大的非线性表征能力学习降质影像到无噪影像的映射,大幅度提升模型在影像上的去噪精度以及模型的运算效率。基于外部数据驱动的深度学习高光谱遥感影像去噪方法可在模拟影像上取得较高精度,但受限于模拟影像和真实影像之间图像结构和降质模式的差异,有监督的深度学习模型在

真实高光谱遥感影像中的泛化性受到限制。而基于内部数据驱动的深度学习高光谱遥感影像方法在数据/模型上进行改进，使用真实高光谱遥感影像对模型进行训练以提升模型的泛化性和稳健性。内部-外部数据联合驱动的深度学习方法则能够有效联合外部数据先验对内部数据先验进行指导学习，利用外部数据预训练-内部数据微调的方式对高光谱遥感影像真实噪声精确建模，实现真实高光谱遥感影像的噪声去除。

以无监督自适应学习的高光谱去噪网络（Unsupervised Adaptation Learning-based Hyperspectral Denoising Network，UALHDN）为例[74]，介绍内部-外部数据联合驱动的深度学习高光谱遥感影像去噪方法。

3.4.4.1 对抗网络构建

UALHDN 模型训练需要大量的含噪-无噪影像对，由此基于加性降质模型和高质量的地面高光谱遥感影像生成训练数据，随后以监督的方式训练去噪网络和判别器以学习泛化的图像先验。根据第一阶段的模拟影像预训练，模型可在模拟影像上获得较好的噪声抑制效果，但在处理噪声模式更为复杂的真实数据时模型性能仍十分有限。因此，使用去噪网络对真实数据进行降噪处理得到初步的去噪结果，将去噪结果输入判别器中计算无监督自适应学习。

3.4.4.2 网络结构构建

影像边缘信息等底层特征对于高光谱遥感影像复原任务的空-谱细节恢复至关重要，因此 UALHDN 设计了空-谱残差去噪网络以提升模型对于底层特征的利用。网络中设计了 R-block 以保持底层特征和加速网络收敛，由二维多通道卷积（Conv）[70]、批量归一化层（BN）、参数化修正的线性单元（Parametric Rectified Linear Unit，PReLU）激活函数构成[75]，同时在 R-block 的输入和输出间增加跳层连接，进一步加速网络收敛。其中，二维多通道卷积以多个波段为输入，卷积核的维度与波段数相同，各波段的卷积核与其对应波段卷积后，将结果相加得到整个卷积核的特征图。

为充分挖掘高光谱遥感影像的光谱信息，去噪网络将影像多个相邻波段级联作为输入（选取了相邻 10 个波段），去噪网络的第 1 层通过二维多通道卷积提取底层特征，随后通过 R-Block 挖掘波段内的空间信息和波段间的光谱相关性。最终，网络通过残差学习的方式学习噪声样本模式，输出最终的去噪结果。

3.5 实验分析

为分析现有高光谱遥感影像去噪方法的性能，本节在多个平台的高光谱遥感影像上进行了噪声去除实验，具体内容如下：高光谱遥感影像质量评价、实验设计、模拟数据实验和真实数据实验。

3.5.1 高光谱遥感影像质量评价

本节选取了地面数据 ICVL、机载数据 WHU-Hi Baoxie 及 Washington DC、星载数据 CRISM 进行实验，其中 ICVL 数据集用于网络训练，Washington DC 数据集用于人为添加噪声的模拟去噪实验，WHU-Hi Baoxie 与 CRISM 数据用于真实含噪影像去噪实验。首先对含噪数据的噪声分布特性进行分析，图 3.8 展示了各数据的噪声强度估计结果，ICVL 地面数据集噪声主要集中在首尾波段，其余波段噪声强度均非常低，几乎没有噪声污染，成像质量非常高。WHU-Hi-Baoxie 无人机数据集中，噪声污染集中在辐射能量较弱的首尾波段，其余波段成像质量良好。CRISM 火星高光谱数据集噪声污染主要集中在首尾波段、可见光波段和二氧化碳吸收波段，其中，首尾波段和 2800nm 附近的二氧化碳吸收波段影像质量非常差，某些波段甚至出现数据缺失；由于火星大气环境的差异，CRISM 火星高光谱数据集受水汽吸收影响较小，在水汽吸收波段成像质量较好。

完成高光谱遥感影像噪声去除后，可通过高光谱遥感影像质量评价对去噪结果进行评估，进而分析去噪方法的优劣。高光谱遥感影像质量评价方式可分为定性评价和定量评价，其中：定性评价主要通过目视判读的方式进行，即人眼对高光谱遥感影像的空间细节、色调、噪声去除程度进行评估；定量评价则是根据人类视觉感知的特性设计相应的评价指标，计算高光谱遥感影像的得分，根据有无参考影像，高光谱遥感影像定量评价指标可分为有参考评价指标和无参考评价指标。下面详细介绍高光谱遥感影像去噪中所常用的几种评价指标。

3.5.1.1 峰值信噪比

峰值信噪比（Peak Signal to Noise Ratio，PSNR）是计算图像所有像素的峰值信号值与噪声值之比，用于衡量图像的信息保真程度，其计算公式为

$$PSNR = 10\lg \frac{H \cdot W \cdot MAX^2}{\sum_{i=1}^{H}\sum_{j=1}^{W}(X(i,j) - \hat{X}(i,j))} \quad (3.45)$$

式中：H 和 W 分别为图像的高度和宽度；MAX 为图像的最大灰度值；X 为无噪的参考影像；$\hat{X}$ 为去噪影像。

式（3.45）可计算所有波段的 PSNR，取其平均值作为最终的信息保真评价结果，记为平均峰值信噪比（MPSNR）。该指标越大，说明去噪影像的信息保真越好。

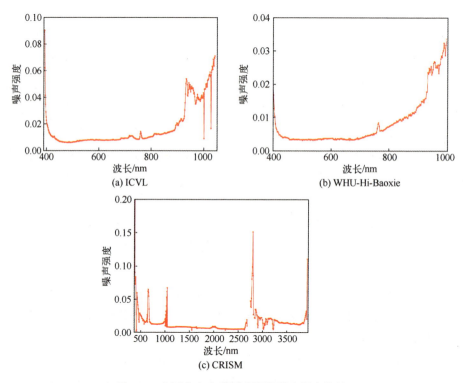

图 3.8 多平台高光谱遥感影像噪声强度估计

3.5.1.2 结构相似度

图像的像元间往往存在很强的关联性，关联性中携带着图像的结构信息，而结构信息对于人眼视觉系统评价图像相似性至关重要。结构相似度（Structure Similarity Image Measurements，SSIM）在亮度、对比度和结构上评价图像间的相似程度[76]，其计算公式为

$$SSIM = \frac{(2\mu_x\mu_{\hat{x}}+c_1)(2\sigma_{x\hat{x}}+c_2)}{(\mu_x^2+\mu_{\hat{x}}^2+c_1)(\sigma_x^2+\sigma_{\hat{x}}^2+c_2)} \tag{3.46}$$

式中：μ_x 和 σ_x 分别为参考影像的均值和标准差；$\mu_{\hat{x}}$ 和 $\sigma_{\hat{x}}$ 分别为去噪影像的均值和标准差；$\sigma_{x\hat{x}}$ 为参考影像和去噪影像的协方差；c_1 和 c_2 为常数项，用于维持计算的稳定性。

式（3.46）可计算所有波段的 SSIM，取其平均值作为最终的结构相似性评价结果，记为平均结构相似度（MSSIM）。该指标越大，说明去噪结果的结构信息保持越好。

3.5.1.3 光谱角

PSNR 和 SSIM 从空间纬度对影像的信息保真和结构相似性进行评价，而光谱保真对于高光谱遥感影像至关重要，直接影响到后续的应用。可选取光谱角（Spectral Angle Mapper，SAM）评价影像的光谱信息保真程度[77]，通过计算两条光谱曲线之间的夹角实现，其计算公式为

$$SAM = \arccos \frac{\boldsymbol{x}^T\hat{\boldsymbol{x}}}{\sqrt{\boldsymbol{x}^T\boldsymbol{x}}\sqrt{\hat{\boldsymbol{x}}^T\hat{\boldsymbol{x}}}} \tag{3.47}$$

式中：$\boldsymbol{x}$ 为参考影像单个像元的光谱曲线；$\hat{\boldsymbol{x}}$ 为去噪影像中对应像元的光谱曲线。可计算空间上所有像元的 SAM，取其平均值作为最终的光谱保真评价结果，记为平均光谱角（MSAM）。该指标越小，说明去噪结果的光谱保真越好。

3.5.1.4 基于质量敏感特征学习的高光谱无参考评价指标

在面对真实降质高光谱遥感影像时，由于缺乏参考影像，无法使用有参考评价指标的 PSNR、SSIM 和 SAM 对去噪结果进行评价。因此，本书采用基于质量敏感特征学习的高光谱无参考评价指标[78]。该指标通过提取对影像质量变化敏感的空-谱特征，建立基准多元高斯（Multivariate Gaussian，MVG）模型，随后计算去噪影像的 MVG 模型与基准模型之间的修正巴氏距离进行质量评价。一般来说，该指标越小，表明影像受噪声污染程度越轻，去噪方法的性能越好。

综上所述，在模拟噪声去除实验中，本节使用 PSNR、SSIM 和 SAM 分别对影像的空间信息保真、结构相似度量和光谱保真进行评估，较高的 PSNR、SSIM

和较低的 SAM 表示更好的去噪性能;在缺乏参考影像的真实降质影像噪声去除实验中,本节使用基于质量敏感特征学习的高光谱无参考评价指标对影像受噪声污染程度进行评估,一般较低的指标表明更好的去噪效果。

3.5.2 实验设计

去噪实验选取了机载数据 WHU-Hi Baoxie 及 Washington DC、星载数据 CRISM 进行实验,其具体信息参见第 2 章。在多平台高光谱遥感影像噪声去除实验中,本节设置了 5 组模拟降质影像实验与两组真实降质影像实验,选取了如下高光谱遥感影像去噪方法进行对比:低秩矩阵恢复(Low-Rank Matrix Recovery,LRMR)[23]模型、局部低秩矩阵恢复全局空-谱全变分(Spatial-Spectral Total Variation Regularized Local Low-Rank Matrix Recovery,LLRSSTV)[79]模型、双因子正则化低秩张量分解(Double-Factor-Regularized Low-Rank Tensor Factorization,LRTF-DFR)[80]模型、星-地数据协同的高光谱降噪网络(Satellite-Ground Integrated Denoising Network,SGIDN)[67]模型和无监督自适应学习高光谱去噪网络(Unsupervised Adaptation Learning-Based Hyperspectral Denoising Network,UALHDN)模型。所有基于 CNN 的去噪模型所使用的训练数据与原始论文所提供的保持一致,所有对比方法的参数均与原始论文所提供的代码保持一致。

3.5.3 模拟数据实验

模拟降质影像噪声去除实验选取了 Washington DC Mall 机载高光谱遥感影像作为实验数据,由于成像质量高,所拍摄的数据基本没有受到噪声污染,因此将其作为高质量参考影像,测试影像的尺寸为 $200 \times 200 \times 180$。考虑到真实高光谱遥感影像中的降质过程,进行了条带噪声、高斯随机噪声和脉冲噪声三类噪声的模拟,且每个波段的噪声强度随机选择,一共包括如下 5 组降质实验。

实验 1:受到条带噪声污染,条带噪声强度 $\sigma_S \in [0, 0.05]$。

实验 2:在实验 1 的基础上,添加 σ_1 强度的高斯噪声 $N(0, \sigma_1^2)$,即条带噪声和高斯噪声组成的混合噪声,条带噪声强度 $\sigma_S \in [0, 0.05]$,高斯噪声标准差 $\sigma_1 \in [0, 0.025]$。

实验 3:在实验 1 的基础上,添加 σ_2 强度的高斯噪声 $N(0, \sigma_2^2)$,即条带噪声和高斯噪声组成的混合噪声,条带噪声强度 $\sigma_S \in [0, 0.05]$,高斯噪声标

准差 $\sigma_2 \in [0, 0.05]$。

实验 4：在实验 2 的基础上，添加 P_1 百分比的脉冲噪声，即条带噪声、高斯噪声和脉冲噪声组成的混合噪声，条带噪声强度 $\sigma_S \in [0, 0.05]$，高斯噪声标准差 $\sigma_1 \in [0, 0.025]$，脉冲噪声百分比 $P_1 \in [0, 0.025]$。

实验 5：在实验 2 的基础上，添加 P_2 百分比的脉冲噪声，即条带噪声、高斯噪声和脉冲噪声组成的混合噪声，条带噪声强度 $\sigma_S \in [0, 0.05]$，高斯噪声标准差 $\sigma_1 \in [0, 0.025]$，脉冲噪声百分比 $P_2 \in [0, 0.05]$。

为全面评价各类方法的优劣，实验采用了视觉评价和定量评价对高光谱影像去噪结果进行综合评定。定量评价中，使用 PSNR、SSIM 对高光谱遥感影像每个波段空间上的信息保真和结构相似性进行评价，计算所有波段的 MPSNR 和 MSSIM 作为最终空间定量评价结果；使用 SAM 对影像的光谱保真度进行分析，计算高光谱遥感影像所有像素的 MSAM 作为最终光谱定量评价结果。定量评价结果如表 3.3 所列，其中精度最高的结果以粗体标出，次佳的结果以下画线标出。

表 3.3 模拟降质高光谱遥感影像噪声去除实验定量评价

实验	指标	降质影像	WFAF	LRMR	LLRSSTV	LRTF-DFR	SGIDN	UALHDN
1	MPSNR/dB	35.61	30.89	38.01	38.13	37.13	<u>38.19</u>	**43.57**
1	MSSIM	0.9076	0.9382	0.9730	0.9731	0.9745	<u>0.9759</u>	**0.9903**
1	MSAM	0.1806	0.1302	0.0940	0.0905	<u>0.0639</u>	0.0792	**0.0540**
2	MPSNR/dB	32.22	29.79	37.84	37.98	37.08	<u>38.03</u>	**40.13**
2	MSSIM	0.8817	0.9063	0.9726	0.9730	0.9743	<u>0.9753</u>	**0.9820**
2	MSAM	0.1998	0.1602	0.0942	0.0911	**0.0646**	0.0803	<u>0.0708</u>
3	MPSNR/dB	29.33	28.18	37.40	37.51	36.88	<u>37.63</u>	**38.13**
3	MSSIM	0.8277	0.8458	0.9719	0.9708	0.9727	<u>0.9737</u>	**0.9746**
3	MSAM	0.2414	0.2139	0.0945	0.0940	**0.0643**	<u>0.0831</u>	0.0833
4	MPSNR/dB	23.43	22.99	37.62	<u>37.97</u>	37.21	34.11	**38.22**
4	MSSIM	0.7503	0.7622	0.9726	0.9729	<u>0.9750</u>	0.9446	**0.9774**
4	MSAM	0.3602	0.3420	0.0938	0.0914	**0.0644**	0.1135	<u>0.0825</u>
5	MPSNR/dB	20.75	20.55	37.39	**37.94**	36.69	31.42	<u>37.63</u>
5	MSSIM	0.6490	0.6550	0.9725	<u>0.9727</u>	0.9717	0.9038	**0.9748**
5	MSAM	0.4563	0.4458	0.0927	0.0917	**0.0660**	0.1459	<u>0.0879</u>

从表3.3中的5组实验结果中可以看出，基于内-外部数据驱动的深度学习去噪方法在5种递进噪声强度下的定量评价指标均能取得最优，其次是基于外部数据的学习方法与正则化去噪方法。而基于滤波的算法精度较低。值得注意的是，随着噪声干扰程度的不断增强，基于学习的方法去噪指标出现显著下降，而基于正则化的影像去噪指标则受干扰较小，说明随着噪声干扰程度的增加，数据驱动的深度学习方法学习到的先验将更加有限，而正则化方法的影像去除方法则对不同噪声强度变化较为鲁棒。

在视觉评价方面，本节选取了实验5中三个具有代表性的波段进行假彩色合成展示。如图3.9所示，模拟降质影像受到多类型混合噪声的污染，出现空间细节扭曲模糊、影像色调严重失真现象。LRMR、LLRSSTV和SDeCNN对于高斯噪声和脉冲噪声有着良好的抑制效果，但影像中仍残留有部分条带噪声；LRTF-DFR可有效抑制多类型混合噪声的污染，但导致影像空间信息模糊。相比之下，经过基于无监督深度学习的UALHDN模型在去除混合噪声的同时，有效保持了影像的空-谱细节信息。

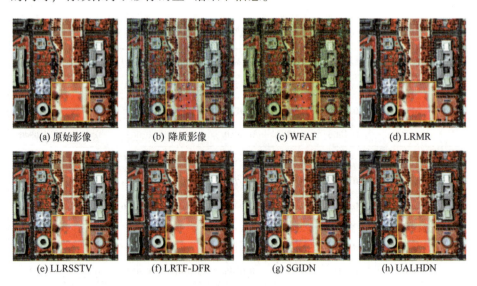

图3.9 Washington DC Mall 数据集模拟噪声去除结果 实验5（R:55,G:35,B:20）

3.5.4 真实数据实验

3.5.4.1 WHU-Hi-Baoxie 数据去噪实验

为进一步验证现有方法在实际应用中的有效性，本节选取了来自两个平台的高光谱遥感影像,分别是 WHU-Hi-Baoxie 无人机高光谱遥感影像和小型火星勘测成像光谱仪 CRISM 高光谱卫星遥感影像。由于真实数据缺乏无噪的参考影像,评价方式采用视觉效果评价和无参考高光谱质量评价指标[78]。无监督定量评价结果如表 3.4 所列。

表 3.4 真实降质高光谱遥感影像噪声去除实验无参考评价结果

数据集	原始影像	WFAF	LRMR	LLRSSTV	LRTF-DFR	SGIDN	UALHDN
WHU-Hi-Baoxie	17.20	15.91	15.81	15.95	15.97	22.49	17.17
CRISM	20.48	20.49	13.86	13.51	15.88	23.45	13.11

第一组真实降质高光谱遥感影像噪声去除实验的数据为 WHU-Hi-Baoxie 数据集的子影像,尺寸为 400×400×270。影像的首尾波段受到条带噪声和随机噪声污染,导致空间信息扭曲模糊。实验结果如图 3.10 所示,基于低秩降噪模型的 LRMR 和 LLRSSTV 对条带噪声的抑制效果有限,这可能是由于其所设计的先验与真实噪声分布并不相符;LRTF-DFR 和 SGIDN 虽然有效抑制了混合噪声,但同时模糊了影像的空间细节和地物轮廓。相比之下,UALHDN 模型表现出最佳的去噪性能,进一步论证了其在高光谱分辨率、高空间分辨率的无人机高光谱遥感影像上的有效性与鲁棒性。对实验结果进行进一步分析可以看出:基于滤波的方法针对影像随机噪声与条带去除结果均存在残留,其对真实场景的泛化性有较大提升空间;基于正则化的方法对噪

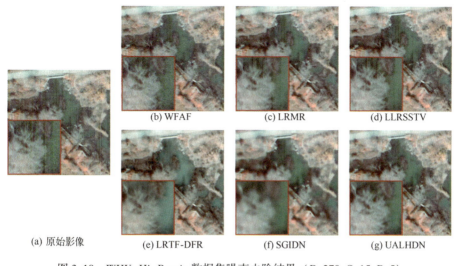

图 3.10 WHU-Hi-Baoxie 数据集噪声去除结果 (R:270,G:15,B:5)

声去除效果较好，但是仍然存在过度平滑的情况，这使得影像原本较为关键的空间细节信息丢失，为后续影像信息解译任务引入了干扰；基于学习的方法存在一定问题，仅由外部数据驱动的深度学习方法完全无法恢复影像细节信息，采用严重过度平滑的方式过滤所有噪声，影像细节完全丢失；而在内部-外部数据驱动的方法下，影像的空间信息得以有效保留。

3.5.4.2 CRISM 数据去噪实验

第二组真实噪声去除实验的数据选用了 2007 年 10 月 30 日拍摄的 CRISM 高光谱数据子影像，尺寸为 400 × 400 × 490，影像部分波段受到条带噪声和随机噪声污染，造成影像地物轮廓模糊。实验结果如图 3.11 所示。

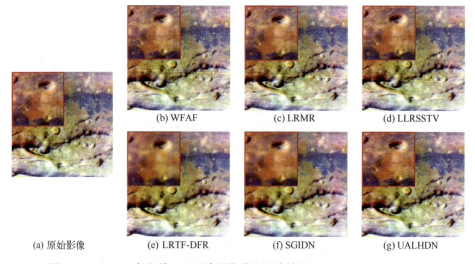

图 3.11 CRISM 高光谱卫星遥感影像噪声去除结果（R:480,G:440,B:10）

LRMR 和 LLRSSTV 有效地抑制了随机噪声，但对于条带噪声的去除非常有限；LRTF-DFR 和 SGIDN 以过度平滑为代价去除了影像中的混合噪声；UALHDN 模型在获得最优目视效果的同时，在无参考高光谱定量评价指标上也取得了最佳结果。进一步分析影像数据可以发现，正则化方法和外部数据驱动的方法存在较为明显的影像过度平滑现象。相比之下，WFAF 和 UALHDN 则获得了较好的细节保留，但基于滤波去噪的高光谱影像中仍然保留了较多的影像噪声，尤以条带噪声为重，内部-外部数据联合驱动的 UALHDN 上存在较优异的影像去噪结果。

3.6 小　　结

本章系统性综述了高光谱遥感影像噪声去除的国内外研究现状，对现有高光谱遥感影像噪声去除方法进行了归类并分析了所面临的问题。考虑到高光谱遥感影像噪声复杂多变，本章从多平台高光谱遥感影像出发，阐述了各平台高光谱遥感数据集的参数，对高光谱传感器中各类噪声成因及特性进行了详细分析，并进一步探索了高光谱遥感影像的去噪算法，实现了多平台高光谱遥感影像噪声智能化分析，归纳结果如表3.5所列。

表3.5　不同高光谱遥感影像去噪方法对比

去噪算法	算法类型	混合噪声去除效果			适用场景
		随机噪声	条带噪声	空间细节保持	
WFAF	滤波（小波-傅里叶变换）	一般	一般	一般	后续任务对噪声不敏感，影像噪声以条带噪声为主，随机噪声较弱
LRMR	正则化（稀疏-低秩先验）	较好	一般	较好	影像噪声以随机噪声为主，条带噪声较弱
LRSSTV	正则化（全变分-低秩先验）	较好	一般	较好	影像噪声以随机噪声为主，条带噪声较弱
LRTF-DFR	正则化（低秩先验）	较好	较好	一般	后续任务对空间细节不敏感，影像噪声包含各类混合噪声
SGIDN	深度学习方法（外部数据驱动）	较好	较好	一般	有足够数据支撑，后续任务对空间细节不敏感，影像噪声包含各类混合噪声
UALHDN	深度学习方法（内部-外部数据联合驱动）	最优	最优	最优	有足够数据支撑，后续任务对噪声敏感，影像包含多种噪声

从3.4节的实验结果中可以看出：基于空谱域滤波的高光谱遥感影像去噪方法对于真实场景下噪声去除应用的适应性较差，仅能胜任影像噪声较弱质量较好的应用场景；而基于正则化的影像噪声去除方法能在很大程度上有效抑制高光谱遥感影像中存在的多种混合噪声，同时对于噪声强度变化具有较高的鲁棒性。然而，正则化方法不仅需要针对影像噪声进行有选择的影像先验构建与选择，而且需要依赖复杂的模型优化解算设计并进行求解，这些

问题均限制了正则化影像去噪方法用于高光谱遥感影像去噪的智能化发展；基于数据驱动的深度学习方法由于非线性映射特性和数据特性挖掘潜力，使其能够构建智能化影像去噪学习框架，从大量的数据中自发地学习潜在的去噪深度先验，内部-外部数据驱动的深度学习去噪方法也成功展示了深度学习方法对于高光谱遥感影像噪声去除任务的高泛化性与强适应性。

参考文献

[1] 贺威. 高光谱影像多类型噪声分析的低秩与稀疏方法研究[D]. 武汉：武汉大学，2017.

[2] 高连如，张兵，张霞，等. 基于局部标准差的遥感图像噪声评估方法研究[J]. 遥感学报，2007（2）：201-208.

[3] BIOUCAS-DIAS J M, NASCIMENTO J M P. Hyperspectral subspace identification[J]. IEEE Transactions on Geoscience and Remote Sensing, 2008, 46（8）：2435-2445.

[4] 支晶晶. 高光谱图像条带噪声去除方法研究与应用[D]. 郑州：河南大学，2010.

[5] 宋碧霄. 遥感图像条带去除方法研究[D]. 西安：西安电子科技大学，2013.

[6] CHANG Y, CHEN M, YAN L, et al. Toward universal stripe removal via wavelet-based deep convolutional neural network[J]. IEEE Transactions on Geoscience and Remote Sensing, 2019, 58（4）：2880-2897.

[7] PRATT W K. Digital image processing: PIKS scientific inside[M]. Hoboken: Wiley-interscience, 2007.

[8] 周喆. 基于云模型的图像去噪研究及应用[D]. 武汉：武汉大学，2014.

[9] CHEN G, QIAN S. Denoising of hyperspectral imagery using principal component analysis and wavelet shrinkage[J]. IEEE Transactions on Geoscience and Remote Sensing, 2011, 49（3）：973-980.

[10] LAM A, SATO I, SATO Y. Denoising hyperspectral images using spectral domain statistics[C]//Proceedings of the 21st International Conference on Pattern Recognition（ICPR2012），November 11-15, 2012, Tsukuba, Japan. IEEE, c2012: 477-480.

[11] STARCK J L, CANDÈS E J, DONOHO D L. The curvelet transform for image denoising[J]. IEEE Transactions on Image Processing, 2002, 11（6）：670-684.

[12] CANDES E J. Ridgelets: theory and applications[M]. Palo Alto: Stanford University Press, 1998.

[13] OTHMAN H, QIAN S E. Noise reduction of hyperspectral imagery using hybrid spatial-

spectral derivative-domain wavelet shrinkage [J]. IEEE Transactions on Geoscience and Remote Sensing, 2006, 44 (2): 397-408.

[14] LETEXIER D, BOURENNANE S. Noise removal from hyperspectral images by multidimensional filtering [J]. IEEE Transactions on Geoscience and Remote Sensing, 2008, 46 (7): 2061-2069.

[15] TORRES J, INFANTE S O. Wavelet analysis for the elimination of striping noise in satellite images [J]. Optical Engineering, 2001, 40 (7): 1309-1314.

[16] PAN J J, CHANG C I. Destriping of Landsat MSS images by filtering techniques [J]. Photogrammetric Engineering and Remote Sensing, 1992, 58 (10): 1417-1423.

[17] SIMPSON J J, GOBAT J I, FROUIN R. Improved destriping of GOES images using finite impulse response filters [J]. Remote Sensing of Environment, 1995, 52 (1): 15-35.

[18] CHEN J, SHAO Y, GUO H, et al. Destriping CMODIS data by power filtering [J]. IEEE Transactions on Geoscience and Remote Sensing, 2003, 41 (9): 2119-2124.

[19] 陶晓东, 黎珍惜, 邓宁. 高分辨率遥感影像滤波算法综述 [J]. 测绘与空间地理信息, 2014, 37 (1): 51-54, 57.

[20] CHEN J, LIN H, SHAO Y, et al. Oblique striping removal in remote sensing imagery based on wavelet transform [J]. International Journal of Remote Sensing, 2006, 27 (8): 1717-1723.

[21] PANDE-CHHETRI R, ABD-ELRAHMAN A. De-striping hyperspectral imagery using wavelet transform and adaptive frequency domain filtering [J]. ISPRS Journal of Photogrammetry and Remote Sensing, 2011, 66 (5): 620-636.

[22] MüNCH B, TRTIK P, MARONE F, et al. Stripe and ring artifact removal with combined wavelet: Fourier filtering [J]. Optics Express, 2009, 17 (10): 8567-8591.

[23] ZHANG H, HE W, ZHANG L, et al. Hyperspectral image restoration using low-rank matrix recovery [J]. IEEE Transactions on Geoscience and Remote Sensing, 2013, 52 (8): 4729-4743.

[24] RUDIN L I, OSHER S, FATEMI E. Nonlinear total variation based noise removal algorithms [J]. Physica D Nonlinear Phenomena, 1992, 60 (1/4): 259-268.

[25] LI Y, SANTOSA F. A computational algorithm for minimizing total variation in image restoration [J]. IEEE Transactions on Image Processing, 1996, 5 (6): 987-995.

[26] BLOMGREN P, CHAN T F. Color TV: total variation methods for restoration of vector-valued images [J]. IEEE Transactions on Image Processing, 1998, 7 (3): 304-309.

[27] OSHER S, BURGER M, GOLDFARB D, et al. An iterative regularization method for total variation-based image restoration [J]. Multiscale Modeling & Simulation, 2005, 4 (2): 460-489.

[28] CHAN S H, KHOSHABEH R, GIBSON K B, et al. An augmented Lagrangian method for total variation video restoration [J]. IEEE Transactions on Image Processing, 2011, 20 (11): 3097-3111.

[29] ZHANG J, ERWAY J, HU X, et al. Randomized SVD methods in hyperspectral imaging [J]. Journal of Electrical and Computer Engineering, 2012, 2012.

[30] YUAN Q, ZHANG L, SHEN H. Hyperspectral image denoising employing a spectral-spatial adaptive total variation model [J]. IEEE Transactions on Geoscience and Remote Sensing, 2012, 50 (10): 3660-3677.

[31] CHANG Y, YAN L, FANG H, et al. Anisotropic spectral-spatial total variation model for multispectral remote sensing image destriping [J]. IEEE Transactions on Image Processing, 2015, 24 (6): 1852-1866.

[32] CHAN T, MARQUINA A, MULET P. High-order total variation-based image restoration [J]. SIAM Journal on Scientific Computing, 2000, 22 (2): 503-516.

[33] LEFKIMMIATIS S, ROUSSOS A, MARAGOS P, et al. Structure tensor total variation [J]. SIAM Journal on Imaging Sciences, 2015, 8 (2): 1090-1122.

[34] HU Y, ONGIE G, RAMANI S, et al. Generalized higher degree total variation (HDTV) regularization [J]. IEEE Transactions on Image Processing, 2014, 23 (6): 2423-2435.

[35] CANDES E J, WAKIN M B, BOYD S P. Enhancing sparsity by reweighted ℓ_1 minimization [J]. Journal of Fourier Analysis and Applications, 2008, 14 (5): 877-905.

[36] ELAD M. Sparse and redundant representations: from theory to applications in signal and image processing [M]. Berlin: Springer, 2010.

[37] BARANIUK R G. Compressive sensing [lecture notes] [J]. IEEE Signal Processing Magazine, 2007, 24 (4): 118-121.

[38] DONOHO D L. Compressed sensing [J]. IEEE Transactions on Information Theory, 2006, 52 (4): 1289-1306.

[39] CHANG S G, YU B, VETTERLI M. Adaptive wavelet thresholding for image denoising and compression [J]. IEEE Transactions on Image Processing, 2000, 9 (9): 1532-1546.

[40] RASTI B, SVEINSSON J R, ULFARSSON M O. Wavelet-based sparse reduced-rank regression for hyperspectral image restoration [J]. IEEE Transactions on Geoscience and Remote Sensing, 2014, 52 (10): 6688-6698.

[41] QIAN Y, YE M, ZHOU J. Hyperspectral image classification based on structured sparse logistic regression and three-dimensional wavelet texture features [J]. IEEE Transactions on Geoscience and Remote Sensing, 2012, 51 (4): 2276-2291.

[42] ZHAO Y-Q, YANG J. Hyperspectral image denoising via sparse representation and low-rank constraint [J]. IEEE Transactions on Geoscience and Remote Sensing, 2014, 53

(1):296-308.

[43] LI J, YUAN Q, SHEN H, et al. Noise removal from hyperspectral image with joint spectral-spatial distributed sparse representation [J]. IEEE Transactions on Geoscience and Remote Sensing, 2016, 54 (9): 5425-5439.

[44] ELAD M, AHARON M. Image denoising via sparse and redundant representations over learned dictionaries [J]. IEEE Transactions on Image processing, 2006, 15 (12): 3736-3745.

[45] MAIRAL J, ELAD M, SAPIRO G. Sparse representation for color image restoration [J]. IEEE Transactions on Image Processing, 2007, 17 (1): 53-69.

[46] ROSENFELD A. Digital picture processing [M]. Berlin: Springer, 1976.

[47] BUADES A, COLL B, MOREL J M. A non-local algorithm for image denoising [C]//2005 IEEE Computer Society Conference on Computer Vision and Pattern Recognition (CVPR'05), June 20-25, 2005, San Diego, California, USA. IEEE, c2005: 60-65.

[48] ROWEIS S T, SAUL L K. Nonlinear dimensionality reduction by locally linear embedding [J]. Science, 2000, 290 (5500): 2323-2326.

[49] IZENMAN A J. Reduced-rank regression for the multivariate linear model [J]. Journal of Multivariate Analysis, 1975, 5 (2): 248-264.

[50] WITTEN R, CANDES E. Randomized algorithms for low-rank matrix factorizations: sharp performance bounds [J]. Algorithmica, 2015, 72 (1): 264-281.

[51] CAI J F, CANDÈS E J, SHEN Z. A singular value thresholding algorithm for matrix completion [J]. SIAM Journal on Optimization, 2010, 20 (4): 1956-1982.

[52] CANDÈS E J, RECHT B. Exact matrix completion via convex optimization [J]. Foundations of Computational Mathematics, 2009, 9 (6): 717-772.

[53] CHANDRASEKARAN V, SANGHAVI S, PARRILO P A, et al. Rank-sparsity incoherence for matrix decomposition [J]. SIAM Journal on Optimization, 2011, 21 (2): 572-596.

[54] WRIGHT J, PENG Y, MA Y, et al. Robust principal component analysis: exact recovery of corrupted low-rank matrices by convex optimization [C]//Advances in Neural Information Processing Systems 22-Proceedings of the 2009 Conference, December 7-10, 2009, Vancouver, British Columbia, Canada. MIT Press, c2009: 22.

[55] CANDèS E J, LI X, MA Y, et al. Robust principal component analysis? [J]. Journal of the ACM (JACM), 2011, 58 (3): 1-37.

[56] VIDAL E E R. Sparse subspace clustering [C]//2009 IEEE conference on computer vision and pattern recognition (CVPR). June 20-25, 2009, Miami, Florida, USA. IEEE, c2009: 2790-2797.

[57] ELHAMIFAR E, VIDAL R. Sparse subspace clustering: algorithm, theory, and applica-

tions [J]. IEEE Transactions on Pattern Analysis and Machine Intelligence, 2013, 35 (11): 2765-2781.

[58] LIU G, LIN Z, YU Y. Robust subspace segmentation by low-rank representation [C]// Proceedings of the 27th International Conference on Machine Learning (ICML-10), June 21-24, 2010, Haifa, Israel. IMLS, c2010: 663-670.

[59] LU X, WANG Y, YUAN Y. Graph-regularized low-rank representation for destriping of hyperspectral images [J]. IEEE Transactions on Geoscience and Remote Sensing, 2013, 51 (7): 4009-4018.

[60] CHANG C-I, DU Q. Interference and noise-adjusted principal components analysis [J]. IEEE Transactions on Geoscience and Remote Sensing, 1999, 37 (5): 2387-2396.

[61] CHEN G, QIAN S E. Denoising of hyperspectral imagery using principal component analysis and wavelet shrinkage [J]. IEEE Transactions on Geoscience and Remote Sensing, 2010, 49 (3): 973-980.

[62] HE W, ZHANG H, ZHANG L, et al. A noise-adjusted iterative randomized singular value decomposition method for hyperspectral image denoising [C]//2014 IEEE Geoscience and Remote Sensing Symposium, July 13-18 2014, Quebec City, Quebec, Canada. IEEE, c2014: 1536-1539.

[63] HE W, ZHANG H, ZHANG L, et al. Hyperspectral image denoising via noise-adjusted iterative low-rank matrix approximation [J]. IEEE Journal of Selected Topics in Applied Earth Observations and Remote Sensing, 2015, 8 (6): 3050-3061.

[64] WANG M, YU J, XUE J H, et al. Denoising of hyperspectral images using group low-rank representation [J]. IEEE Journal of Selected Topics in Applied Earth Observations and Remote Sensing, 2016, 9 (9): 4420-4420.

[65] YE M, QIAN Y, ZHOU J. Multitask sparse nonnegative matrix factorization for joint spectral-spatial hyperspectral imagery denoising [J]. IEEE Transactions on Geoscience and Remote Sensing, 2014, 53 (5): 262126-39.

[66] LECUN Y, BOSER B E, DENKER J S, et al. Handwritten digit recognition with a back-propagation network [J]. Advances in Neural Information Processing Systems, 1989, 2: 396-404.

[67] ZHONG Y, LI W, WANG X, et al. Satellite-ground integrated destriping network: a new perspective for EO-1 Hyperion and Chinese hyperspectral satellite datasets [J]. Remote Sensing of Environment, 2020, 237 (2): 111416.

[68] YUAN Q, ZHANG Q, LI J, et al. Hyperspectral image denoising employing a spatial-spectral deep residual convolutional neural network [J]. IEEE Transactions on Geoscience and Remote Sensing, 2019, 57 (2): 1205-1218.

[69] XIE W, LI Y. Hyperspectral imagery denoising by deep learning with trainable nonlinearity function [J]. IEEE Geoscience and Remote Sensing Letters, 2017, 14 (11): 1963-1967.

[70] CHANG Y, YAN L, FANG H, et al. HSI-DeNet: Hyperspectral image restoration via convolutional neural network [J]. IEEE Transactions on Geoscience and Remote Sensing, 2018, 57 (2): 667-682.

[71] JI S, XU W, YANG M, et al. 3D convolutional neural networks for human action recognition [J]. IEEE Transactions on Pattern Analysis and Machine Intelligence, 2013, 35 (1): 221-231.

[72] MAFFEI A, HAUT J M, PAOLETTI M E, et al. A single model CNN for hyperspectral image denoising [J]. IEEE Transactions on Geoscience and Remote Sensing, 2019, 58 (4): 2516-2529.

[73] WEI K, FU Y, HUANG H. 3-D quasi-recurrent neural network for hyperspectral image denoising [J]. IEEE Transactions on Neural Networks and Learning Systems, 2020, 32 (1): 363-375.

[74] LUO Z, WANG Y, PELLIKKA P, et al. Unsupervised adaptation learning for real multi-platform hyperspectral image denoising [J]. IEEE Transactions on Cybermetics, 2024, 54 (10): 5781-5794.

[75] LEDIG C, THEIS L, HUSZáR F, et al. Photo-realistic single image super-resolution using a generative adversarial network [C]//2017 IEEE Conference on Computer Vision and Pattern Recognition (CVPR), July 21-26, 2017, Honolulu, Hawaii, USA. IEEE, c2017: 105-114.

[76] WANG Z, BOVIK A C, SHEIKH H R, et al. Image quality assessment: from error visibility to structural similarity [J]. IEEE Transactions on Image Processing, 2004, 13 (4): 600-612.

[77] KRUSE F A, LEFKOFF A, BOARDMAN J, et al. The spectral image processing system (SIPS): interactive visualization and analysis of imaging spectrometer data [J]. Remote Sensing of Environment, 1993, 44 (2/3): 145-163.

[78] YANG J, ZHAO Y, YI C, et al. No-reference hyperspectral image quality assessment via quality-sensitive features learning [J]. Remote Sensing, 2017, 9 (4): 305.

[79] HE W, ZHANG H, SHEN H, et al. Hyperspectral image denoising using local low-rank matrix recovery and global spatial-spectral total variation [J]. IEEE Journal of Selected Topics in Applied Earth Observations and Remote Sensing, 2018, 11 (3): 713-729.

[80] ZHENG Y B, HUANG T Z, ZHAO X L, et al. Double-factor-regularized low-rank tensor factorization for mixed noise removal in hyperspectral image [J]. IEEE Transactions on Geoscience and Remote Sensing, 2020, 58 (12): 8450-8464.

第4章 高光谱遥感混合像元分解

由于传感器空间分辨率的限制以及地物空间分布的复杂性，混合像元（mixed pixels），即包含多种地表覆盖类型的像元，广泛存在于机载与星载高光谱遥感影像中。混合像元是不同土地覆盖类型光谱响应的综合，其存在严重影响了高光谱遥感的定量化应用精度。光谱分解技术是解决高光谱混合像元问题的主要思路，其通过建立混合像元模型，将混合像元分解为基本物质组成单元（端元）以及端元的百分含量（丰度）。本章从高光谱遥感影像光谱分解的三个科学问题：端元个数估计、光谱提取以及丰度反演问题出发，主要介绍端元个数估计方法、传统混合像元分解方法、全自动光谱分解方法和基于深度学习的混合像元分解方法。

4.1 混合像元问题

4.1.1 混合像元成因分析

像元是传感器表征地表反射、发射电磁波谱特性的基本单元，用于记录瞬时视场（Instantaneous Field of View，IFOV）内地物的综合光谱响应。当瞬时视场内有且仅有一种地物时，该像元为纯净像元（pure pixel）；与之相对应，当瞬时视场内包含具有不同光谱响应的地物时，就会产生混合像元。混合像元是不同地物光谱响应的综合，不完全隶属于某一类地物，其存在严重影响了像元级分类、目标探测以及定量应用的精度。混合像元问题是遥感影像中普遍存在的问题，其本质上是尺度问题[1]，在不同观测尺度下都会存在混合像元，像元内地物的不均一性会随着像元瞬时视场的增大而增大。相比于多光谱传感器，高光谱传感器的瞬时视场相对较大，混合像元问题在高光谱遥感影像中更为严重。

关于混合光谱的成因，在国内外许多经典著作中都有较为全面的论述。本章将其归纳为以下两点。

原因1：大气-传感器辐射传输过程中的混合效应，包括大气混合效应、传感内部光路混合，发生于大气-传感器光路构成的光学系统中，且均为非线性混合。在理想状态下，由大气造成的混合效应可以通过大气校正进行修正，由传感器造成的混合效应可以通过传感器定标进行克服。而在实际应用过程中，大气-传感器辐射传输过程中的混合效应通常无法通过校正完全剔除，上述混合效应在光谱辐射差异较大的异质区域十分显著。

原因2：地物的空间复杂分布所引起的混合效应，其中空间复杂分布包含两个层次的含义：空间分布的非均一性和空间结构的复杂性。空间分布的非均一性是指瞬时视场内水平方向上分布着多种地物，宏观上该类混合可以近似为如图4.1（a）所示的线性混合。空间结构的复杂性是指瞬时视场内垂直方向上地物发生多次散射、致密性混合，微观上该类混合近似为如图4.1（b）所示的非线性混合。

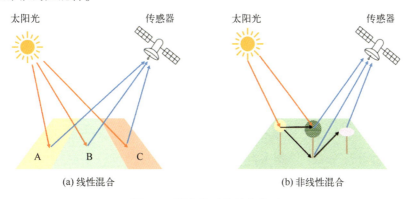

图4.1 混合像元的基本模型

目前，混合像元模型的研究通常假设由原因1引起的混合，可通过大气校正等方法消除，仅考虑原因2即地物的空间复杂分布引起的线性以及非线性混合。因此，大气-传感器传输过程中的混合效应与相关模型方法在本章中不予讨论。本章涉及的混合像元模型及方法，主要针对原因2。

4.1.2 混合像元模型

混合像元模型是光谱分解的先决条件[2]，也是高光谱遥感的基础，贯穿于光谱分解、目标探测、异常探测以及定量应用等众多研究领域。本章将从数学模型的角度出发，介绍混合像元的基本模型及其物理意义。

4.1.2.1 线性混合像元模型

线性混合像元模型（Linear Mixing Model，LMM）是光谱分解的基础模型，具有物理意义明确、结构简单等优点，是目前应用最为广泛的混合像元模型[3-4]。如图 4.2 所示，线性模型通常假设光子仅与单一物质发生作用后直接被传感器接收，地物之间不存在相互作用。

$$\boldsymbol{x}_j = \sum_{i=1}^{M} s_j[i] \boldsymbol{a}_i + \boldsymbol{\varepsilon}_j = \boldsymbol{A}\boldsymbol{s}_j + \boldsymbol{\varepsilon}_j \tag{4.1}$$

式中：$\boldsymbol{x}_j = [x_j[1], \cdots, x_j[L]]^T \in \mathbb{R}^L$ 为混合像元；$\boldsymbol{A} = [\boldsymbol{a}_1, \cdots, \boldsymbol{a}_M] \in \mathbb{R}^{L \times M}$ 为端元光谱矩阵，其中 $\text{rank}(\boldsymbol{A}) = M$；$\boldsymbol{a}_i \in \mathbb{R}^L$ 为端元光谱向量，不同光谱向量之间线性独立；$\boldsymbol{s}_j = [s_j[1], \cdots, s_j[M]]^T \in \mathbb{R}^M$ 为混合像元 $\boldsymbol{x}_j$ 的丰度向量；$s_j[i]$ 为端元 $\boldsymbol{a}_i$ 在混合像元 $\boldsymbol{x}_j$ 中所占的比例（丰度）；$\boldsymbol{\varepsilon}_j \in \mathbb{R}^L$ 为加性噪声。

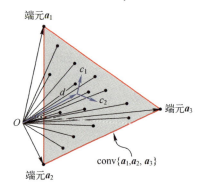

图 4.2 $M-1$ 维单纯形（$M=3$）

在 LMM 中，丰度向量中的元素表示端元在混合像元中所占的比例，因此需要满足两个物理约束，分别是丰度非负约束（Abundance Nonnegativity Constraint，ANC）和丰度和为 1 约束（Abundance Sum-to-one Constraint，ASC）：

$$s_j[i] \geqslant 0 \tag{4.2}$$

$$\sum_{i=1}^{M} s_j[i] = 1 \tag{4.3}$$

对于高光谱场景 $\boldsymbol{X} \in \mathbb{R}^{L \times N}$，LMM 可以表示为如下矩阵形式：

$$\boldsymbol{X} = \boldsymbol{A}\boldsymbol{S} + \boldsymbol{E} \tag{4.4}$$

$$\text{s.t.} \quad \boldsymbol{S} \geqslant 0, \quad \boldsymbol{1}_M^T \boldsymbol{S} = \boldsymbol{1}_N^T \tag{4.5}$$

式中：$\boldsymbol{E}$ 为加性噪声矩阵；$\boldsymbol{1}_M \in \mathbb{R}^M$ 和 $\boldsymbol{1}_N \in \mathbb{R}^N$ 为所有元素为 1 的向量。

在线性混合模型下，高光谱数据呈现出凸几何（convex geometry）特性。线性混合模型的端元 $a_1,\cdots,a_M$ 线性独立假设、丰度非负假设与丰度和为 1 的假设本质上定义了一个 $M-1$ 维单纯形（simplex）：

$$\mathrm{conv}\{a_1,\cdots,a_M\} = \left\{x = \sum_{i=1}^{M} s[i]a_i \Big| s \geqslant 0, \sum_{i=1}^{M} s[i] = 1\right\} \quad (4.6)$$

式中：线性独立的端元 $a_1,\cdots,a_M$ 决定了单纯形 $\mathrm{conv}\{a_1,\cdots,a_M\}$ 顶点，混合像元位于单纯形的内部，即 $x_j \in \mathrm{conv}\{a_1,\cdots,a_M\}$。

在几何上单纯形为一类重要的多面体，是包围点 $a_1,\cdots,a_M$ 的最小凸集。图 4.2 展示了当 $M=3$ 时的 $M-1$ 维单纯形，几何上 $\mathrm{conv}\{a_1,a_2,a_3\}$ 为三角形，其中端元 a_1、a_2、a_3 位于顶点，混合像元位于三角形的内部。根据上述凸几何特性，在线性混合模型下，端元光谱提取问题可转化为寻找单纯形 $\mathrm{conv}\{a_1,\cdots,a_M\}$ 顶点的几何问题。

4.1.2.2 非线性混合像元模型

如图 4.1 所示，非线性混合像元模型假设光子在到达传感器之前不只与一种物质发生相互作用[5-7]。大多数宏观尺度上的混合可以通过线性混合模型描述，然而地物之间的微观尺度混合（如矿物的致密型混合、植被冠层光谱的多次散射）需要使用非线性混合模型进行建模。总体来说，非线性混合模型可用下式进行描述：

$$x_j = f(A, s_j) + \varepsilon_j \quad (4.7)$$

式中：$f(\cdot)$ 为端元与丰度的非线性函数。

本节从数学模型的角度出发，介绍几种经典的基于线性模型拓展的非线性混合模型，如 Fan 模型[8]、广义双线性混合模型（Generalized Bilinear Model，GBM）[9-10] 以及多线性混合模型（Multilinear Mixing Model，MLM）[11-14]，讨论其具体物理意义及与线性混合模型之间的联系。

1）Fan 模型

相比于线性混合模型（LMM），Fan 模型考虑了不同端元间的双线性混合，其数学计算公式如下：

$$x_j = \sum_{i=1}^{M} a_i s_j[i] + \sum_{i=1}^{M-1} \sum_{k=i+1}^{M} (a_i \circ a_k) s_j[i] s_j[k] + \varepsilon_j \quad (4.8)$$

$$\mathrm{s.t.} \quad s_j[i] \geqslant 0, \quad \sum_{i=1}^{M} s_j[i] = 1 \quad (4.9)$$

式中："$\circ$" 为 Hadamard 乘积（逐元素相乘）；$a_i \circ a_k = [a_i[1]a_k[1],\cdots,a_i[L]a_k$

$[L]]^T$ 为不同端元二次散射后形成的虚拟端元。

如式（4.8）所示，Fan 模型中混合像元 x_j 中记录的能量，包含线性混合能量与非线性二次散射能量。由于不同端元间二次散射以 100% 的概率发生，因此 Fan 模型并不是广义的线性混合模型，无法退化为式（4.1）中线性混合模型的形式。

2) 广义双线性混合模型

广义双线性混合模型（GBM）是 Fan 模型的拓展，它不仅考虑了不同端元间的双线性混合，也考虑了端元间发生二次散射的概率，其数学计算公式如下：

$$x_j = \sum_{i=1}^{M} a_i s_j[i] + \sum_{i=1}^{M-1} \sum_{k=i+1}^{M} \gamma_j[i,k](a_i \circ a_k) s_j[i] s_j[k] + \varepsilon_j \quad (4.10)$$

$$\text{s.t.} \quad 0 \leq \gamma_j[i,k] \leq 1, \quad s_j[i] \geq 0, \quad \sum_{i=1}^{M} s_j[i] = 1 \quad (4.11)$$

式中：$\gamma_j[i,k] \in [0,1]$ 为像元 x_j 内端元 a_i 与 a_k 发生二次散射的概率。

相比于 Fan 模型，广义双线性模型更灵活，当 $\gamma_j[i,k]$ 取值不同时，该模型可以转换为其他的混合像元模型，例如，当 $\gamma_j[i,k]=0$ 时，GBM 等价于线性混合模型，当 $\gamma_j[i,k]=1$ 时，GBM 等价于 Fan 模型。

3) 多线性混合模型

相比于 Fan 模型与广义双线性混合模型，多线性混合模型（MLM）考虑了端元（端元本身以及不同端元之间）的一阶到高阶散射，并引入参数 P_j 用于描述光子与地物接触后进一步发生下一次散射的概率，其数学计算公式如下：

$$x_j = (1-P_j) \sum_{i=1}^{M} a_i s_j[i] + (1-P_j) P_j \sum_{i=1}^{M} \sum_{k=1}^{M} (a_i \circ a_k) s_j[i] s_j[k] +$$
$$(1-P_j) P_j^2 \sum_{i=1}^{M} \sum_{k=1}^{M} \sum_{l=1}^{M} (a_i \circ a_k \circ a_l) s_j[i] s_j[k] s_j[l] + \cdots \quad (4.12)$$

$$\text{s.t.} \quad P_j < 1, \quad s_j[i] \geq 0, \quad \sum_{i=1}^{M} s_j[i] = 1 \quad (4.13)$$

式中：$1-P_j$ 为光子仅发生一次散射的概率；$(1-P_j)P_j$ 为光子仅发生二次散射的概率；$(1-P_j)P_j^2$ 为光子仅发生三次散射的概率。

以此类推，呈现出等比数列的形式，因此，MLM 模型可表示为如下矩阵：

$$x_j = (1-P_j)As_j + (1-P_j)P_j(As_j)^2 + (1-P_j)P_j^2(As_j)^3 + \cdots \quad (4.14)$$

式中：$(As_j)^n = As_j \circ \cdots \circ As_j$ 为发生 n 次散射的辐射能量。

根据等比数列求和公式，MLM 可表示为

$$x_j = \frac{(1-P_j)As_j}{1-P_j As_j} + \varepsilon_j \quad (4.15)$$

在 MLM 中，每个像元 x_j 对应一个非线性混合概率 P_j，因此，基于 MLM 分解可同时估计丰度分布 s_j 和像元 x_j 发生非线性混合的概率 P_j。

4.1.3 混合像元分解任务

光谱分解技术通过建立混合像元模型，将混合像元分解为不同的基本组成物质单元（端元），并确定端元在混合像元中的百分含量（丰度）。从高维信号处理的角度来说，高光谱混合像元分解包含如图 4.3 所示的三个基本任务：端元个数估计、端元光谱提取以及丰度分布反演，分别解决了高光谱影像中有多少种地物、有什么地物以及占多少比例的问题。

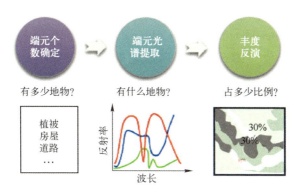

图 4.3 混合像元分解流程与科学问题

4.2 端元个数估计方法

估计高光谱场景中的端元个数（又称为虚拟维度，Virtual Dimensionality，VD），是混合像元分解的先决条件，直接决定了混合像元分解的精度。总体上来说，端元个数估计可以分为两大类方法：基于信息论测度的方法[15]和基于特征值分析的方法[16-17]。

（1）基于信息论测度方法[15]，包括最小描述长度法（Minimum Description Length，MDL），Akaike 信息测度法（Akaike Information Criterion，AIC），是信号处理领域计算高维信号虚拟维度（VD）的通用性方法。MDL 与 AIC 经推导后的计算公式如下：

$$\mathrm{AIC}(k) = -2\log\left((L-k)\prod_{i=k+1}^{L} l_i^{1/(L-k)} \Big/ \sum_{i=k+1}^{L} l_i\right)^{(L-k)N} + 2k(2L-k) \quad (4.16)$$

$$\mathrm{MDL}(k) = -\log\left((L-k)\prod_{i=k+1}^{L} l_i^{1/(L-k)} \Big/ \sum_{i=k+1}^{L} l_i\right)^{(L-k)N} + \frac{1}{2}k(2L-k)\log N \tag{4.17}$$

式中：l_i 为高光谱数据 X 自相关矩阵所对应的特征值；$k \in (0,1,\cdots,L-1)$ 为端元个数，AIC 与 MDL 中假设端元个数小于影像波段数，并通过遍历取值范围内所有的 k 值，将最小化 MDL 或 AIC 测度的 k 值输出作为高光谱影像的端元个数 M：

$$M_{\mathrm{AIC}} = \arg\min_{k} \mathrm{AIC}(k) \tag{4.18}$$

$$M_{\mathrm{MDL}} = \arg\min_{k} \mathrm{MDL}(k) \tag{4.19}$$

（2）基于特征值分析的方法，包括最小残差的高光谱子空间识别法[17]（Hyperspectral Signal Identification by Minimum Error，HySime）、奈曼-皮尔森检测理论阈值法[18]（HFC）和噪声白化的 HFC 方法[16]（Noise-Whitened HFC，NWHFC）等。其中，HFC 与 NWHFC 的核心思想是将端元提取问题转换为假设性检验问题，通过对比样本协方差（covariance）矩阵特征值 $\sigma_{v1},\cdots,\sigma_{vL}$，与样本自相关（correlation）矩阵特征值 $\sigma_{r1},\cdots,\sigma_{rL}$ 之间的差异，寻找表征高光谱数据特征向量的最低虚拟维度。本质上，上述端元个数估计问题等价于求解 L 个假设性检验问题：

$$\begin{cases} H_{i0}: \sigma_{ri} - \sigma_{vi} = 0 \\ H_{i1}: \sigma_{ri} - \sigma_{vi} > 0 \end{cases} \quad i = 1, 2, \cdots, L \tag{4.20}$$

HFC、NWHFC 通过统计假设性检验中 H_{i1} 为 True 的次数确定端元个数。

HySime 旨在寻找一个最小化均方根误差的信号子空间，该最小子空间的维度等价高光谱数据的虚拟维度。该方法首先利用波段多次回归法[19]（Multiple Regression）对高光谱遥感影像中的噪声进行估计，其中多波段回归估计的噪声可以表示为

$$\boldsymbol{\xi}^i = \boldsymbol{z}^i - \boldsymbol{Z}_{\partial i}(\boldsymbol{Z}_{\partial i}^{\mathrm{T}}\boldsymbol{Z}_{\partial i})^{-1}\boldsymbol{Z}_{\partial i}^{\mathrm{T}}\boldsymbol{z}^i \tag{4.21}$$

式中：$\boldsymbol{\xi}^i \in \mathbb{R}^N$ 为第 i 个波段的噪声；$\boldsymbol{z}^i \in \mathbb{R}^N$ 为高光谱观测矩阵 $\boldsymbol{X} \in \mathbb{R}^{L \times N}$ 第 i 个波段的转置；$\boldsymbol{Z}_{\partial i} = [\boldsymbol{z}_1,\cdots,\boldsymbol{z}_{i-1},\boldsymbol{z}_{i+1},\cdots,\boldsymbol{z}_N] \in \mathbb{R}^{N \times (L-1)}$ 为去除 i 波段后其余波段的转置。

基于上述噪声估计，高光谱观测矩阵可以表示为 $\boldsymbol{X} = \widetilde{\boldsymbol{X}} + \boldsymbol{E}$，其中 $\widetilde{\boldsymbol{X}}$ 和 $\boldsymbol{E}$ 分别为无噪声高光谱矩阵与多次回归估计噪声矩阵。HySime 利用噪声估计 $\boldsymbol{E} = [\boldsymbol{\xi}^1,\cdots,\boldsymbol{\xi}^L]^{\mathrm{T}} \in \mathbb{R}^{L \times N}$ 计算噪声的自相关矩阵 $\boldsymbol{R}_n$：

$$R_n = E^T E / N \tag{4.22}$$

随后通过最小化信号子空间与原始信号之间的均方误差（Mean Square Error，MSE）对信号子空间维数进行估计：

$$\begin{aligned}\operatorname{mse}(k|\widetilde{X}) &= E[(\widetilde{X}-\widetilde{X}_k)^T(\widetilde{X}-\widetilde{X}_k)|\widetilde{X}] \\ &= \operatorname{tr}(P_k R_X) + 2\operatorname{tr}(P_k R_n) + c\end{aligned} \tag{4.23}$$

式中：$\widetilde{X}_k = P_k X$ 为观测信号的 k 维子空间；R_X 为观测矩阵 X 的自相关矩阵；$P_k = U_k U_k^T$ 为子空间投影矩阵，其中 $U_k = [u_1, \cdots, u_k] \in \mathbb{R}^{L \times k}$，$u_1, \cdots, u_k$ 为 R_X 中的前 k 个特征向量。

总体来说，上述端元个数的自动估计是估计高维信号虚拟维度的通用方法，其应用范围不限于光谱分解，也适用于分类、降维、目标探测、异常探测等任务。现有端元个数的自动估计与后续的分解过程相互独立无交互，导致其估计的虚拟维度通常远大于实际需要提取的端元个数，无法满足实际混合像元光谱分解需求。因此，实际应用中端元个数通常需要人工设定，一定程度上限制了光谱分解的自动化水平。此外，大多数方法仅利用了光谱的统计特性估计端元个数，端元的空间特性未有效利用以提升端元个数估计的鲁棒性。

4.3 传统混合像元分解方法

4.3.1 端元提取-丰度反演方法（两步式解混）

当端元个数 M 确定后，传统分解方法通常采用"先端元后丰度"的分解策略进行端元提取与丰度反演达到混合像元分解的目的。

4.3.1.1 基于凸几何的端元提取方法

端元提取旨在从影像中提取或生成一组纯净地物的光谱 $a_1, \cdots, a_M$ 组成端元光谱矩阵 A。现有的端元提取方法通常基于高光谱影像的凸几何特性，即经过仿射变换高光谱点云会位于一个单纯形；混合像元位于单纯形的内部，端元位于单纯形的顶点。根据上述凸几何性质，当纯净像元（端元）存在于影像中时，端元提取旨在寻找影像中位于单纯形顶点位置且最独特的像元 $x_1, \cdots, x_M$ 作为端元，使得由纯净像元 $x_1, \cdots, x_M$ 定义的单纯形体积最大，如图 4.4（a）所示；与之相反，当纯净像元（端元）不存在于影像中时，基于几何的端元提取方法旨在于数据点云外部生成一组虚拟端元 $a_1,\cdots,a_M$ 作为单纯形的顶点，使其定义的单纯形可以紧密地包围所有像元同时体积最小，如图4.4（b）所示。根据上述性质，基于凸几何的端元提取方法可分为最大化单纯形体积法和最小化单纯形体积法两大类。

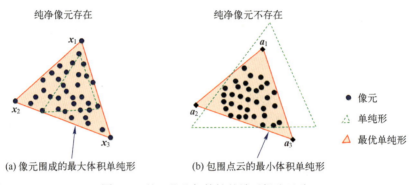

图 4.4　基于凸几何特性的端元提取思路

1) 最大化单纯形体积法

最大化单纯形体积法对应于图4.4（a）纯净像元存在的情况，常见方法包括纯像元指数[20]（Pixel Purity Index，PPI）、正交子空间投影[21]（Orthogonal Subspace Projection，OSP）、顶点成分分析[22-23]（Vertex Component Analysis，VCA）等通过连续投影寻找影像中独特纯净像元的方法，以及 N-FINDR[24]、单纯形体积生长法[25]（Simplex Growing Algorithm，SGA）、分裂增广拉格朗日单纯形识别法[26]（Simplex Identification via Splitting and Augmented Lagrangian，SISAL）等计算像元围成的最大化单纯形体积的方法。

（1）基于连续投影的端元提取方法，建立在纯净像元存在于影像的假设下，该方法旨在通过连续正交空间投影的方式，从高光谱影像中寻找 M 个最独特的纯净像元作为端元，代表方法包括 OSP[21]、VCA[23]、GENE[27]（基于几何的端元个数估计）等方法。该类方法通过将高光谱数据投影到与已探测端元 A_k 的正交子空间中，将具有最大投影距离的像元选为新的端元：

$$a_{k+1}=x_{\ell_{k+1}},\quad \ell_{k+1}=\arg\max_{j=1,\cdots,N}\|P^\perp_{A_k}x_j\|_p \quad (4.24)$$

式中：$P^\perp_{A_k}=I-A_k(A_k^T A_k)^{-1}A_k^T$ 为正交子空间投影矩阵；$A_k=[a_1,\cdots,a_k]\in\mathbb{R}^{L\times k}$ 为已经提取的 k 个端元组成的端元光谱矩阵（$k<M$）。该方法通过正交子空间投影的方式连续地从影像中提取新的端元光谱直至 $k=M$。

（2）基于最大化体积的端元提取方法，通过最大化单纯形体积的方式提取一组端元使其围成的体积最大化，代表方法包括 N-FINDR[24]、SGA[25]等方法，该类方法可以统一用如下优化公式描述：

$$\begin{cases} \max\limits_{A} \text{vol}(A) \\ \text{s. t. } a_i \in \{x_1, \cdots, x_N\} \end{cases} \quad (4.25)$$

式中：单纯形的体积 vol(A) 可以通过如下公式计算：

$$\text{vol}(A) = \frac{1}{(M-1)!} \left| \det \left(\begin{bmatrix} a_1 & \cdots & a_M \\ 1 & \cdots & 1 \end{bmatrix} \right) \right| \quad (4.26)$$

式中：det(·)为矩阵的行列式。在最大体积计算时可以采取如 N-FINDR[24] 的迭代穷举的策略、SGA[25]的每次求取一个顶点的贪婪策略或 SISAL[26]的优化策略。

2）最小化单纯形体积法

最小化单纯形体积法由 Craig 首先提出[28]，适用于图 4.3（b）所示高光谱遥感影像中数据致密性混合不存在纯净像元的情况。该类方法旨在于高光谱数据点云外部生成一组虚拟端元 $a_1, \cdots, a_M$ 作为单纯形的顶点，使 $a_1, \cdots, a_M$ 包围所有数据点同时单纯形体积最小化。常见方法包括最小闭合单纯形[29]（Minimum-Volume Enclosing Simplex，MVES）法、迭代约束端元[30]（Iterated Constrained Endmember，ICE）法、最小体积转换[26]（Minimum Volume Transform，MVT）法、凸锥分析[31-32]（Convex Cone Analysis，CCA）法、最小单纯形分析[33]（Minimum-Volume Simplex Analysis，MVSA）法等。上述方法可以通过如下目标函数统一表示：

$$\begin{cases} \min\limits_{A} \text{vol}(A) \\ \text{s. t. } x_j \in \text{conv}\{a_1, \cdots, a_M\} \end{cases} \quad (4.27)$$

相比于最大化单纯形体积法，最小化单纯形体积法的目标函数通常没有简单的闭式解，需要较为复杂的数值进行优化求解。

大多数基于凸几何的端元提取方法，无论是最大化单纯形体积法还是最小化单纯形体积法，都仅利用了数据的光谱特性，而未挖掘端元的空间特性，因此基于凸几何的端元提取通常敏感于噪声和异常值。如图 4.5 所示，当影像中存在异常像元时，基于凸几何的端元提取方法可能无法准确地估计端元，其鲁棒性通常取决于单纯形体积计算时所采用的数据降维（Dimensionality Reduction，DR）方法。

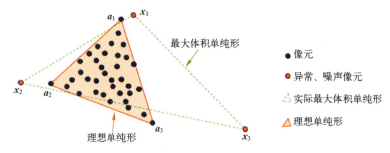

图 4.5 噪声与异常点对基于凸几何的端元提取方法的影响

4.3.1.2 丰度反演方法

丰度反演建立在端元光谱准确估计的基础上，在端元光谱 A 已知的情况下，丰度反演本质上为线性或非线性最小二乘优化问题，具体优化问题取决于混合像元模型。

在线性混合模型下，x_j 对应的丰度 s_j 可通过如下目标函数进行求解[32]：

$$\mathop{\mathrm{argmin}}_{s_j} \| x_j - A s_j \|_2 \tag{4.28}$$

当目标函数中不加入限制条件时，其对应优化问题为无约束最小二乘优化（Unconstrained Least Squares, UCLS）问题；当加入丰度非负约束（ANC）时，其对应优化问题为非负约束最小二乘优化（Nonnegative Constrained Least Squares, NCLS）问题；当同时加入丰度非负约束（ANC）与丰度和为 1 的约束（ASC）时，其对应优化问题为全约束最小二乘优化（Fully Constrained Least Squares, FCLS）问题。

在非线性混合模型且端元光谱 A 已知的情况下，丰度反演问题通常会转换为更复杂的约束优化问题，其目标函数可表示为

$$\mathop{\mathrm{argmin}}_{s_j} \| x_j - f(A, s_j, \theta_j) \|_2 \tag{4.29}$$

$$\text{s. t.} \quad s_j \geqslant 0, \quad \mathbf{1}^\mathrm{T} s_j = 1, \quad \mathrm{cons}(\theta_j) \tag{4.30}$$

式中：θ_j 为非线性模型中的参数；$\mathrm{cons}(\theta_j)$ 为与参数相关的等式或不等式约束，如广义线性模型中的约束条件 $0 \leqslant \gamma_j[i,k] \leqslant 1$[9]，以及多线性模型中的约束条件 $P_j < 1$。

上述优化问题，可以采用非线性最小二乘（Nonlinear Least Squares, NLS）、交替方向乘子法（Alternating Direction Method of Multipliers, ADMM）等优化方法进行求解。上述线性与非线性模型下的丰度反演问题是信号处理领域常见优化问题[31,34]，可以通过含有优化功能的软件或工具包进行求解，

具体求解过程此处不再赘述。

总体来说，当端元个数准确估计时，"先端元后丰度"的传统光谱分解方法可以实现无监督的端元与丰度估计，但由于上述端元提取方法与丰度反演方法相互独立且彼此之间缺少双向交互，因此累计误差无法避免，端元提取精度会直接影响丰度反演的精度。

4.3.2 混合像元盲分解方法（一步式解混）

近年来，基于统计的盲源分离（Blind Source Separation，BSS）方法是混合像元光谱分解研究的热点。相比于"先端元后丰度"的传统分解方法，盲分解方法可以实现端元光谱与丰度分布的同步估计，避免了端元与丰度之间的累计误差。

4.3.2.1 盲源分离问题

盲源分离问题起源于计算机语音识别领域的鸡尾酒会问题[35]（Cocktail Party Problem），如图4.6所示，该问题旨在从嘈杂的混合声音信号中分离出原始的语音信号。广义上，盲源分离是指在源信号与混合过程未知的情况下，仅利用数据的独立性、非负性与稀疏性等统计特性从混合信号中分离出源信号的过程，经典方法包括基于统计独立性的独立成分分析（Independent Component Analysis，ICA）法和基于非负特性的非负矩阵分解（Nonnegative Matrix Factorization，NMF）法，其应用范围不限于语音信号分离，也包括股票预测、脑成像、文本分析、图像分解等众多领域[36-38]。

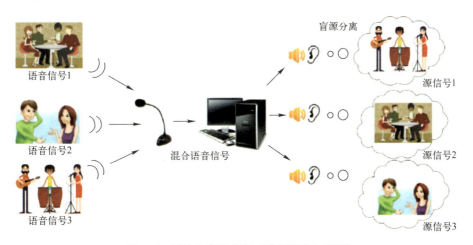

图4.6 原始的盲源分离（鸡尾酒会）问题

本质上混合像元分解问题是典型的盲源分离问题[39]，如图 4.7 所示，在混合像元分解问题中，高光谱遥感影像、端元光谱和丰度分布分别对应于盲源分离问题中的混合信号、混合矩阵和源信号。

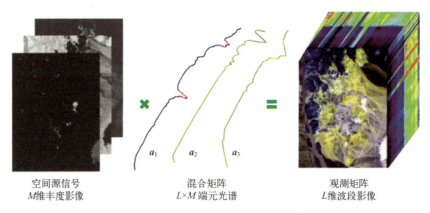

图 4.7　盲源分离问题与混合像元分解问题的对应关系

4.3.2.2　基于非负矩阵分解的混合像元盲分解方法

近年来，基于统计特性的盲源分离方法：ICA[40-42]和 NMF[43-47]被相关学者用于解决混合像元分解问题。基于 ICA 的光谱分解方法假设端元或丰度具备独立性，通过最小化不同端元或其对应丰度之间的相关性估计端元与丰度，代表方法有独立因子分析法[42]（IFA），ICA 丰度量化法[41]（ICA-AQA）等。基于 ICA 的光谱分解方法可以同步估计端元光谱与丰度分布，然而由于其丰度独立性假设与丰度的和为 1 约束相冲突，因此 ICA 在混合像元分解中精度提升有限。

考虑到端元光谱与丰度的非负特性，NMF 是混合像元盲分解的理想方法。NMF 旨在将非负观测矩阵 $X \in \mathbb{R}^{L \times N}$ 分解为两个低秩的非负矩阵 $A \in \mathbb{R}^{L \times M}$ 和 $S \in \mathbb{R}^{M \times N}$，其中 $M < \{B, N\}$。相比于 PCA 与 ICA 等矩阵分解方法，NMF 的非负特性使其在实际应用中更具有可解释性。NMF 的基本目标函数表示为

$$\min_{A,S} \|X - AS\|_F, \quad \text{s.t.} \quad A \geqslant 0, \quad S \geqslant 0 \tag{4.31}$$

式中：$\|\cdot\|_F$ 表示 Frobenius 范数用于计算观测信号与非负低秩重建信号之间的欧几里得空间距离，上述目标函数中的欧几里得距离测度也可替换为 KL

(Kullback-Leibler)散度。在光谱分解任务中,考虑到 A 与 S 的实际物理意义,欧几里得距离为主要的目标函数。

在基于 NMF 的混合像元盲分解方法中,通常需要在上述目标函数的基础上加入丰度的和为 1 的约束,其基本目标函数表示为:

$$\min_{A,S} \|X-AS\|_F, \quad \text{s.t.} \quad A \geq 0, \quad S \geq 0, \quad \mathbf{1}^T S \geq 0 \tag{4.32}$$

非负矩阵分解中需要同时求解 A 与 S 两个矩阵,因此 NMF 本质上是双凸优化问题。基于 NMF 的混合像元分解方法通常依赖于初始化,并且无法保证解的唯一性[48]。为了缓解 NMF 模型的不确定性,基于 NMF 的混合像元盲分解方法还需要在目标函数式(4.32)的基础上加入额外的约束项,如端元体积约束[30,43,46]、丰度稀疏约束[49-51]和丰度的空间约束[35],以获取鲁棒的分解结果,其上述约束 NMF 方法的目标函数可表示为

$$\min_{A,S} \|X-AS\|_F + \lambda g(A) + \mu h(S), \quad \text{s.t.} \quad A \geq 0, \quad S \geq 0, \quad \mathbf{1}^T S \geq 0 \tag{4.33}$$

式中:λ、μ 为正则化参数;$g(A)$ 为对端元矩阵的约束条件;$h(S)$ 为对丰度矩阵的约束条件。

大多数基于约束的非负矩阵分解(ConstrainedNMF,CNMF)光谱盲分解算法采用块坐标下降策略交替优化更新端元和丰度。理论上,块坐标下降法的解序列 A^k、S^k 中的任意极值点是目标函数的驻点。考虑到算法的计算复杂度,基于 CNMF 大多采用简单方式进行优化求解,其收敛性质仍缺乏严格的理论证明,但经验上大多数基于 CNMF 的盲分解算法在适当的初始条件下,可取得优于初始化的分解效果。

表 4.1 列举了经典的基于 NMF 的光谱分解方法,包括基于最小体积约束的 NMF[43](Minimum Volume Constrained NMF,MVCNMF)、$L_{1/2}$ 稀疏约束的 NMF[49]($L_{1/2}$ Sparsity Constraint NMF,$L_{1/2}$NMF)、基于丰度分离和平滑约束的 NMF[45](Abundance Separation and Smoothness Constrained NMF,ASSNMF)、基于双约束的 NMF[50](Double Constraint NMF,DNMF)、空间结构稀疏约束的 NMF[52](Spatial Group Sparsity Regularized NMF,SGSNMF)、基于全变分正则重加权稀疏的 NMF[53](Total Variation Regularized Reweighted Sparse NMF,TV-RSNMF)、子空间聚类稀疏约束 NMF[54](Subspace Clustering Constrained Sparse NMF,SC-NMF)、空谱联合稀疏约束的 NMF[55](Spectral-Spatial Joint Sparse NMF,S2-NMF)。

表4.1 NMF分解方法及正则项

方法	端元约束 $g(\boldsymbol{A})$	丰度约束 $h(\boldsymbol{S})$
MVCNMF[43]	$\text{vol}^2(\boldsymbol{A})$	0
$L_{1/2}$NMF[49]	0	$\|\boldsymbol{S}\|_{1/2}$
DL[51]	0	$\sum_{j=1}^{N}\sum_{i=1}^{M}\|s_{ij}\|$
ASSNMF[45]	0	$h_1(\boldsymbol{S}) = \sum_{i=1}^{N}\sum_{j=1}^{N}\text{Seperation}(\boldsymbol{s}_i,\boldsymbol{s}_j)$ $h_2(\boldsymbol{S}) = \sum_{k=1}^{8}\|\boldsymbol{S}_k - \boldsymbol{S}\|_F$
DNMF[50]	0	$h_1(\boldsymbol{S}) = \|\boldsymbol{S}\|_{1/2}$ $h_2(\boldsymbol{S}) = \sum_{k=1}^{K}\sum_{n\in C_k}\|\boldsymbol{s}_n - \boldsymbol{\beta}_k\|_F$
SGSNMF[52]	0	$h_1(\boldsymbol{S}^p) = \frac{1}{2}\|\widetilde{\boldsymbol{X}}^p - \widetilde{\boldsymbol{A}}\boldsymbol{S}^p\|_F^2$ $h_2(\boldsymbol{S}^p) = \sum_{s_j\in\vartheta_p} c_j\|\boldsymbol{W}^p\boldsymbol{s}_j\|_2$
TV-RSNMF[53]	0	$h_1(\boldsymbol{S}) = \|\boldsymbol{W}^r\odot\boldsymbol{S}\|_1$ $h_2(\boldsymbol{S}) = \sum_{j=1}^{M}\|\mathcal{F}\boldsymbol{S}\|_{TV}$
SC-NMF[54]	0	$h_1(\boldsymbol{S}) = \|\boldsymbol{S}\|_{1/2}$ $h_2(\boldsymbol{S}) = \sum_i\sum_j (s_i - s_j)^2 \boldsymbol{W}_{i,j}^s$
S2-NMF[55]	0	$h_1(\boldsymbol{S}) = \|\boldsymbol{S}\|_{1/2}$ $h_2(\boldsymbol{S}) = \|\boldsymbol{S} - \mu\boldsymbol{S}\boldsymbol{W}^G - (1-\mu)\boldsymbol{S}\boldsymbol{W}^L\|_F^2$

从表4.1可以发现：端元体积约束、丰度稀疏约束、丰度空间约束是常用的正则项，现有方法大多引入1个或2个正则项以提升分解精度及鲁棒性[39]。值得注意的是，引入多个正则项在提升分解鲁棒性的同时也会增加正则化参数，因此构造简单且有效的正则化模型是基于NMF的光谱盲分解的研究重点之一。

稀疏表达一直是信号处理领域的研究热点[56-58]，在高光谱遥感观测中，基本信号字典 $\boldsymbol{A}$ 对应端元光谱矩阵，其稀疏表示 s 对应丰度向量。ℓ_1 范数是稀疏表达及稀疏NMF方法中最常用的诱导稀疏的正则项[59]，基于字典学习的光谱分解（DL）[51]是代表性方法之一，其中 ℓ_1 范数正则项被引入用于联合学习过完备光谱字典 $\boldsymbol{A}$ 以及稀疏丰度 $\boldsymbol{S}$。与之类似，$L_{1/2}$NMF[49]引入了非凸的 $\ell_{1/2}$ 伪范数进一步提升丰度矩阵列的稀疏性，列稀疏正则项的效果如图4.8（a）

所示。第二类稀疏 NMF 方法通过过多的估计端元个数 $\widetilde{M}>M$，随后采用混合范数[60-61]诱导丰度矩阵行的稀疏性，行稀疏正则项的效果如图 4.8（b）所示，其通过过多地估计端元个数和诱导行稀疏的混合范数共同实现丰度矩阵 S 行的稀疏性。考虑到地物在空间分布上的相关性，局部空间中光谱相似的像元应该具有相似的稀疏表达，因此在局部空间中，丰度应呈现出如图 4.8（c）所示的结构化稀疏表达，上述结构化稀疏表达由地物的稀疏性与空间相关性共同决定。

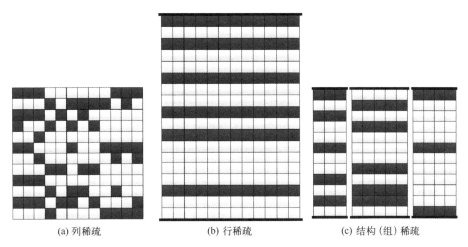

(a) 列稀疏　　　　　(b) 行稀疏　　　　(c) 结构（组）稀疏

图 4.8　列稀疏、行稀疏与结构稀疏表达示意图

以空间结构稀疏约束的非负矩阵分解（Spatial Group Sparsity Regularized NMF，SGSNMF）算法[52]为例进行详细介绍。SGSNMF 算法旨在挖掘上述结构化稀疏特性[62-64]，通过设计空间结构化稀疏正则项，提升混合像元分解算法的精度与鲁棒性。SGSNMF 首先利用简单的线性迭代聚类（Simple Linear Iterative，Clustering，SLIC）超像元分割技术获取同质的超像元空间组，然后利用空间结构化稀疏约束空间组内部像元丰度，使属于同一空间组的丰度具有结构化的稀疏表达。

为了便于讨论，首先根据 SLIC 超像元分割结果对高光谱遥感影像 X 进行重新排列，$X_r = (X^1, \cdots, X^P) \in \mathbb{R}^{L \times N}$，其中 $X^p \in \mathbb{R}^{L \times n_p}$ 中包含着 n_p 个像元，P 为超像元的个数。与之相对应，$S_r = (S^1, \cdots, S^P) \in \mathbb{R}^{M \times N}$ 为重排列的丰度矩阵。考虑到高光谱遥感影像空间与光谱的相关性，假设超像元 X^p 内部的像元共享相同的端元组成，因此超像元内部丰度 S^p 具有相同的稀疏结构。

SGSNMF 算法引入如下目标函数建模结构化稀疏丰度：

$$\min_{A \geq 0, S_r \geq 0} f(A, S_r) = \frac{1}{2} \sum_{p=1}^{P} \|X^p - AS^p\|_F^2 + \lambda \sum_{p=1}^{P} \sum_{s_j \in \vartheta_p} c_j \|W^p s_j\|_2 \quad (4.34)$$

式中：$S^p \in \mathbb{R}^{M \times n_p}$ 为超像元 X^p（空间组 ϑ_p）的丰度矩阵；λ 为正则化参数权衡数据项与稀疏性之间的权重。

具体来说，为了达到结构化稀疏的目的，SGSNMF 算法首先结构化稀疏加权矩阵，$W^p = \text{diag}(w_1^p, \cdots, w_M^p) \in \mathbb{R}^{M \times M}$，对超像元 X^p 内部像元的丰度进行结构化稀疏加权，其中加权矩阵 W^p 中的元素可通过如下公式计算：

$$\bar{s}^p \leftarrow \arg\min_{\bar{s}^p} \frac{1}{2} \|\bar{x}^p - A\bar{s}^p\|_F^2, \quad \text{s.t.} \quad \bar{s}^p \geq 0, \quad \mathbf{1}^T \bar{s}^p = 1 \quad (4.35)$$

$$w_i^p = \frac{1}{|\bar{s}^p[i]| + \varepsilon} \quad (4.36)$$

式中：$\bar{x}^p$ 与 $\bar{s}^p$ 分别为超像元的均值光谱与丰度；$\varepsilon > 0$ 为避免权重趋近于无穷大的参数。矩阵 W^p 中的对角线元素 w_i^p 等价于均值丰度 $\bar{s}^p[i]$ 的倒数，当均值丰度 $\bar{s}^p[i]$ 趋近于零时，权重 w_i^p 取得较大值，因此在优化过程中约束超像元内部的像元丰度 $s_j[i]$ 趋近于零，进而使超像元内部的像元具有结构化稀疏的丰度。

SLIC 超像元分割技术可以保证超像元内部绝大多数像元的同质性，然而无法避免超像元中存在小目标或边界等异质像元。为了避免细节损失，引入了逐像元变化的置信度指数 c_j，用于评估像元与其所属的超像元之间的相似性：

$$c_j = \frac{1}{D_j^p + \varepsilon} \quad (4.37)$$

式中：c_j 等价于超像元分割中位置-光谱距离 D_j^p 的倒数。当超像元中存在异质像元 x_j 时，其置信水平 c_j 较小，因此异质像元的丰度 s_j 可以不满足 W^p 定义的稀疏丰度。

上述置信水平使得 SGSNMF 算法在提升分解鲁棒性的同时可以较好地保持空间细节信息。在目标函数中，结构稀疏正则项实际上是 $\ell_{1,2}$ 混合范数[62,65]的一个重加权特例，通过诱导 Ω 中元素的稀疏性以达到超像元丰度结构化稀疏的目的，可表示为

$$\Omega = [c_1 \|W^p s_1\|_2, \cdots, c_{n_p} \|W^p s_{n_p}\|_2]^T \in \mathbb{R}^{n_p} \quad (4.38)$$

4.4 高光谱全自动分解方法

高光谱遥感影像"全自动"光谱分解技术，旨在不借助人工标签或反馈

等指导信息,采用无监督的方式直接从高光谱遥感影像中自动确定端元个数、端元光谱以及丰度分布。其中,端元个数估计旨在确定高光谱场景中有多少类地物,端元光谱提取旨在提取纯净地物的光谱曲线,丰度分布反演旨在确定端元在任意混合像元中的百分比。传统的光谱分解策略如图 4.9 所示,可以实现无监督的端元个数估计、无监督的端元光谱提取与无监督的丰度分布反演,但无法真正实现全自动的光谱分解。本节主要介绍基于稀疏迭代误差分析的全自动分解方法和基于显著性先验的全自动分解方法。

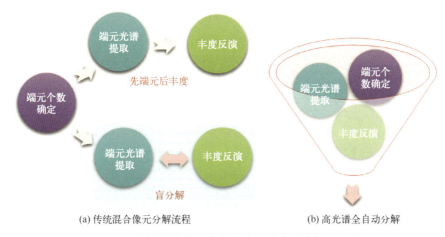

(a) 传统混合像元分解流程　　　　(b) 高光谱全自动分解

图 4.9　传统混合像元分解策略与全自动分解对比图

4.4.1　基于稀疏迭代误差分析的全自动分解方法

稀疏迭代误差分析(SPICE)[46]法是在迭代限制端元(Iterative Constrained Endmember, ICE)法基础上加入了稀疏的先验知识,不仅解决了端元提取和丰度反演问题,还能自动估计图像中包含的端元数目。SPICE 算法可以完全自主地解决高光谱解混问题,是 ICE 算法的扩展,它在丰度矩阵中加入了稀疏的先验约束,以估计正确的端元个数。初始端元是从高光谱图像中随机选择的,算法开始时使用大量的端元,而先验函数使得与特定端元相关的比例接近于零。若端元比例接近于零,则放弃此端元。稀疏先验知识的加入并没有额外增加模型的复杂性,因为最小化问题仍需要二次规划。

若在未知端元数目的情况下,在 ICE 算法中使用远大于真实值的端元数目,则对应的正确的丰度矩阵应该是个稀疏矩阵,其元素大部分为零。根据此先验知识,可在目标函数中加入一个稀疏项:

$$\text{SPT} = \sum_{j=1}^{m} \gamma_j \sum_{i=1}^{n} a_{ij} \tag{4.39}$$

$$\gamma_j = \frac{\Gamma}{\sum_{i=1}^{n} a_{ij}} \tag{4.40}$$

式中：Γ 为一个控制"丰度值趋向零的程度"的常数；γ_j 为与端元有关并在最小化目标函数过程中随端元的丰度值自我调节的值，当该端元在各个像元的丰度之和变小时，端元权重 γ_j 会变大，改变这个权重会加速最小化目标函数的进程。SPT 的加入旨在阻止估计的丰度值过大。

加入稀疏项后的 ICE 目标函数可表示为

$$f(\boldsymbol{E},\boldsymbol{A}) = \frac{1-\mu}{n} \|\boldsymbol{R} - \boldsymbol{E}\boldsymbol{A}\|_F^2 + \mu V + \text{SPT}$$

$$= \frac{1-\mu}{n} \sum_{i=1}^{n} \left\| r_i - \sum_{i=1}^{n} a_{ij} \boldsymbol{e}_j \right\|_2^2 + \mu V + \sum_{j=1}^{m} \gamma_j \sum_{i=1}^{n} a_{ij} \tag{4.41}$$

$$= \frac{1-\mu}{n} \sum_{i=1}^{n} \left[\left\| r_i - \sum_{i=1}^{n} a_{ij} \boldsymbol{e}_j \right\|_2^2 + \frac{n}{1-\mu} \sum_{j=1}^{m} \gamma_j a_{ij} \right] + \mu V$$

为了最小化上述新的目标函数，仍然使用 ICE 的迭代策略求解。因为 SPT 项不依赖于端元，因此端元的估计仍可用。当给定端元时，寻找使目标函数第一项最小化的丰度值，需要用二次规划的方法求解：

$$g(\boldsymbol{A}) = \frac{1-\mu}{n} \sum_{i=1}^{n} \left[\left\| r_i - \sum_{i=1}^{n} a_{ij} \boldsymbol{e}_j \right\|_2^2 + \frac{n}{1-\mu} \sum_{j=1}^{m} \gamma_j a_{ij} \right] \tag{4.42}$$

$$\gamma_k^* = \frac{\Gamma^*}{\sum_{i=1}^{n} a_{ij}}, \quad \Gamma^* = \frac{n\Gamma}{1-\mu} \tag{4.43}$$

在寻找目标函数最小化的过程中，在一次迭代后，当某个端元在所有像元中的最大丰度值小于预设的阈值时，该端元将会被舍弃，即从端元集合中移除，不再参与后面的迭代。

尽管 SPICE 不需要先验的端元个数知识，无须假设纯像元存在，但初始端元是从高光谱图像中随机选择的，这意味着像素较少的端元不太可能被选择，并且它没有利用空间信息。

4.4.2 基于显著性先验的全自动分解方法

端元全自动提取是高光谱遥感影像全自动光谱分解技术的核心问题，其包含着端元个数自动估计与端元光谱提取两个科学问题。如图 4.10（a）所示，传统的端元个数估计方法通常独立于后续的端元提取与丰度反演过程，误差存在单向传递且缺乏反馈机制，导致估计的端元个数鲁棒性不足，不适用于后续的光谱分解。针对上述问题，基于显著性分析的端元个数与光谱自动估计方法核心思想如图4.10（b）所示，即通过建立端元个数估计与端元光谱提取、丰度反演之间的联系与交互，减少模型之间的累计误差，实现端元个数与光谱的同步自动估计，保证估计的端元个数适用于后续光谱分解过程。

图4.10 基于显著性的端元个数与光谱估计思路图

4.4.2.1 端元在信号子空间中的显著性

通过显著性分析模型，在端元的光谱独特性的基础上引入了端元的空间上下文信息，将"端元提取"问题转换为"显著性目标探测"问题，通过融合高光谱遥感影像的空间与光谱显著特征提升了端元个数与光谱估计的鲁棒性。

端元在信号子空间中的显著性表现在以下两个方面。

（1）端元作为高光谱遥感影像中一组最独特像元，在特定的低维信号子空间中表现为极值，如最大投影距离的端点、最大体积单纯形的顶点。

（2）端元在空间分布上具有连续性，通常由相同端元组成的地物聚集于高光谱遥感影像的局部区域，而非均匀或随机分布于影像中。

根据上述两点特性，相比于混合像元（平凡值）和噪声（随机分布），端元在子空间中具有视觉显著性（聚集的极值）。因此，可以通过"显著性探测"的思路求解"端元提取"问题，如图4.11所示。其中，高光谱遥感影像的信号子空间对应视觉输入、未探测的端元对应于视觉刺激、噪声和混合像元对应于视觉干扰。显著性端元探测从算法层面上与显著性探测并无本质差异，其主要难点在于如何学习一个有效区分端元与背景（混合像元）的高光谱信号子空间。

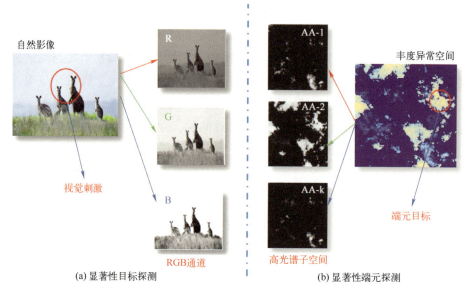

(a) 显著性目标探测　　　　　　　(b) 显著性端元探测

图 4.11　显著性目标探测与显著性端元探测的对应关系图

正交子空间投影是端元提取任务中最常用的策略，许多经典的端元提取算法，如 OSP[21]、VCA[23]、GENE[27] 等方法，都基于正交子空间投影的思想。正交子空间投影法通过连续正交空间投影的方式，从高光谱遥感影像中寻找在正交子空间中投影距离最大的纯净像元作为端元，其本质上建立了一个 $\mathbb{R}^L \to \mathbb{R}$ 的映射，将一个 $M \times N \times L$ 高光谱立方体投影到 $M \times N$ 的影像，其中最大投影的点对应于未探测的端元。

1）正交投影子空间

当纯净像元存在于高光谱遥感影像时，根据三角不等式（triangle inequality），像元 x_j 在线性混合模型中具有如下性质：

$$\|x_j\|_p = \left\|\sum_{i=1}^M s_j[i] a_i\right\|_p \leqslant \sum_{i=1}^M s_j[i] \|a_i\|_p \leqslant \max_{i=1,\cdots,M} \|a_i\|_p \quad (4.44)$$

式中：当且仅当 x_j 为具有最大 p-范数 $p \geqslant 1$ 的纯净像元时等式成立。因此，影像中的第一个端元 $\hat{a}_1$ 可以通过下式定义：

$$\hat{a} = x_{\ell_1}, \quad \ell_1 = \arg\max_{j=1,\cdots,N} \|x_j\|_p \quad (4.45)$$

当第一个端元 $\hat{a}_1$ 确定后，剩余端元 $\{\hat{a}_2, \cdots, \hat{a}_M\}$ 可以通过连续正交空间投影的方式获取。不失一般性，假设 $A_k = [\hat{a}_1, \cdots, \hat{a}_k] \in \mathbb{R}^{L \times k}$ 表示包含 k 个已提取光谱的端元矩阵（$k < M$），其对应的正交子空间投影矩阵具有如下性质：

$$P_{A_k}^\perp a_i = 0, \quad a_i \in \{\hat{a}_1, \cdots, \hat{a}_k\} \quad (4.46)$$

式中：$P_{A_k}^\perp = I - A_k(A_k^T A_k)^{-1} A_k^T \in \mathbb{R}^{L \times L}$ 为正交子空间投影矩阵。

根据上述公式，高光谱遥感影像中的任意像元 x_j，具备如下正交子空间投影特性：

$$\|P_{A_k}^\perp x_j\|_p \leq \sum_{i=1}^M s[i] \cdot \|P_{A_k}^\perp a_i\|_p \leq \max_{i=1,\cdots,M} \|P_{A_k}^\perp a_i\|_p \quad (4.47)$$

式中：由于正交子空间投影矩阵与已探测的端元 $\hat{a}_1, \cdots, \hat{a}_k$ 正交，因此当且仅当 x_j 为具有最大正交子空间投影的未探测端元时上述等式条件成立，即 $a_i \in \{\hat{a}_{k+1}, \cdots, \hat{a}_M\}$，新端元 $\hat{a}_{k+1}$ 可以通过下式定义：

$$\hat{a}_{k+1} = x_{\ell_{k+1}}, \quad \ell_{k+1} = \underset{j=1,\cdots,N}{\mathrm{argmax}} \|P_{A_k}^\perp x_j\|_p \quad (4.48)$$

正交子空间投影法，通过不断地计算正交子空间投影并选取投影最大的像元作为新端元的方式顺序地提取端元，当所有端元都提取时，即 $k=M$，停止端元提取。

2）丰度异常投影空间

正交子空间投影本质上是一个 $\mathbb{R}^L \to \mathbb{R}$ 的映射，它选取最大的投影点作为新端元，而丰度异常空间投影是一个 $\mathbb{R}^L \to \mathbb{R}^{k+2}$ 的映射（k 对应于已探测的端元个数），因此丰度异常空间可看作是正交子空间投影的拓展，其每个波段都具备类似于正交子空间投影的性质，即最大值对应某一个未探测的端元。与正交子空间相比，丰度异常空间提供了更丰富的视觉特征，可为基于显著性的端元探测任务提供更多的端元显著性信息。

在所有端元都正常估计的情况下，即 $A_k = [\hat{a}_1, \cdots, \hat{a}_k] \in \mathbb{R}^{L \times k}(k=M)$，任意像元 x_j 的丰度 $\hat{s}_j$ 可以通过最小二乘方法进行估计：

$$\hat{s}_j = A_k^+ x_j \quad (4.49)$$

式中：丰度向量 $\hat{s}_j = [\hat{s}_j[1], \cdots, \hat{s}_j[k]]^T \in \mathbb{R}^k$；$A_k^+ = (A_k^T A_k)^{-1} A_k^T \in \mathbb{R}^{k \times L}$ 为 A_k 的伪逆矩阵。

根据丰度的物理约束，正确估计的丰度 $\hat{s}_j$ 具有如下性质：

$$0 \leq \hat{s}_j[i] \leq 1, \quad \forall i \quad (4.50)$$

$$1 - \sum_{i=1}^M \hat{s}_j[i] \approx 0 \quad (4.51)$$

$$\|x_j - A_k \hat{s}_j\|_2 \approx 0 \quad (4.52)$$

式（4.50）对应于丰度的取值范围约束，式（4.51）对应于丰度的和为1的约束，式（4.52）对应于线性混合模型假设。值得注意的是，上述特性当且仅当 A_k 正确估计的时候成立，然而当端元未正确估计时（如 $k<M$ 或者

$\hat{a}_i \notin \{a_1, \cdots, a_M\}$),估计的丰度 $\hat{s}_j$ 中会出现异常值,导致上述特性失效,即发生丰度异常。

为了不失一般性,用 $A_k \in \mathbb{R}^{L \times k}$ 和 $B = [\hat{b}_{k+1}, \cdots, \hat{b}_M] \in \mathbb{R}^{L \times (M-k)}$ 分别表示已探测的端元矩阵和未探测的端元矩阵,其中,$k<M$,$A_k \cap B = \varnothing$,$A_k \cup B = A$,线性混合像元模型可以重新表示为

$$x_j = \sum_{i=1}^{k} s_j^a[i] \hat{a}_i + \sum_{n=k+1}^{M} s_j^b[n] \hat{b}_n = A_k s_j^a + B s_j^b \quad (4.53)$$

$$\text{s.t.} \quad s_j^a \geq 0, \quad s_j^b \geq 0, \quad \sum_{i=1}^{k} s^a[i] + \sum_{n=k+1}^{M} s^b[n] = 1 \quad (4.54)$$

根据上述线性模型,式(4.53)中定义的最小二乘丰度可以表示如下:

$$\hat{s}_j = A_k^+ (A_k s_j^a + B s_j^b) = s_j^a + \Delta s_j^b \quad (4.55)$$

式中:$\Delta = A_k^+ B = [\Delta_{k+1}, \cdots, \Delta_M] \in \mathbb{R}^{k \times (M-k)}$,其中 $\Delta_n = (A_k^T A_k)^{-1} A_k^T \hat{b}_n \in \mathbb{R}^k$。估计的异常丰度 $\hat{s}_j$ 包含两个部分:已探测端元的真实丰度 s_j^a 和未探测端元 B 造成的异常 Δs_j^b,其中后者是造成丰度异常的主要原因。

丰度异常空间中每个波段,$v_j[1], \cdots, v_j[k], vs_j, vr_j$,其最大值都对应于某个未探测的端元,因此类似于正交子空间投影,丰度异常可以作为衡量像元纯净度的指标。此外,值得注意的是,正交子空间投影与丰度重建误差约束对应的丰度异常十分相近。通过进一步公式推导,根据 $\Delta_n = (A_k^T A_k)^{-1} A_k^T \hat{b}_n$,定义的丰度异常可改写为如下形式:

$$\begin{aligned} vr_j &\leq \max_{n=k+1,\cdots,M} \|\hat{b}_n - A_k (A_k^T A_k)^{-1} A_k^T \hat{b}_n\|_2 \\ &\leq \max_{n=k+1,\cdots,M} \|P_{A_k}^\perp \hat{b}_n\|_2 \end{aligned} \quad (4.56)$$

式中:$P_{A_k}^\perp = I - A_k (A_k^T A_k)^{-1} A_k^T$ 对应正交子空间投影矩阵,从本质上正交子空间投影等价于对应的丰度异常。

利用 Cuprite 矿区数据,可视化 $A_k \in \mathbb{R}^{L \times 3}$ 时的正交子空间投影与丰度异常,如图4.12所示。从图中可以看出,相比于正交子空间投影,丰度异常空间提供了关于"未探测端元"分布的更丰富的视觉信息。丰度异常空间是正交子空间投影的拓展,它从丰度取值范围约束、丰度和为1约束、丰度重建约束三个角度对高光谱数据立方体进行低维表示,因此相比于正交子空间,丰度异常空间提供了关于"未探测端元"更完整丰富的视觉显著性特征。

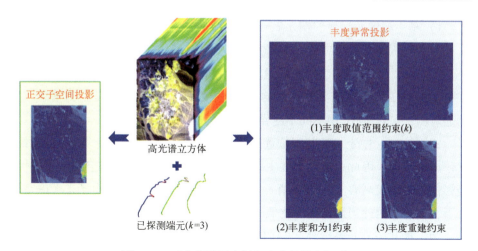

图 4.12 正交投影子空间与丰度异常空间对比

4.4.2.2 基于目标显著性的端元个数与光谱自动估计方法

基于目标显著性的端元个数与光谱自动估计（Saliency-based Autonomous Endmember Detection，SAED）方法通过引入超像元先验以及基于超像元的目标存在性测度，实现不依赖空间尺度的端元光谱自动提取与端元个数自动估计。SAED 算法流程如图 4.13 所示，SAED 算法将端元提取问题转换为显著性目标（超像元）探测问题，迭代地将高光谱遥感影像投影到丰度异常空间中，以过分割的超像元为基本单位计算显著性，当判断显著图中仍存在显著性目标时自动提取端元光谱并更新端元矩阵，当判读显著图中无显著目标时停止迭代并确定端元个数。

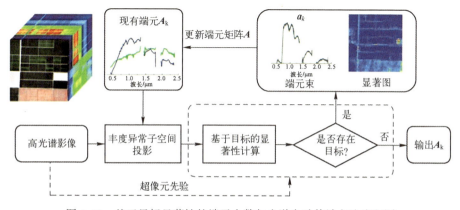

图 4.13 基于目标显著性的端元个数与光谱自动估计方法流程图

1) 基于超像元目标的端元显著性计算

基于位置的显著图可通过下式表示：

$$C = \mathbf{1}_{k+2}^{\mathrm{T}} \cdot \mathcal{N}_A(V_k) \tag{4.57}$$

式中：$\mathbf{1}_{k+2} \in \mathbb{R}^{k+2}$ 为所有元素为 1 的列向量；$C = [c_1, \cdots, c_N] \in \mathbb{R}^{1 \times N}$ 为基于位置的显著图，包含了 V_k 中不同丰度异常波段间的互补信息。

式（4.57）中定义的基于位置的显著图 C 中每个像元在计算显著性时独立于周边像元，因此上述显著性主要为端元的光谱显著性而非空间不规则性。当影像信噪比较高时 C 中最大值 $c_{\max}$ 对应未探测的端元，然而由于未考虑空间上下文信息，因此当影像信噪比低时，$c_{\max}$ 也有可能对应噪声或异常值。

为了提升探测的鲁棒性，SAED 算法引入超像元先验 $\{X_1, \cdots, X_P\}$，生成基于超像元的显著图 $D \in \mathbb{R}^{1 \times N}$，旨在区分显著端元与其他干扰项（如噪声和异常点）。具体来说，在基于超像元的显著图 D 中，属于同一超像元的像元共享相同的显著值 D_p，其中 D_p 可通过下式计算：

$$D_p = \frac{1}{n_p} \sum_{x_j \in X_p} c_j \tag{4.58}$$

式中：n_p 为超像元 X_p 内的像元数量；超像元显著值 D_p 等价于像元显著值 c_j 的均值。

在胜者为王神经网络中，视觉注意力集中于具有最显著的超像元，可定义如下：

$$X_{\mathrm{win}} = X_\ell, \quad \ell = \underset{p=1,\cdots,P}{\operatorname{argmax}} D_p \tag{4.59}$$

当场景中仍然存在未检测的端元时，最显著的超像元 X_{win} 即为所需探测的端元。

2) 基于显著性的端元个数自动估计

在 SAED 算法中，引入了两个基于超像元的目标存在性测度用于判断场景中是否仍然存在未探测的端元。当判断场景中存在未探测的端元时，利用 X_{win} 更新端元矩阵 A_k，否则终止迭代输出已探测的端元光谱并自动确定端元个数。

（1）端元存在性测度 1。测度 1 建立在端元与噪声在空间分布模式的差异性基础上。当 X_{win} 是对应未探测的端元时，考虑到端元的空间聚集性，超像元 X_{win} 内大部分像元 $x_j \in X_{\mathrm{win}}$ 的显著值 c_j 相近且近似等于全局最大值；而当 X_{win} 是由噪声造成的时，考虑到噪声的稀疏随机分布，超像元 X_{win} 内像元 $x_j \in X_{\mathrm{win}}$ 的显著值 c_j 差异较大，仅有小部分接近全局最大值。考虑到上述性质，SAED

算法引入目标存在性测度 τ：

$$\tau = C_{\max}/D_{\text{win}} \quad (4.60)$$

式中：D_{win} 为超像元 $\boldsymbol{X}_{\text{win}}$ 内 n_l 个像元的平均显著值；$C_{\max}$ 为基于位置显著图 $\boldsymbol{C}$ 中前 n_l 个最大显著性像元的平均显著值，可表示为

$$C_{\max} = \frac{1}{n_l}\sum_{j=1}^{n_l} c_j \quad (4.61)$$

上述目标存在性测度 τ 描述了显著像元在丰度异常空间聚集程度：当丰度异常的极值聚集在超像元 $\boldsymbol{X}_{\text{win}}$ 时，场景中存在显著性目标（端元），此时 $D_{\text{win}} \approx C_{\max}$，测度 $\tau \approx 1$；当丰度异常的极值随机稀疏分布时，场景中不存在显著性目标，此时 $C_{\max}$ 远大于 D_{win}，因此测度 $\tau \gg 1$。考虑到测度 τ 在端元目标存在或不存在时的差异性，SAED 算法引入截止频率 γ 用于自动停止迭代，即当 $\tau > \gamma$ 时表明丰度异常空间中不存在显著目标，达到迭代终止条件。

（2）端元存在性测度2。为了提升端元个数估计的鲁棒性，引入了基于目标的均方根误差测度，提前终止迭代。具体来说，SAED 算法在每次迭代中计算最显著的超像元 $\boldsymbol{X}_{\text{win}}$ 的平均重建误差：

$$\varepsilon_{\text{win}} = \frac{1}{n_l}\sum_{x_j \in \boldsymbol{X}_{\text{win}}} vr_j \quad (4.62)$$

当 $\varepsilon_{\text{win}} < \text{tol}$ 时，表明最显著的超像元 $\boldsymbol{X}_{\text{win}}$ 可以通过现有端元 $\boldsymbol{A}_k$ 重建，进而其他超像元 $\{X_1,\cdots,X_P\}$ 也可被重建，因此 SAED 算法终止迭代并输出现有端元矩阵 $\boldsymbol{A}_k$。值得注意的是，SAED 算法计算了 $\boldsymbol{X}_{\text{win}}$ 的均方根误差而不是场景的均方根误差。其主要原因在于全局的均方根误差通常无法代表局部的重建性能，如当场景中存在未探测的小目标时，其在局部具有较大的重建误差，但在场景的均方根误差中无法体现。

当上述测度 $\tau \leq \gamma$ 且 $\varepsilon_{\text{win}} \geq \text{tol}$ 时，表明最显著的超像元 $\boldsymbol{X}_{\text{win}}$ 即为未探测的端元目标。为了提升算法的鲁棒性，新端元光谱 $\boldsymbol{a}_{\text{win}}$ 可利用类似奇异值分解（SVD）的方式更新：

$$\boldsymbol{U\Lambda U}^{\text{T}} = \text{SVD}(\boldsymbol{X}_{\text{win}}\boldsymbol{X}_{\text{win}}^{\text{T}}) \quad (4.63)$$

$$\boldsymbol{a}_{\text{win}} = \mu \cdot \boldsymbol{u}_1 \quad (4.64)$$

式中：$\mu = \|\boldsymbol{X}_{\text{win}}\|_{\text{F}}/\sqrt{n_\ell}$。

综上所述，SAED 算法首先利用 SLIC 算法生成过分割的超像元先验 $\{X_1,\cdots,X_P\}$，然后利用显著性探测的方式迭代地提取新的端元光谱，当目标存在性测度判定影像中不存在显著性目标时，SAED 算法终止迭代自动确定端元个数以及端

元光谱。在实验中测度 τ 的截止频率 $\gamma=2$,测度 ε_{win} 的阈值 tol $=10^{-3}$。

4.4.2.3 基于显著性先验的全自动分解方法小结

全自动光谱分解技术包含端元个数估计、光谱提取以及丰度反演三个核心科学问题,即确定高光谱影像中有多少类地物、有什么地物以及占多少比例。针对上述科学问题的模型与方法研究相对独立,目前缺少关于高光谱遥感影像全自动光谱分解框架的系统性研究。在上述模型与方法理论研究的基础上,本节提出了基于显著性先验的全自动分解方法,建立了端元个数—端元光谱—丰度分布的完整流程框架。全自动光谱分解路线采用"两步走"的策略实现:首先,通过端元个数与光谱的联合估计,建立端元个数与丰度之间的联系。通过视觉显著性分析模型建立了端元个数、端元光谱与丰度异常之间的联系,将端元提取问题转化为显著性探测问题,端元对应于丰度异常空间中的显著目标,并通过判断场景中是否仍存在显著目标(端元)而自适应确定端元个数,进而实现端元个数与光谱的同步估计,上述显著性分析过程融合了端元在空间与光谱上的显著性信息,有效提升了端元个数与光谱估计的鲁棒性与准确性,在源头上确保端元个数估计的鲁棒性。随后,在端元个数与光谱估计的基础上,采用盲分解的策略实现了端元光谱与丰度的联合更新,在线性混合像元模型的基础上,利用基于空间结构稀疏的非负矩阵分解模型,通过设计单一的空间结构稀疏正则项,同时约束丰度矩阵的稀疏性与空间相关性,在提升算法鲁棒性的同时减少非负矩阵分解中模型参数与复杂度,进一步减少了端元与丰度之间的累计误差。

基于显著性先验的全自动分解方法有效解决了全自动光谱分解中端元个数估计、端元光谱提取、丰度分布反演等核心科学问题。结合基于视觉显著性的端元个数自动估计方法和空间结构稀疏约束的非负矩阵分解算法的全自动高光谱解混方法,在不需要任何先验知识的情况下,解决了高光谱混合像元分解的三个主要问题,并充分利用了高光谱图像的空间信息。

4.5 基于深度学习的混合像元分解方法

4.5.1 基于自编码的混合像元分解方法

光谱分解问题本质上是无监督学习问题。传统光谱分解方法通过独立性、非负性与稀疏性等无监督学习准则，实现端元光谱与丰度分布的自动估计。而无监督深度学习方法，如稀疏自编码和变分自编码，采用数据驱动的方式直接从影像中学习特征，其编码过程中神经元响应的稀疏性与丰度的稀疏性相契合。

基于深度学习的强大非线性特征提取能力，自编码被引入无监督高光谱混合像元分解并取得了较好的分解效果。自编码是一体化建模混合像元分解问题的理想模型，其编码结构可用于表征混合像元到端元丰度的非线性分解过程，其解码结构可用于表征端元丰度到混合像元的非线性混合过程，端元数目、端元光谱与丰度影像可描述为网络中的稀疏连接、共享参数与隐藏节点，如图 4.14 所示。

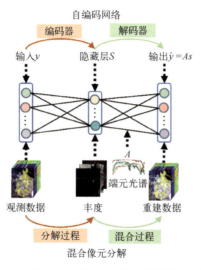

图 4.14　自编码结构与混合像元分解模型的映射关系

近年来，多种自编码结构被引入高光谱混合像元盲分解任务，如稀疏自编码、降噪自编码、堆叠自编码、变分自编码、卷积自编码和对抗自编码等。Palsson 等提出非对称的自编码结构用于盲分解（Deep-learning-based Method for Blind Hyperspectral Unmixing Using an Autoencoder Structure，DAEU），同时发现光谱角距作为目标函数要优于影像重建误差等[66]。Ozkan 等提出一种新的基于两阶段自动编码器网络的端元提取和高光谱解混方案（Sparse AutoEncoder Network for Endmember Extraction and Hyperspectral Unmixing，EndNet），将稀疏自编码引入盲分解任务，考虑输入和重建影像光谱角相似度的 Kullback-Leibler（KL）散度，使影像重建效果更好，同时对端元丰度和端元光谱加入

l_1、l_2 正则项,保证丰度的稀疏性和端元光谱的平滑性[67]。Min 等提出联合度量神经网络的高光谱混合像元分解方法(Joint Metric Neural Network for Hyperspectral Unmixing, JMnet),考虑了输入和重建影像的分布相似性,引入 Wasserstein 距离衡量分布相似性,可在不依赖特定初始化条件下取得更好的盲分解效果[68]。为提升混合像元分解对噪声的鲁棒性,Qu 等提出一种基于稀疏度联合去噪自编码器的高光谱混合像元分解方法(An Untied Denoising Autoencoder With Sparsity for Spectral Unmixing, uDAS),在解码器部分加入降噪约束,在编码器部分加入 l_{21} 约束,在保证丰度稀疏性的同时减少冗余端元[69]。Su 等提出一种用于高光谱解混的深度自编码器网络(Deep Autoencoder Networks for Hyperspectral Unmixing, DAEN),将堆叠自编码和变分自编码进行结合可获得更好的初始值,同时提高盲分解效果[70]。Borsoi 等提出一种深度生成端元建模(Deep Generative Endmember Modeling, DeepGUn)方法,利用变分自编码学习端元光谱在隐空间的低维表示,从而解决端元光谱可变问题[71]。为充分利用高光谱遥感影像的空间信息,Palsson 等提出用卷积自编码进行高光谱混合像元盲分解(Convolutional Autoencoder for Spectral Spatial Hyperspectral Unmixing, CNNAEU),相较于传统加入空间信息正则项的方法可以取得更好的效果[72]。Jin 等提出基于对抗性自编码器网络的高光谱混合像元分解(Adversarial Autoencoder Network for Hyperspectral Unmixing, AAENet)方法,引入对抗自编码网络进行影像重建和丰度先验分布对抗学习[73]。

基于自编码的混合像元分解方法的特点如表 4.2 所列。

表 4.2 基于自编码的混合像元分解方法的特点

方法名称	损失函数	初始化方法	先验
DAEU[66]	光谱角	VCA+FCLS	无
EndNet[67]	光谱角+影像重建误差	VCA	端元丰度和端元光谱分别加入 l_1、l_2 正则项
JMnet[68]	光谱角+Wasserstein 距离+感知损失	随机	无
uDAS[69]	影像重建误差	VCA+FCLS	编码器部分加入 l_{21} 约束
DAEN[70]	影像重建误差	VCA+FCLS	体积最小化
DeepGUn[71]	影像重建误差+KL 散度	FCLS	端元丰度上的变分先验
CNNAEU[72]	光谱角	随机	无
AAENet[73]	光谱角+对抗损失	VCA+FCLS	无

具体来说，假设高光谱观测矩阵 $X \in \mathbb{R}^{L \times N}$，其中每条光谱有 L 个波段，在将场景中的端元数量估计为 M 之后，可以假设线性混合模型为

$$x_N = \sum_{m=1}^{M} s_{m,N} a_m + n_N = As_N + n_N \qquad (4.65)$$

式中：n_N 为噪声。

在已知高光谱遥感影像的情况下，本节使用自动编码器以无监督的方式求解，来估计其端元矩阵 $A \in \mathbb{R}^{L \times M}$ 和丰度矩阵 $S \in \mathbb{R}^{M \times N}$。

自动编码器是一个前馈神经网络，它被训练成通过学习单位函数来再现其输入。可以认为自动编码器由两部分组成：编码器 $G_E: \mathbb{R}^{L \times 1} \to \mathbb{R}^{R \times 1}$，它将输入 x_N 编码成隐藏表示 $G(x_N) = h_p \in \mathbb{R}^{R \times 1}$；解码器 $G_D: \mathbb{R}^{R \times 1} \to \mathbb{R}^{L \times 1}$，它将隐藏表示 h_p 解码成输入 $G_D(h_p) = \hat{x}_N$ 的近似值。因此，使用反向传播来训练网络，以最小化损失函数 $L(x_N, G_D(G_E(x_N)))$。

在训练之后，自动编码器对输入图像 $X = [x_1, \cdots, x_N]$ 有效地执行了盲分解，并且提取矩阵 $S = [s_1, \cdots, s_N]$ 作为所有 N 个像元的隐藏激活层的矩阵，提取端元矩阵 $A = [a_1, \cdots, a_M]$ 作为解码器的权重。

4.5.2 基于空间结构稀疏展开的高光谱盲分解方法

深度展开基于传统的迭代算法来设计网络结构，采用数据驱动和模型驱动相结合的方法解决混合像元分解问题。具体而言，深度展开由于数据驱动的特性，突破了迭代算法即基于 NMF 方法的混合模型限制，具有更大的搜索空间。同时，与基于自编码器的方法相比，基于深度展开的混合像元分解具有更快的收敛速度。因此，深度展开被广泛应用于解决图像处理领域的各种逆问题[74]，如压缩感知[75]、反卷积[76]、去雨[77]、超分辨率[78]、去模糊[79]等。在盲分解领域，Xiong 等提出了一种新的基于展开的混合像元分解方法 SNMF-Net[80]，该方法将逐像素稀疏正则化 NMF 算法展开到层次深度网络架构中，并以数据驱动的方式优化目标函数。与原有的迭代算法相比，SNMF-Net 具有更强的通用性，可以应用于更复杂的场景。需要注意的是，多层深度 NMF 算法，例如稀疏约束的全变分深度 NMF（SDNMF-TV）[81]和自监督稳健深度矩阵分解（SSRDMF）[82]也是 NMF 和深度学习的集成，但它们更接近基于自编码器（AE）的算法，具有相似的编码器-解码器架构。

考虑到地物在空间分布上的相关性，局部空间中光谱相似的像元应该具有相似的稀疏表达，因此在局部空间中，地物端元含量应呈现出结构化稀疏

表达，上述结构化稀疏表达由地物的稀疏性与空间相关性共同决定。本节介绍一种用于盲分解的结构稀疏正则化解混展开（GSUU）网络。GSUU网络是一种深度神经网络，展开一个正则化矩阵分解目标函数。GSUU网络由两个块组成：用于端元估计的a块和丰度反演的s块，它们交替迭代地估计最优端元光谱和丰度图。网络结构和学习过程分别按照传统迭代NMF方法的优化规则和更新规则进行设计。因此，GSUU结合了深度学习的可学习参数和NMF的数学优化。此外，与逐像素稀疏先验相比，在GSUU中引入了空间群稀疏先验，联合建模了丰度图中各端元的空间相关性和稀疏性。GSUU方法结合了基于模型和基于学习的方法，具有较高的效率和可解释性。

具体来说，首先联合地物分布空间信息和稀疏特性进行混合模型构建：

$$\min_{A\geq 0,S\geq 0} f(A,S) = \frac{1}{2}\|X-AS\|_F^2 + \lambda \|Q^p S\|_2 \tag{4.66}$$

式中：$S=[s_1,\cdots,s_N]\in \mathbb{R}^{M\times N}$ 为端元含量；A 为端元光谱矩阵；λ 为平衡影像重建和空间结构稀疏性的正则化参数；$Q^p=[q_1^p,\cdots,q_N^p]^T\in \mathbb{R}^{M\times N}$ 为空间结构稀疏权重，第 $p(p=1,2,\cdots,P)$ 个超像素权重可以通过下式计算：

$$\bar{s}^p \leftarrow \arg\min \frac{1}{2}\|\bar{x}^p - A\bar{s}^p\|_F^2, \quad \text{s.t.} \ \bar{s}^p \geq 0, \quad \mathbf{1}^T \bar{s}^p = 1 \tag{4.67}$$

$$q_i^p = \frac{1}{|\bar{s}^p\lfloor i \rfloor| + \varepsilon} \tag{4.68}$$

基于空间结构稀疏的地物混合模型在传统优化框架下的迭代规则可表示为

$$A_{k+1} = \max(0, A_k - \omega_k(A_k S_k - X)S_k^T) \tag{4.69}$$

$$S_{k+1} = \max(0, S_k - \sigma_k(A_{k+1}^T(A_{k+1}S_k - X) + \lambda Q^{pT})) \tag{4.70}$$

式中：ω_k 和 σ_k 为步长；Q^p 为空间结构稀疏权重因子。

利用深度学习强大的非线性表征能力学习复杂地物混合过程，可实现更准确提取地物端元光谱及含量。因此利用深度展开技术、用传统的迭代优化算法指导神经网络结构设计，将优化参数转换为网络参数，提取端元光谱及含量。

如图4.15所示，在进行网络结构设计时，考虑到含量值有明确的物理含义，需要满足和为1的约束：

$$s_i \leftarrow \frac{s_i}{\sum_i^M s_i} \tag{4.71}$$

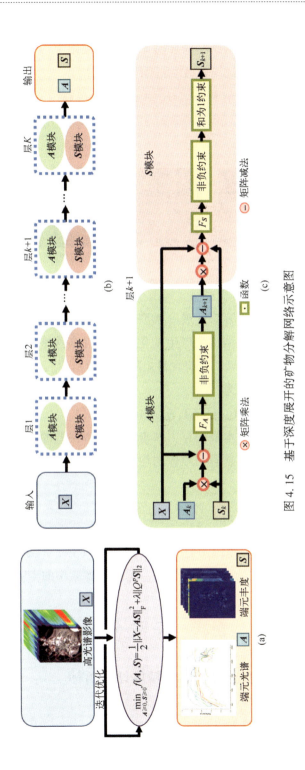

图 4.15 基于深度展开的矿物分解网络示意图

因此将迭代规则中的参数转换为深度网络中的参数，则基于深度展开的端元光谱提取及含量反演网络结构（图4.16）可表示为

$$A_{k+1} = \eta(A_k - \rho_{1k}(A_k S_k - X) H_{1k}) \tag{4.72}$$

$$S_{k+1} = \xi(\eta(S_k - \rho_{2k}(H_{2k}(A_{k+1} S_k - X) + \lambda Q^{pT}))) \tag{4.73}$$

式中：$\eta(\cdot)$为激活函数（ReLU）；ρ_{1k}和ρ_{2k}为步长；H_{1k}和H_{2k}为网络参数；$\xi(\cdot)$为和为1约束函数。

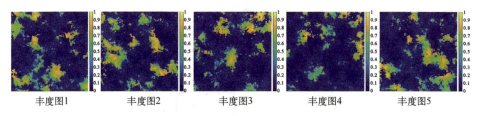

丰度图1　　　　丰度图2　　　　丰度图3　　　　丰度图4　　　　丰度图5

图4.16　模拟数据Synth-2的丰度分布模式

在建立的混合像元分解深度展开模型基础上进行网络结构设计时，受输入影像尺寸的影响，网络结构会产生变化，为了提高网络的泛化性，使网络结构不受输入影像尺寸的影响，将含量矩阵S_k^T赋值给H_{1k}，则进行端元光谱提取模块（A模块）可表示为

$$A_{k+1} = \eta(A_k - \rho_{1k}(A_k S_k - X) S_k^T) \tag{4.74}$$

充分考虑高光谱图像本身信息，基于减小分解误差的思想，计算输入高光谱遥感影像和重建高光谱遥感影像的均方根误差设计网络损失函数，可表示为

$$L = \frac{1}{2N} \sum_{k=1}^{K} \| X - A_k S_k \|_F^2 \tag{4.75}$$

式中：N为高光谱遥感影像像元个数；K为超像素个数；X为输入的高光谱遥感影像；A_k为超像素中的端元光谱矩阵；S_k为超像素中的丰度矩阵。

4.6　实　验　分　析

4.6.1　高光谱分解实验数据集和精度评价指标

4.6.1.1　模拟数据

在模拟数据实验中，本节利用不同空间模式的模拟数据集，将SAED算

法与其他先进的端元个数估计进行比较。模拟实验旨在评价不同方法在不同条件下（信噪比和端元个数）的鲁棒性。对于算法评价指标，端元个数估计可直观地对比估计与真实之间的数值差异。

模拟数据 Synth-2 基于线性混合模型进行模拟，其中端元光谱矩阵 A 中的端元光谱从美国地质调查局（USGS）的矿物光谱库中随机选取，其包含 224 个波段，光谱范围为 $0.4\sim 0.25\mu m$，为一组 $224\times 128\times 128$ 高光谱数据立方体，其中不同数据立方体中分别包含 $5\sim 14$ 个端元，场景中每一类端元仅对应一个纯净像元。Synth-2 的丰度图可以通过高光谱遥感影像模拟工具箱生成，此工具箱为用户提供了调整高光谱遥感影像尺寸、空间分布模式和端元个数的功能。图 4.16 展示了端元个数为 5 情况下的丰度图，其空间分布模式为球面高斯场。高光谱数据立方体的空间尺寸固定为 128×128，因此当端元个数增加时，端元的空间分布将变得更为破碎化。

为了模拟真实的高光谱观测过程，将随机白高斯噪声添加到模拟数据中，其信噪比（SNR）可以通过下式定义：

$$\text{SNR} = 10\lg(E[\boldsymbol{x}^{\text{T}}\boldsymbol{x}]/E[\boldsymbol{\varepsilon}^{\text{T}}\boldsymbol{\varepsilon}]) \tag{4.76}$$

式中：x 和 ε 分别为原始观测信号与噪声信号。

4.6.1.2 真实数据

Cuprite 数据为 AVIRIS 成像仪获取的机载高光谱数据，其基本信息见表 4.3，数据链接可参考表 2.7。原始的 Cuprite 数据为包含光谱范围为 $370\sim 2480\text{nm}$ 的 224 个波段，剔除水汽吸收波段以及低信噪比波段后（$1\sim 3$、$106\sim 115$、$151\sim 169$、$221\sim 224$），$250\times 190\times 188$ 的 Cuprite 数据立方体被用于混合像元分解实验。图 4.17 展示了 Cuprite 数据立方体以及参考地物光谱曲线，根据同一类型矿物在不同化学成分下细微光谱变化，本实验选取了 12 类美国地质调查局（USGS）参考端元光谱用于精度评价：明矾石、钙铁榴石、水铵长石、蓝线石、高岭石-1、高岭石-2、白云母、蒙脱石、绿脱石、镁铝榴石、榍石、玉髓。

表 4.3 AVIRIS Cuprite 数据基本信息

传感器	影像大小	波段数	分辨率	采集时间	地点
AVIRIS	250×190 像素	224 (188) 个	20m	1997 年 6 月	美国内华达州

RMMS 数据集包含两个场景，数据链接可参考表 2.7。使用均匀平面材料组成的简单混合场景（SMScene）进行性能分析，如图 4.18 所示。SMScene

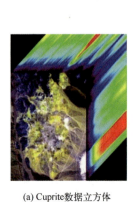

(a) Cuprite数据立方体　　　　　(b) 参考端元光谱曲线

图 4.17　AVIRIS Cuprite 数据示意图

采用 imec SNAPSCAN 高光谱成像系统可见光-近红外（VNIR）系统进行多尺度观测。因此，地面真值丰度可用于定量评价光谱分解结果。它包含点、线和面积特征，材料的光谱相似性增加了光谱分解的难度。解混图像的空间分辨率为 2mm/像素。去除噪声后的图像尺寸为 64×128 像素，具有 132 个光谱通道。SMScene 包含 4 个端元，分别是苔藓、鹅卵石、树枝和树叶。

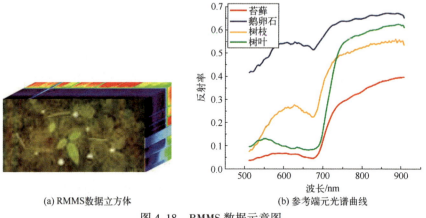

(a) RMMS数据立方体　　　　　(b) 参考端元光谱曲线

图 4.18　RMMS 数据示意图

4.6.1.3　精度评价指标

对于算法评价指标，端元个数估计可直观对比估计与真实之间的数值差异，端元光谱提取精度可利用光谱角距离测度（SAD）进行评价：

$$\mathrm{SAD}_i = \arccos \frac{\hat{\boldsymbol{a}}_i^{\mathrm{T}} \boldsymbol{a}_i}{\|\hat{\boldsymbol{a}}_i\|_2 \, \|\boldsymbol{a}_i\|_2} \tag{4.77}$$

式中：a_i 和 $\hat{a}_i$ 分别为第 i 类地物的真实与估计的端元光谱；SAD 的基本单位为度（°）。

均方根误差（RMSE）评价端元丰度反演的精度，即

$$\text{RMSE}_i = \frac{1}{\sqrt{N}} \| S^i - \hat{S}^i \|_F \tag{4.78}$$

式中：S^i 为第 i 类地物的真实丰度；$\hat{S}^i$ 为估计的丰度。

考虑到 SAD 数值精度并不能完全反映混合像元分解的准确性，因此我们进一步计算了平均重建误差用于评估分解的准确性：

$$\| X - \widetilde{A}\widetilde{S} \|_F / N \tag{4.79}$$

4.6.2 端元个数估计实验与分析

端元个数估计的对比方法为 HySime[17]、NWHFC[16]、GENE[27] 和 SPICE[46]。本实验中，我们通过改变 Synth-2 数据的信噪比和端元个数，分析上述变量对不同端元个数自动估计算法的影响。具体地说，Synth-2 的端元个数 $M \in \{5,8,11,14\}$，信噪比 $\text{SNR} \in \{20,30,50\}$ dB，端元个数自动估计的难度会随着噪声水平以及场景中端元个数的增加而增加，上述影响因素主要降低了不同端元之间的可区分性。

表 4.4 展示了在不同信噪比与端元个数下，端元个数自动估计方法的鲁棒性，加粗的结果表示完全正确的端元个数估计。其中，P_F 表示虚警率，为 NWHFC 和 GENE 算法中需设定的参数，端元个数 M 的估计值由 20 次随机测试的均值与标准差组成。为了便于比较，完全正确的端元个数估计和相对准确的端元个数估计（估计值约等于 M 且标准差小于 1）均加粗标记。如表 4.4 所列，估计值与真实值的差异随着噪声水平的增加以及端元个数的增加而增加。NWHFC 算法适用于端元个数较小的情况，但当实际端元个数较多时，会过低估计端元个数；SPICE 算法首先过多地估计端元个数，随后根据丰度阈值剔除无实际意义的端元，进而确定最终的端元个数，但如表 4.4 所列，在低信噪比条件下丰度阈值无法有效地剔除端元。与 SPICE 算法和 NWHFC 算法相比，HySime、GENE 和 SAED 算法性能更稳定，但仍然无法避免在低信噪比和地物类别较多时低估端元个数。相比于 GENE 算法和 HySime 算法，由于 SAED 算法考虑了端元在空间上的显著性，在上述复杂情况下，其估计值通常更接近真实值。

表4.4 不同端元个数自动估计算法的鲁棒性分析

SNR/dB	方法	P_F	真实端元个数 M 与其估计值			
			5	8	11	14
50	NWHFC	10^{-3}	**5.00±0.00**	**8.00±0.00**	8.00±0.00	11.00±0.00
		10^{-4}	**5.00±0.00**	**8.00±0.00**	8.00±0.00	10.00±0.00
		10^{-5}	**5.00±0.00**	**8.00±0.00**	8.00±0.00	10.00±0.00
	GENE-AH	10^{-3}	6.40±0.58	9.05±0.74	11.20±0.40	14.05±0.22
		10^{-4}	5.50±0.59	8.30±0.49	11.05±0.22	**14.00±0.00**
		10^{-5}	5.15±0.36	8.05±0.22	**11.00±0.00**	**14.00±0.00**
	SPICE	—	5.30±0.71	8.15±0.48	10.55±0.86	13.25±0.89
	HySime	—	**5.00±0.00**	**8.00±0.00**	**11.00±0.00**	**14.00±0.00**
	SAED	—	**5.00±0.00**	**8.00±0.00**	**11.00±0.00**	**14.00±0.00**
30	NWHFC	10^{-3}	**5.00±0.00**	**8.00±0.00**	8.00±0.00	10.50±0.50
		10^{-4}	**5.00±0.00**	**8.00±0.00**	8.00±0.00	10.05±0.22
		10^{-5}	4.60±0.49	**8.00±0.00**	8.00±0.00	10.00±0.00
	GENE-AH	10^{-3}	6.85±1.15	9.10±0.88	11.40±0.73	14.05±0.22
		10^{-4}	5.75±0.62	8.25±0.43	10.60±0.58	**14.00±0.00**
		10^{-5}	5.15±0.38	8.05±0.22	10.50±0.59	**14.00±0.00**
	SPICE	—	5.20±0.51	10.50±1.25	11.60±1.24	14.30±0.36
	HySime	—	**5.00±0.00**	**8.00±0.00**	10.00±0.00	**14.00±0.00**
	SAED	—	**5.00±0.00**	**8.00±0.00**	10.90±0.30	**14.00±0.00**
20	NWHFC	10^{-3}	**5.00±0.00**	**8.00±0.00**	7.00±0.00	8.55±0.50
		10^{-4}	**5.00±0.00**	**8.00±0.00**	6.80±0.40	8.20±0.51
		10^{-5}	4.40±0.49	**8.00±0.00**	6.45±0.59	7.50±0.59
	GENE-AH	10^{-3}	7.05±0.86	9.15±0.85	10.25±0.62	12.30±0.56
		10^{-4}	6.3±1.10	8.10±0.44	9.30±0.46	11.90±0.70
		10^{-5}	5.10±0.30	8.10±0.30	8.55±0.59	11.30±0.64
	SPICE	—	20.00±0.00	20.00±0.00	20.00±0.00	20.00±0.00
	HySime	—	**5.00±0.00**	7.00±0.00	9.00±0.00	10.00±0.00
	SAED	—	**5.00±0.00**	7.25±0.89	10.40±0.49	13.20±0.40

此外，我们利用模拟数据Synth-2分析端元提取方法对端元个数的敏感性。实验过程中，数据的信噪比保持不变，通过改变Synth-2场景中的端元个数分析算法的敏感性。具体来说，模拟数据Synth-2信噪比SNR设置为30dB，而端元个数M取值在5~14之间变化。表4.5列举了不同端元提取算

法在端元个数变化时的 SAD 精度,加粗的结果表示 SAD 最小的方法,与仅利用光谱信息的端元提取方法 OSP、SPICE 和 MVSA 相比,端元个数变化对融合空间信息的端元提取方法 SPP-NFINDR 和 SAED 的影响较小。此外,模拟数据 Synth-2 中端元的尺寸和形状存在变化,SAED 算法对端元尺寸变化具有稳健性,因此可以取得更准确的 SAD 精度。

表 4.5 不同端元提取算法对端元个数的敏感性分析(Synth-2)

M	OSP	MVSA	SPP-N-FINDR	SPICE	SAED
5	2.1577	3.4102	2.2438	2.9024	**1.2223**
8	1.9139	5.8668	1.9131	3.3600	**1.4975**
11	3.4717	10.4561	2.8033	4.8467	**1.7304**
14	4.0522	13.9665	2.3385	7.1466	**1.6752**

基于目标显著性的端元个数与光谱估计算法 SAED 以超像元为单位计算目标的显著性,假设地物分布具有空间相关性。同时,SAED 算法引入了目标存在性测度用于判定丰度异常中是否仍存在端元,若存在,则继续提取显著目标作为端元,若不存在,则停止端元光谱提取,进而实现端元个数与端元光谱的自动估计。端元个数的自动估计问题是全自动光谱分解的核心问题,SAED 通过视觉显著性分析建立了端元个数、端元光谱与丰度之间的联系,实现了稳健的端元个数估计。大量的实验结果证明了基于显著性的端元个数与光谱自动估计算法的有效性和鲁棒性。

4.6.3 盲分解实验与分析

本实验首先通过 AVIRIS Cuprite 数据对不同端元提取算法进行 SAD 精度评价,由于 Cuprite 数据集中的真实端元个数是未知的,不同方法估计的端元个数相差很大,从 9~34,因此很难直接评价 SAED 的准确性。Cuprite 数据集的 SAED 的端元个数估计值为 13。在以往的研究中,Cuprite 数据集解混的端元个数值并不固定,常用的端元个数值为 9、10、12 和 14。Cuprite 数据集可以用 9~14 个端元的很小的正则表达式很好地表示。因此,SAED 的端元个数估计对于该数据集是合理的。

为了评价端元提取的性能,选择了 12 个矿物光谱特征作为参考,需要注意的是,由于 SAED 识别的端元数量为 13 个,为了公平比较,我们使用比较的方法提取相同数量的端元,然后选择最接近的 12 个端元计算 SAD 值。表 4.6 提供了 SAD 比较,其中前三个准确度分别加粗标记,对比说明 SAED、SED 和 OSP 分别获得了前三名的平均 SAD 精度。

表4.6 Cuprite 数据下不同端元提取算法的 SAD 精度对比

端元	OSP	MVSA	SED	SPICE	SPP-NFINDR	SAED
明矾石	**4.599**	5.259	5.144	7.317	5.220	5.400
钙铁榴石	4.758	**3.612**	3.830	4.767	7.048	6.776
水铵长石	6.530	**4.291**	6.929	10.840	6.530	4.894
蓝线石	4.139	6.166	3.756	4.733	3.909	**3.611**
高岭石_1	4.714	5.089	5.635	3.879	4.713	**4.348**
高岭石_2	3.790	**3.508**	3.530	7.683	3.641	3.640
白云母	4.857	5.134	**4.702**	7.500	5.139	8.181
蒙脱石	**3.214**	3.913	3.385	3.335	3.429	3.360
绿脱石	3.986	4.094	**3.798**	5.271	3.986	3.938
镁铝榴石	13.616	9.428	6.221	**3.019**	4.398	4.186
榍石	5.281	4.404	3.670	3.621	14.089	**3.029**
玉髓	3.909	14.706	7.650	**3.197**	4.593	3.747
均值	5.283	5.800	4.854	5.432	5.558	**4.593**

同时对先进的混合像元盲分解方法 VCA-FCLS[23,32]、MVCNMF[43]、ASSNMF[45]、$L_{1/2}$NMF[49] 和 SGSNMF 进行综合性能比较。为了定量评价 SGSNMF 算法在真实场景中的有效性，表4.7列举了不同算法估计的端元光谱与参考光谱之间 SAD 精度，其中 SGSNMF 获得了最多的最优估计以及最优的平均精度。这说明基于空间结构稀疏的非负矩阵分解模型通过设计单一的空间结构稀疏正则化项，同时建模丰度矩阵的稀疏性与空间相关性，有效减少了 NMF 混合像元模型所需的正则化参数，提升了算法稳健性和实用性。

表4.7 Cuprite 数据下不同盲分解算法的 SAD 精度对比

端元	VCA-FCLS	MVCNMF	$L_{1/2}$NMF	ASSNMF	SGSNMF
明矾石	**4.538**	7.615	5.518	5.139	6.262
钙铁榴石	4.217	4.652	4.956	4.641	**3.879**
水铵长石	5.724	4.859	4.630	4.910	**4.521**
蓝线石	**4.125**	5.248	4.853	**4.125**	4.887
高岭石_1	4.693	5.363	4.286	4.309	**4.114**
高岭石_2	**3.770**	3.867	3.810	4.005	4.039
白云母	9.265	14.926	7.254	**5.884**	7.506
蒙脱石	3.426	3.845	3.501	3.358	**3.317**
绿脱石	**3.810**	9.104	4.572	3.948	4.400
镁铝榴石	10.565	7.156	6.755	8.606	**5.065**
榍石	13.167	**4.188**	11.471	10.646	8.182
玉髓	4.733	6.119	**4.440**	5.907	6.635
均值	6.005	6.411	5.506	5.455	**5.231**

此外，图 4.19 展示了 SGSNMF 算法反演的 Cuprite 丰度分布影像，该结果与 Cuprite 区域的地质图有很高的相似性[83]，特别是一些空间分布十分独特的矿物类型，如水铵长石、蒙脱石和白云母。

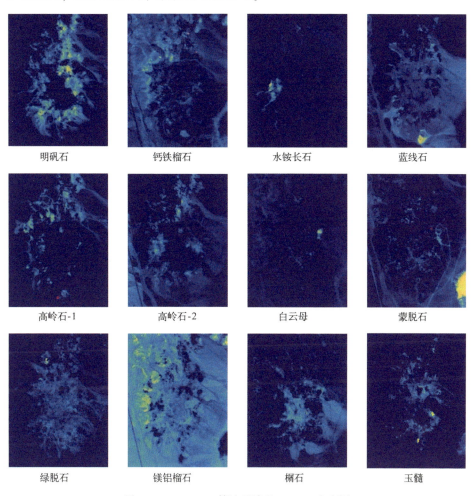

图 4.19 SGSNMF 算法反演的 Cuprite 丰度图

考虑到影像光谱与 USGS 地物光谱库之间的差异性，上述 SAD 数值精度并不能完全反映混合像元分解的准确性，因此我们进一步计算了平均重建误差用于评估分解的准确性。如果平均重建误差小且误差图中没有明显的区域，则可从侧面说明该算法分解结果的准确性。为了消除端元个数估计误差对于分解精度的影响，本实验中端元个数 M 分别设置为 12 和 14。重建误差图与平均重建误差如表 4.8 所列。总体来说，MVCNMF 算法和 SGSNMF 算法明显优于其他算法，当端元个数 M 增加到 14，VCA、ASSNMF 和 $L_{1/2}$NMF 算法的重建误差图中仍存在一些显著的误差区域。综上所述，定性与定量评价结果表明 SGSNMF 算法可以在真实高光谱数据集中获得较优的分解效果。

表 4.8 Cuprite 数据下不同盲分解算法的重建误差对比

	方法名称				
	VCA-FCLS	MVCNMF	ASSNMF	$L_{1/2}$NMF	SGSNMF
$M = 12$					
重建误差	0.1418	0.0572	0.1111	0.0914	0.0591
$M = 14$					
重建误差	0.0922	0.0524	0.0752	0.0729	0.0511

4.6.4 基于深度学习的混合像元分解实验与分析

本实验首先通过 AVIRIS Cuprite 数据对基于深度学习的混合像元分解进行 SAD 精度评价，表 4.9 列出了 SAD 值，其中最佳结果以加粗突出显示。从表中可以看出，本节采用的 GSUU 方法获得了最佳的平均 SAD 结果。虽然丰度无法定量评估，但 GSUU 方法获得的丰度图如图 4.20 所示，并且可以直观地解释。根据 Cuprite 地区的地质图，丰度图的相关性较好，利用本节采用的 GSUU 方法准确地反演了水铵长石、白云母和蒙脱石。

表 4.9 Cuprite 数据下不同算法的 SAD 精度对比

端元	方法							
	NFINDR	$L_{1/2}$NMF	SGSNMF	uDAS	CyCU-Net	UnDIP	SNMF-Net	GSUU
明矾石	5.6494	5.5176	6.2624	7.1687	5.3845	**4.5377**	5.3760	5.2476
钙铁榴石	4.9330	4.9561	**3.8789**	6.7882	5.2430	4.7931	4.9077	4.3064
水铵长石	**4.3128**	4.6295	4.5206	5.3812	5.2820	5.7141	5.5641	5.3462
蓝线石	**4.1393**	4.8530	4.8873	6.0983	4.7126	7.8535	6.0077	4.9481

续表

端元	方法							
	NFINDR	$L_{1/2}$NMF	SGSNMF	uDAS	CyCU-Net	UnDIP	SNMF-Net	GSUU
高岭石_1	4.7133	4.2857	**4.1138**	5.2885	5.4953	6.4554	4.8986	4.7731
高岭石_2	4.3170	3.8102	4.0394	4.5533	4.0528	4.1973	3.7883	**3.6285**
白云母	8.5759	3.5008	**3.3174**	8.5364	8.5397	5.7324	7.2903	6.2349
蒙脱石	3.3871	7.2536	7.5057	4.1636	3.3312	3.4641	3.4021	**3.1225**
绿脱石	**3.7317**	4.5722	4.4003	5.5073	3.9914	3.7337	4.0771	4.1881
镁铝榴石	**4.1657**	6.7552	5.0649	13.7326	11.2673	18.6732	9.9276	8.5989
榍石	16.3486	11.4706	8.1818	6.1130	5.4392	22.0718	**5.1292**	5.4607
玉髓	4.9272	4.4404	6.6349	6.3502	5.2407	4.7256	**3.9020**	3.9339
均值	5.7667	5.5037	5.2340	6.6401	5.6650	7.6585	5.3559	**4.9824**

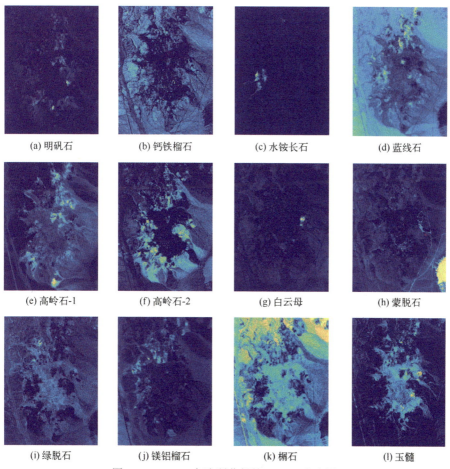

(a) 明矾石　　(b) 钙铁榴石　　(c) 水铵长石　　(d) 蓝线石

(e) 高岭石-1　　(f) 高岭石-2　　(g) 白云母　　(h) 蒙脱石

(i) 绿脱石　　(j) 镁铝榴石　　(k) 榍石　　(l) 玉髓

图 4.20　GSUU 方法所获得的 Cuprite 丰度图

对于 RMMS 数据的 SMScene，端元提取和丰度反演的实验结果分别列于表 4.10 和表 4.11 中，其中最佳结果以加粗突出显示。图 4.21 显示了对比的丰度图结果。从表中可以看出，GSUU 方法可以得到最优的平均 SAD 值。GSUU 方法也可以比其他方法更准确地估计丰度图。对于端元树枝，虽然 SG-SNMF 也考虑了高光谱图像的结构稀疏性，但 GSUU 的性能优于 SGSNMF。UnDIP 和 SNMF-Net 分别提取的鹅卵石端元和枯枝端元的 SAD 精度最好，但两者均未考虑空间信息。SGSNMF 的枯枝端元的丰度图是不合理的，枯枝被错误地识别成苔藓。

表 4.10　RMMS 数据下不同端元提取算法的 SAD 精度对比

方法	端元				
	苔藓	鹅卵石	枯枝	树叶	均值
NFINDR-FCLS	15.4388	2.1372	3.5705	**0.9015**	5.5100
$L_{1/2}$NMF	17.9585	2.5511	3.9829	2.0965	6.6472
SGSNMF	2.3242	2.5392	19.8028	1.0235	6.4224
uDAS	19.2617	2.8042	5.5605	2.5720	7.5496
CyCU-Net	**2.2060**	5.4470	10.0200	4.6425	5.5789
UnDIP	14.2494	**2.1487**	3.6208	1.2293	5.3120
SNMF-Net	13.3987	2.3738	**3.3066**	2.3085	5.3469
GSUU	7.2930	2.3337	3.3854	1.0964	**3.5271**

表 4.11　RMMS 数据下不同丰度反演的精度对比

方法	端元				
	苔藓	鹅卵石	枯枝	树叶	RMSE
NFINDR-FCLS	0.4516	0.0412	0.0839	0.3870	0.6020
$L_{1/2}$NMF	0.4573	0.0423	0.0884	0.3865	0.6068
SGSNMF	0.5768	0.0551	0.4003	**0.2157**	0.7365
uDAS	0.4617	0.0466	0.0855	0.3837	0.6081
CyCU-Net	0.4616	0.0665	0.2012	0.3493	0.6369
UnDIP	0.7599	0.3612	0.3591	0.3969	0.9972
SNMF-Net	0.4196	0.0448	0.0817	0.3488	0.5538
GSUU	**0.3610**	**0.0354**	**0.0548**	0.3291	**0.4930**

真实高光谱数据集 RMMS 上的实验验证了深度展开混合像元分解方法的有效性和鲁棒性。结构稀疏正则化解混合展开网络（GSUU）是一种模型驱动的神经网络，能提高盲分解算法的效率和性能。受空间相邻混合像元有相似

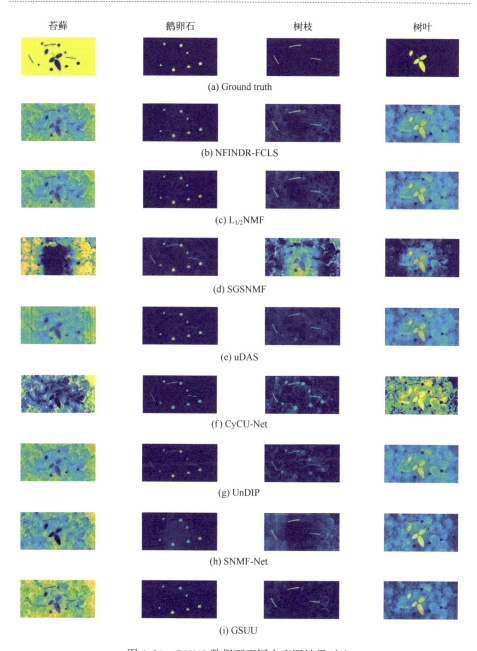

图 4.21 RMMS 数据下不同丰度图结果对比

稀疏丰度这一事实的启发,将丰度的空间群稀疏度先验加入深度展开网络中。根据优化过程,网络包含两个区块:A-Block 用于获取端元光谱;S-Block 用于丰度图的反演,能同时有效获取端元光谱和丰度图。

4.7 小　　结

本章系统性地综述了高光谱遥感影像混合像元分解的科学问题与研究进展，从高光谱遥感影像混合像元的成因出发，详细地介绍了混合像元的数学模型，并对比分析了线性混合像元模型与非线性拓展模型的联系与差异。从混合像元分解的三个科学问题，介绍了基于信息测度与特征值分析的端元个数估计方法、基于凸几何的端元提取方法、基于最小二乘的丰度反演方法以及可同时估计端元与丰度的混合像元盲分解方法。高光谱遥感影像"全自动"光谱分解技术，旨在不借助人工标签或反馈等指导信息，采用无监督的方式直接从高光谱遥感影像中自动确定端元个数、端元光谱以及丰度分布。

随着深度学习的不断发展，自编码和深度展开等深度学习网络被引入无监督高光谱混合像元分解并能取得较好的分解效果。表4.12总结了各类混合像元分解方法优缺点。

表4.12　各类混合像元分解方法优缺点汇总表

解混方法	输出结果	代表方法	优缺点
端元个数估计	端元个数	MDL、HySime、HFC	大多数方法仅利用了光谱的统计特性估计端元个数，端元的空间特性未有效利用
两步式解混：端元提取-丰度反演方法	端元光谱+丰度图	PPI、OSP、VCA、N-FINDR	端元个数估计与后续光谱分解过程独立且缺乏交互，累计误差无法避免
一步式解混：混合像元盲分解方法	端元光谱+丰度图	MVCNMF、$L_{1/2}$ NMF、ASSNMF、DNNMF、SG-SNMF、TV-RSNMF、SC-NMF、S2-NMF	有效减少端元提取与丰度反演间的累计误差，需要先验知识
全自动光谱分解	端元个数+端元光谱+丰度图	SPICESAED+SGSNMF	通过建立端元个数估计与端元光谱提取、端元光谱提取与丰度分布反演之间的双向交互-反馈机制，提升混合像元分解准确性与自动化水平

续表

解混方法		输出结果	代表方法	优缺点
深度学习方法	基于自编码的混合像元分解方法	端元光谱+丰度图	DAEU、EndNet、JMnet、uDAS、DAEN、DeepGUn、CNNAEU、AAENet	数据驱动的方式直接从影像中学习特征
	基于深度展开的混合像元分解	端元光谱+丰度图	SNMF-Net、GSUU	将分解模型和数据驱动相结合,提高网络结构可解释性

参考文献

[1] SCHAEPMAN M E, USTIN S L, PLAZA A J, et al. Earth system science related imaging spectroscopy: an assessment [J]. Remote Sensing of Environment, 2009, 113 (9): S123-S137.

[2] 吴波. 混合像元自动分解及其扩展模型研究 [D]. 武汉: 武汉大学, 2006.

[3] KESHAVA N, MUSTARD J F. Spectral unmixing [J]. IEEE Signal Processing Magazine, 2002, 19 (1): 44-57.

[4] BIOUCAS-DIAS J M, PLAZA A, DOBIGEON N, et al. Hyperspectral unmixing overview: geometrical, statistical, and sparse regression-based approaches [J]. IEEE Journal of Selected Topics in Applied Earth Observations and Remote Sensing, 2012, 5 (2): 354-379.

[5] NASCIMENTO J M, BIOUCAS-DIAS J M. Nonlinear mixture model for hyperspectral unmixing [C]//Image and Signal Processing for Remote Sensing XV, August 31-September 2, 2009, Berlin, Germany. SPIE, c2009: 157-164.

[6] DOBIGEON N, TOURNERET J Y, RICHARD C, et al. Nonlinear unmixing of hyperspectral images: models and algorithms [J]. IEEE Signal Processing Magazine, 2014, 31 (1): 82-94.

[7] HEYLEN R, PARENTE M, GADER P. A review of nonlinear hyperspectral unmixing methods [J]. IEEE Journal of Selected Topics in Applied Earth Observations and Remote Sensing, 2014, 7 (6): 1844-1868.

[8] FAN W Y, HU B X, MILLER J, et al. Comparative study between a new nonlinear model and common linear model for analysing laboratory simulated-forest hyperspectral data [J]. International Journal of Remote Sensing, 2009, 30 (11): 2951-2962.

[9] HALIMI A, ALTMANN Y, DOBIGEON N, et al. Nonlinear unmixing of hyperspectral images using a generalized bilinear model [J]. IEEE Transactions on Geoscience and Remote Sensing, 2011, 49 (11): 4153-4162.

[10] HEYLEN R, SCHEUNDERS P, RANGARAJAN A, et al. Nonlinear unmixing by using different metrics in a linear unmixing chain [J]. IEEE Journal of Selected Topics in Applied Earth Observations and Remote Sensing, 2015, 8 (6): 2655-2664.

[11] ALTMANN Y, HALIMI A, DOBIGEON N, et al. Supervised nonlinear spectral unmixing using a postnonlinear mixing model for hyperspectral imagery [J]. IEEE Transactions on Image Processing, 2012, 21 (6): 3017-3025.

[12] WEI Q, CHEN M, TOURNERET J, et al. Unsupervised nonlinear spectral unmixing based on a multilinear mixing model [J]. IEEE Transactions on Geoscience and Remote Sensing, 2017, 55 (8): 4534-4544.

[13] YANG B, WANG B. Band-wise nonlinear unmixing for hyperspectral imagery using an extended multilinear mixing model [J]. IEEE Transactions on Geoscience and Remote Sensing, 2018, 55 (11): 6747-6762.

[14] HEYLEN R, SCHEUNDERS P. A multilinear mixing model for nonlinear spectral unmixing [J]. IEEE Transactions on Geoscience and Remote Sensing, 2016, 54 (1): 240-251.

[15] WAX M, KAILATH T. Detection of signals by information theoretic criteria [J]. IEEE Transactions on Acoustics Speech and Signal Processing, 1985, 33 (2): 387-392.

[16] CHANG C I, DU Q. Estimation of number of spectrally distinct signal sources in hyperspectral imagery [J]. IEEE Transactions on Geoscience and Remote Sensing, 2004, 42 (3): 608-619.

[17] BIOUCAS-DIAS J M, NASCIMENTO J M. Hyperspectral subspace identification [J]. IEEE Transactions on Geoscience and Remote Sensing, 2008, 46 (8): 2435-2445.

[18] HARSANYI J, FARRAND W, CHANG C I. Determining the number and identity of spectral endmembers: an integrated approach using Neyman-Pearson eigen-thresholding and iterative constrained RMS error minimization [C]//Proceedings of the Thematic Conference on Geologic Remote Sensing, February 8-11, 1993, Pasadena, California, USA. Environmental Research Institute of Michigan, c1993: 395-395.

[19] ROGER R, ARNOLD J. Reliably estimating the noise in AVIRIS hyperspectral images [J]. International Journal of Remote Sensing, 1996, 17 (10): 1951-1962.

[20] BOARDMAN J W, KRUSE F A, GREEN R O. Mapping target signatures via partial unmixing of AVIRIS data [C]// Fifth Annual JPL Airborne Earth Science Workshop, January 23-26, 1995, Pasadena, California, USA. NASA, c1995: 23-26.

[21] REN H, CHANG C I. Automatic spectral target recognition in hyperspectral imagery [J].

[22] NASCIMENTO J M P, DIAS J M B. Vertex component analysis: a fast algorithm to extract endmembers spectra from hyperspectral data [C]//Iberian Conference on Pattern Recognition and Image Analysis, June 4-6, 2003, Andratx, Mallorca, Spain. Springer, c2003: 626-635.

[23] NASCIMENTO J M, DIAS J M B. Vertex component analysis: a fast algorithm to unmix hyperspectral data [J]. IEEE Transactions on Geoscience and Remote Sensing, 2005, 43 (4): 898-910.

[24] WINTER M E. N-FINDR: an algorithm for fast autonomous spectral end-member determination in hyperspectral data [C]//Imaging Spectrometry V, July19-21, Denver, Colorado, USA. SPIE, c1999: 266-275.

[25] CHANG C I, WU C C, LIU W M, et al. A new growing method for simplex-based endmember extraction algorithm [J]. IEEE Transactions on Geoscience and Remote Sensing, 2006, 44 (10): 2804-2819.

[26] BIOUCAS-DIAS J M. A variable splitting augmented Lagrangian approach to linear spectral unmixing [C]//2009 First Workshop on Hyperspectral Image and Signal Processing: Evolution in Remote Sensing, August 26-28, 2019, Grenoble, France. IEEE, c2009: 1-4.

[27] AMBIKAPATHI A, CHAN T H, CHI C Y, et al. Hyperspectral data geometry-based estimation of number of endmembers using p-norm-based pure pixel identification algorithm [J]. IEEE Transactions on Geoscience and Remote Sensing, 2013, 51 (5): 2753-2769.

[28] CRAIG M D. Minimum volume transforms for remotely sensed data [J]. IEEE Transactions on Geoscience and Remote Sensing, 1994, 32 (3): 542-552.

[29] CHAN T H, CHI C Y, HUANG Y M, et al. A convex analysis-based minimum-volume enclosing simplex algorithm for hyperspectral unmixing [J]. IEEE Transactions on Signal Processing, 2009, 57 (11): 4418-4432.

[30] BERMAN M, KIIVERI H, LAGERSTROM R, et al. ICE: a statistical approach to identifying endmembers in hyperspectral images [J]. IEEE Transactions on Geoscience and Remote Sensing, 2004, 42 (10): 2085-2095.

[31] BOYD S, VANDENBERGHE L. Introduction to applied linear algebra: vectors, matrices, and least squares [M]. Cambridge: Cambridge University Press, 2018.

[32] HEINZ D C, CHANG C I. Fully constrained least squares linear spectral mixture analysis method for material quantification in hyperspectral imagery [J]. IEEE Transactions on Geoscience and Remote Sensing, 2001, 39 (3): 529-545.

[33] LI J, AGATHOS A, ZAHARIE D, et al. Minimum volume simplex analysis: a fast algorithm for linear hyperspectral unmixing [J]. IEEE Transactions on Geoscience and Re-

mote Sensing, 2015, 53 (9): 5067-5082.

[34] CHI C Y, LI W C, LIN C H. Convex optimization for signal processing and communications: from fundamentals to applications [M]. Boca Raton: CRC Press, 2017.

[35] MAKINO S, LEE T W, SAWADA H. Blind speech separation [M]. Berlin: Springer, 2007.

[36] YU X, HU D, XU J. Blind source separation: theory and applications [M]. Hoboken: John Wiley & Sons, 2013.

[37] CICHOCKI A, ZDUNEK R, PHAN A H, et al. Nonnegative matrix and tensor factorizations: applications to exploratory multi-way data analysis and blind source separation [M]. Hoboken: John Wiley & Sons, 2009.

[38] COMON P, JUTTEN C. Handbook of blind source separation: Independent component analysis and applications [M]. Cambridge: Academic Press, 2010.

[39] MA W K, BIOUCAS-DIAS J M, CHAN T H, et al. a signal processing perspective on hyperspectral unmixing: insights from remote sensing [J]. IEEE Signal Processing Magazine, 2013, 31 (1): 67-81.

[40] XIA W, LIU X, WANG B, et al. ZHANG. Independent component analysis for blind unmixing of hyperspectral imagery with additional constraints [J]. IEEE Transactions on Geoscience and Remote Sensing, 2011, 49 (6): 2165-2179.

[41] WANG J, CHANG C I. Applications of independent component analysis in endmember extraction and abundance quantification for hyperspectral imagery [J]. IEEE Transactions on Geoscience and Remote Sensing, 2006, 44: 2601-2616.

[42] BIOUCAS-DIAS J N A J. Does independent component analysis play a role in unmixing hyperspectral data? [J]. IEEE Transactions on Geoscience and Remote Sensing, 2005, 43 (1): 175-187.

[43] MIAO L, QI H. Endmember extraction from highly mixed data using minimum volume constrained nonnegative matrix factorization [J]. IEEE Transactions on Geoscience and Remote Sensing, 2007, 45 (3): 765-777.

[44] LU X, WU H, YUAN Y, et al. Manifold regularized sparse NMF for hyperspectral unmixing [J]. IEEE Transactions on Geoscience and Remote Sensing, 2013, 51 (5): 2815-2826.

[45] LIU X, XIA W, WANG B, et al. An approach based on constrained nonnegative matrix factorization to unmix hyperspectral data [J]. IEEE Transactions on Geoscience and Remote Sensing, 2011, 49 (2): 757-772.

[46] ZARE A, GADER P. Sparsity promoting iterated constrained endmember detection in hyperspectral imagery [J]. IEEE Geoscience and Remote Sensing Letters, 2007, 4 (3): 446.

[47] LI J, BIOUCAS-DIAS J M, PLAZA A. Collaborative nonnegative matrix factorization for re-

motely sensed hyperspectral unmixing [C]//2012 IEEE International Geoscience and Remote Sensing Symposium, July 22-27, 2012, Munich, Germany. IEEE, c2012: 3078-3081.

[48] ABOLGHASEMI V, FERDOWSI S, SANEI S. Blind separation of image sources via adaptive dictionary learning [J]. IEEE Image Process, 2012, 21 (6): 2921-2930.

[49] QIAN Y, JIA S, ZHOU J, et al. Hyperspectral unmixing via sparsity-constrained nonnegative matrix factorization [J]. IEEE Transactions on Geoscience and Remote Sensing, 2011, 49 (11): 4282-4297.

[50] LU X, WU H, YUAN Y. Double constrained NMF for hyperspectral unmixing [J]. IEEE Transactions on Geoscience and Remote Sensing, 2014, 52 (5): 2746-2758.

[51] CHARLES A S, OLSHAUSEN B, ROZELL C J. Learning sparse codes for hyperspectral imagery [J]. IEEE Journal of Selected Topics in Signal Processing, 2011, 5 (5): 963-978.

[52] WANG X, ZHONG Y, ZHANG L, et al. Spatial group sparsity regularized nonnegative matrix factorization for hyperspectral unmixing [J]. IEEE Transactions on Geoscience and Remote Sensing, 2017, 55 (11): 6287-6304.

[53] HE W, ZHANG H, ZHANG L. Total variation regularized reweighted sparse nonnegative matrix factorization for hyperspectral unmixing [J]. IEEE Transactions on Geoscience and Remote Sensing, 2017, 55 (7): 3909-3921.

[54] LU X Q, DONG L, YUAN Y. Subspace clustering constrained sparse NMF for hyperspectral unmixing [J]. IEEE Transactions on Geoscience and Remote Sensing, 2020, 58 (5): 3007-3019.

[55] DONG L, YUAN Y, LU X Q. Spectral spatial joint sparse NMF for hyperspectral unmixing [J]. IEEE Transactions on Geoscience and Remote Sensing, 2021, 59 (3): 2391-2402.

[56] BACH F, JENATTON R, MAIRAL J, et al. Optimization with sparsity-inducing penalties [J]. Foundations and Trends in Machine Learning, 2012, 4 (1): 1-106.

[57] MAIRAL J, BACH F, PONCE J. Sparse modeling for image and vision processing [J]. Foundations and Trends in Computer Graphics and Vision, 2014, 8 (2/3): 85-283.

[58] AHARON M, ELAD M, BRUCKSTEIN A. K-SVD: an algorithm for designing overcomplete dictionaries for sparse representation [J]. IEEE Transactions on Signal Processing, 2006, 54 (11): 4311-4322.

[59] TIBSHIRANI R. Regression shrinkage and selection via the lasso: a retrospective [J]. Journal of the Royal Statistical Society, 1996, 58 (3): 267-288.

[60] YUAN M, LIN Y. Model selection and estimation in regression with grouped variables [J]. Journal of the Royal Statistical Society, 2006, 68 (1): 49-67.

[61] MEIER L, GEER S V D, BüHLMANN P. The group lasso for logistic regression [J]. Journal of the Royal Statistical Society, 2008, 70 (1): 53-71.

[62] KOWALSKI M. Sparse regression using mixed norms [J]. Applied & Computational Harmonic Analysis, 2009, 27 (3): 303-324.

[63] BAYRAM I. Mixed norms with overlapping groups as signal priors [C]//2011 IEEE International Conference on Acoustics, Speech and Signal Processing (ICASSP), May 22-27, 2011, Prague, Czech Republic. IEEE, c2011: 4036-4039.

[64] JENATTON R, AUDIBERT J-Y, BACH F. Structured variable selection with sparsity-inducing norms [J]. Journal of Machine Learning Research, 2011, 12 (Oct): 2777-2824.

[65] BACH F, JENATTON R, MAIRAL J, et al. Convex optimization with sparsity-inducing norms [J]. Optimization for Machine Learning, 2011: 19-49.

[66] PALSSON B, SIGURDSSON J, SVEINSSON J R, et al. Hyperspectral unmixing using a neural network autoencoder [J]. IEEE Access, 2018, 6: 25646-25656.

[67] OZKAN S, KAYA B, AKAR G B. EndNet: sparse autoencoder network for endmember extraction and hyperspectral unmixing [J]. IEEE Transactions on Geoscience and Remote Sensing, 2019, 57 (1): 482-496.

[68] MIN A, GUO Z, LI H, et al. JMnet: joint metric neural network for hyperspectral unmixing [J]. IEEE Transactions on Geoscience and Remote Sensing, 2021, 60: 1-12.

[69] QU Y, QI H R. uDAS: an untied denoising autoencoder with sparsity for spectral unmixing [J]. IEEE Transactions on Geoscience and Remote Sensing, 2019, 57 (3): 1698-1712.

[70] SU Y C, LI J, PLAZA A, et al. DAEN: deep autoencoder networks for hyperspectral unmixing [J]. IEEE Transactions on Geoscience and Remote Sensing, 57 (7): 4309-4321.

[71] BORSOI R A, IMBIRIBA T, MOREIRA BERMUDEZ J C. Deep generative endmember modeling: An application to unsupervised spectral unmixing [J]. IEEE Transactions on Computational Imaging, 2019, 6: 374-384.

[72] PALSSON B, ULFARSSON M O, SVEINSSON J R. Convolutional autoencoder for spectral spatial hyperspectral unmixing [J]. IEEE Transactions on Geoscience and Remote Sensing, 2020, 59 (1): 535-549.

[73] JIN Q W, MA Y, FAN F, et al. Adversarial autoencoder network for hyperspectral unmixing [J]. IEEE Transactions on Neural Networks and Learning Systems, 2021, 34 (8): 4555-4569.

[74] GREGOR K, LECUN Y. Learning fast approximations of sparse coding [C]//Proceedings of the 27th International Conference on International Conference on Machine Learning, June 21-24, 2010, Haifa, Israel. ACM, c2010: 399-406.

[75] YANG Y, SUN J, LI H B, et al. Deep ADMM-Net for compressive sensing MRI [J]. Advances in Neural Information Processing Systems. 2016, 29: 10-18.

[76] ZHANG J, PAN J, LAI W S, et al. Learning fully convolutional networks for iterative non-

blind deconvolution [C]//Proceedings of the IEEE Conference on Computer Vision and Pattern Recognition, July 21-26, 2017, Honolulu, Hawaii, USA. IEEE, c2017: 3817-3825.

[77] WANG H, XIE Q, ZHAO Q, et al. A model-driven deep neural network for single image rain removal [C]//Proceedings of the IEEE/CVF Conference on Computer Vision and Pattern Recognition, June 13-19, 2020, Seattle, Washington, USA. IEEE, c2020: 3103-3112.

[78] ZHANG K, VAN GOOL L, TIMOFTE R, et al. Deep unfolding network for image super-resolution [C]//Proceedings of the IEEE/CVF Conference on Computer Vision and Pattern Recognition, June 13-19, 2020, Seattle, Washington, USA. IEEE, c2020 3217-3226.

[79] SCHULER C J, HIRSCH M, HARMELING S, et al. Learning to deblur [J]. IEEE Transactions on Pattern Analysis and Machine Intelligence, 2015, 38 (7): 1439-1451.

[80] XIONG F C, ZHOU J, TAO S Y, et al. SNMF-Net: learning a deep alternating neural network for hyperspectral unmixing [J]. IEEE Transactions on Geoscience and Remote Sensing, 2021, 60: 1-16.

[81] FENG X R, LI H C, LI J, et al. Hyperspectral unmixing using sparsity-constrained deep nonnegative matrix factorization with total variation [J]. IEEE Transactions on Geoscience and Remote Sensing, 2018, 56 (10): 6245-6257.

[82] LI H C, FENG X R, ZHAI D H, et al. Self-supervised robust deep matrix factorization for hyperspectral unmixing [J]. IEEE Transactions on Geoscience and Remote Sensing, 2021, 60: 1-14.

[83] SWAYZE G A. The hydrothermal and structural history of the Cuprite Mining District, southwestern Nevada: an integrated geological and geophysical approach [M]. Colorado: University of Colorado at Boulder, 1997.

第5章 高光谱遥感地物分类

随着人类对于地球资源与环境的认识以及行业应用的不断深化，融合高空间和高光谱分辨率遥感，实现地物更为全面和精细的信息提取成为光学遥感重要的发展方向。无人机高光谱平台低成本获取的高光谱（纳米级）、高空间（厘米级）分辨率（双高）影像为地物精细分类提供了新的技术手段。本章将从传统的高光谱遥感分类方法到基于深度学习的高光谱遥感地物分类方法进行介绍。

5.1 高光谱遥感分类

自20世纪80年代成像光谱技术问世以来，高光谱遥感技术得到了飞速的发展，已经成为人类研究地表生态环境的一种重要手段和认识理解地球的重要信息来源。相比可见光影像的"所见即所得"，高光谱影像中每个像元均包含数百个狭窄（纳米级）且连续的谱段，其丰富的光谱信息可以实现地物的超视觉属性的精细识别[1]。基于高光谱遥感影像的精细属性识别优势，高光谱遥感已经广泛应用在矿物识别[2-3]、军事探测[4-5]、城市监测[6-7]、精准农业[8-9]等领域。在上述高光谱遥感的广泛应用中，地物分类一直是基础且重要研究内容[10]，其最终目标是对影像中的每个像元进行区分和识别，最终生成地表地物覆盖图。

目前，高光谱遥感对地观测技术的研究受到世界各国的普遍关注，美国、德国、中国、印度、意大利等国家相继发射了搭载高光谱遥感成像系统的对地观测卫星。美国2000年发射的EO-1卫星Hyperion高光谱载荷在军民领域都取得了重要影响，2009年发射的战术侦察实验卫星Tacsat-3具有很高的机动性和准实时战场数据应用能力。在2010年以后，中国、意大利、印度分别发射了可见光-短波红外全谱段高光谱卫星，其中尤以中国科学院上海技术物理研究所研制的 GF-5 AHSI 载荷性能最佳，其可见光到近红外光谱分辨率达到 5nm，短波红外波段光谱分辨率达到 10nm，幅宽可达 60km（远优于 EO-1 载荷 7.5km 幅宽）。然而，受限于卫星通光口径、体积、重量等诸多因素，星载高光谱遥感成像光谱仪每个通道在曝光时间内接收到的总能量很小。为保证图像具有较高的信噪比，星载高光谱遥感影像的空间分辨率普遍较低[11]（数十米至百米）。因而，在一些应用中，星载高光谱遥感影像宏观观测尺度和微观地物精细类别信息提取所需的空间尺度之间存在严重矛盾。例如，精准农业应用中需要获取田块甚至作物冠层的属性信息、林业应用中需获取单木的光谱属性类别以及军事应用中需要捕获小型伪装目标等。因此，需进一步提升高光谱遥感影像的空间分辨率，实现对地物物理属性和几何空间分布的全面认知。

高光谱遥感影像和高空间分辨率影像融合的数据处理方式有效提升了影像空间分辨率。与传统的多光谱图像融合不同，高光谱数据的融合不但要求空间分辨率上有显著提高，还需尽可能保持原始数据的高光谱特征，进而满足光谱解译的应用需求。然而，由于同时期高空间分辨率影像和高光谱遥感影像获取困难，同时受到几何配准误差、光谱和空间分辨率差异过大、光谱响应区间不一致等影响，其融合过程繁琐且融合的结果仍难以应用于后续的遥感应用分析中。

近年来，随着微型无人机平台和轻量化高光谱遥感成像光谱技术的发展，在采集高光谱数据的同时通过降低观测高度来提高空间分辨率，进而同时获取高空间、高光谱分辨率（双高）影像成为了可能。相比于航空高光谱遥感技术，无人机高光谱遥感技术具有低成本、高灵活、操作简单、受天气和起飞环境限制少等优点。无人机高光谱平台的飞行高度可灵活调节，图像空间分辨率可达厘米甚至亚厘米级。目前，无人机高光谱遥感获取的双高影像已经广泛应用于环境监测[12]、灾害险情调查[13]、林业虫害监测[14-15]和精准农业[16-17]等众多领域。

5.2 传统高光谱遥感分类方法

5.2.1 基于光谱信息的传统分类方法

在早期的高光谱图像分类方法研究中，通常利用高光谱图像中丰富的光谱信息[12]，依据图像像素间不同的光谱相似性度量进行分类，本节我们主要介绍最为常见的光谱角匹配[18]和支持向量机[19]方法。

5.2.1.1 光谱角匹配法

光谱角值是一个针对高光谱数据提出的度量，指的是两个像元的光谱特征向量之间的夹角，通过计算两个像元的光谱特征向量之间的夹角大小来评价两个像元之间的相似程度。光谱角匹配法就是通过计算影像中每个像元的光谱与样本光谱库中的参考光谱之间的夹角来确定像元的类别。其原理是把光谱作为向量投影到 N 维空间上，其维数为实际拍摄所能够获取的所有波段数。在这个 N 维空间中，各光谱曲线被看作有方向且有长度的矢量，而光谱矢量之间形成的夹角叫作光谱角，如图 5.1 所示。

在一定的光谱角度允许范围内，每个像元在光谱相似性上都可能对应于一个被记录在光谱库内的样本光谱曲线。光谱角度越小，被估计像元的光谱曲线与参考光谱曲线就越相似，表现在两者之间的地物特性上也越相似，归类的概率和精度就越高，如图 5.2 所示。在 N 维空间上，光谱角匹配分类方法也可以以数学公式的形式来获得估计像元光谱矢量与参考光谱矢量之间的角度，其光谱角的数学表达式为

$$\cos\alpha = \frac{\sum XY}{\sqrt{\sum X^2 + \sum Y^2}} \tag{5.1}$$

式中：α 为影像像元光谱与光谱库中样本光谱之间的夹角（光谱角）；X 为影像像元的光谱曲线矢量；Y 为光谱库中样本的光谱曲线矢量。

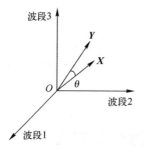
图 5.1 多维光谱角度示意图

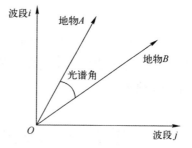
图 5.2 光谱角匹配法示意图

其主要步骤如下：①对数据进行预处理，输入数据为 (X,Y)，X 是特征向量，Y 是类别标签；②对数据降维，高光谱数据的波段数通常较多，为了减少

计算量，通常会使用主成分分析法减少波段数量，再进行后续计算；③确定地物标准光谱曲线，实际应用中所获取的高光谱遥感影像受拍摄时的外在环境因素影响较大，因此一般不选择光谱库中的光谱曲线作为地物标准光谱曲线，而选择训练样本中每类地物所有样本的平均值作为标准光谱曲线；④将所有待分类像元与每类地物进行光谱角匹配，光谱角最小的即为所分得的最终类别。

5.2.1.2 支持向量机

支持向量机是一种在统计学习理论基础上发展起来的采用结构风险最小化准则的机器学习算法，如图5.3所示，其基本思想是在样本数据中找到一个分割超平面使得两侧样本到分割超平面的最小距离相等，然后使用该分割超平面进行分类预测。支持向量机可以自动寻找那些对分类有较大区分能力的支持向量，由此构造出分类器，可以将类与类之间的间隔最大化，因而有较好的推广性和较高的分类准确率。

支持向量机在小样本、非线性及高维模式分类方面有独特的优势。支持向量机除了

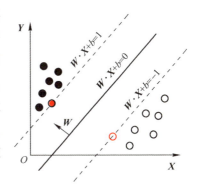

图5.3 结构风险最小化准则示意图

可以针对线性可分情况进行分析、分类，还可以在线性不可分的情况下，使用非线性映射算法将低维输入空间线性不可分的样本转化为高维特征空间，这样使得高维特征空间采用线性算法对样本的非线性特征进行线性分析成为可能。同时，支持向量机这种基于结构风险最小化理论之上、在特征空间中建构最优分割超平面的方法可以使得模型学习得到全局最优化。这使得其十分适合处理高光谱遥感数据，是高光谱分类算法中最经典的方法之一。其主要步骤如下：①对数据进行预处理，输入训练集(X,Y)，X是特征向量，Y是类别标签；②进行非线性映射，将非线性分类问题变成高维特征空间中的线性分类问题；③根据分割超平面进行分类，样本映射到高维特征空间中的哪一类即赋予其该类的类别。

5.2.2 基于空谱信息的传统分类方法

基于随机场的分类是另一种常用的集成空间上下文信息的分类方法。马

尔可夫随机场（MRF）是经典的随机场模型，自 1984 年被引入图像处理中后[20]，在图像处理的众多领域都发挥着重要作用。而在遥感影像分类方面，近几年马尔可夫随机场也获得了广泛关注，如在 MRF 框架中集成支持向量机（Support Vector Machine，SVM）的分类框架 MSVC[21]，在 MRF 模型中考虑 SVM，通过条件迭代算法（ICM）使得目标函数最优化，在分类中有着不错的表现。虽然 MRF 可以在标记影像中考虑空间信息，然而在观测影像方面建模空间上下文信息却不够灵活。因此，作为一种 MRF 的改进模型，条件随机场（CRF）在 2001 年首次由 Lafferty 教授等提出[22]，其直接建模给定观测数据的后验概率，从而可以在观测数据和标记数据中同时考虑空间上下文信息，具有建模的灵活性。2003 年 Kumar 和 Hebert 将 CRF 成功扩展至二维图像处理中[23]，掀起了条件随机场模型在图像处理领域的热潮。在影像分类任务中，最常用的 CRF 模型是成对 CRF，它可以使用一元势能和二元势能构建局部邻域的空间交互。由于在空间上下文信息建模方面的优势，成对 CRF 模型已经广泛应用于遥感影像分类，如简化边界约束的条件随机场分类模型[24]，考虑在二元势能中构建边界信息约束用以对高光谱影像进行上下文信息分类，而融合马氏边界约束的条件随机场分类算法[25]则在高分辨率遥感影像分类中使用了马氏距离边界约束来进一步改善分类效果。虽然 CRF 已经成功应用于遥感影像分类，但在获取最佳分类结果时往往表现出不同程度的地物过平滑现象[26]，尤其当影像中存在重要的尺寸较小的地物结构时，地物过平滑现象往往会影响遥感影像的分类效果。

5.2.2.1 模型构建与推理

为了在 CRF 分类框架中考虑更大尺度的空间上下文信息，提出了保持细节信息的条件随机场（DPSCRF）分类算法。在 DPSCRF 分类框架中，不仅定义了针对性的势函数去考虑在每个分类迭代过程中的不同标记信息，而且使用了面向对象策略来集成两种方法的优点。

为了更方便地描述 DPSCRF 分类算法，首先对使用的变量和符号进行定义。观察场是输入高分辨率遥感影像 $y=\{y_1,y_2,\cdots,y_N\}$，其中 y_i 是影像位置 i 的光谱向量，像元位置 $i \in V=\{1,2,\cdots,N\}$，N 是影像中像素个数。定义输出分类结果的标记场为 $x=\{x_1,x_2,\cdots,x_N\}$，其中 $x_i(i=1,2,\cdots,N)$ 取自标记集合 $L=\{1,2,\cdots,K\}$，K 是类别标记数。

CRF 模型作为判别式的概率框架，直接建模给定观测数据条件下的后验概率分布为 Gibbs 分布，如公式 5.2 所示[22, 27]：

$$P(\boldsymbol{x}|\boldsymbol{y}) = \frac{1}{Z}\exp\left\{-\sum_{c\in C}\psi_c(\boldsymbol{x}_c,\boldsymbol{y})\right\} \quad (5.2)$$

式中：Z 为归一化的配分函数；$\psi_c(\boldsymbol{x}_c,\boldsymbol{y})$ 为模型中的势函数。因此，对应的 Gibbs 能量函数可以定义为

$$E(\boldsymbol{x}|\boldsymbol{y}) = -\log P(\boldsymbol{x}|\boldsymbol{y}) - \log Z = \sum_{c\in C}\psi_c(\boldsymbol{x}_c,\boldsymbol{y}) \quad (5.3)$$

基于最大后验（MAP）准则，影像分类旨在找到使后验概率分布 $P(\boldsymbol{x}|\boldsymbol{y})$ 最大的标记影像 $\boldsymbol{x}$，即 $\boldsymbol{x}_{\text{MAP}} = \arg\max_x P(\boldsymbol{x}|\boldsymbol{y})$。因此，条件随机场的最大后验类别标记可以表示为

$$\boldsymbol{x}_{\text{MAP}} = \arg\max_x P(\boldsymbol{x}|\boldsymbol{y}) = \arg\min_x E(\boldsymbol{x}|\boldsymbol{y}) \quad (5.4)$$

因此，最大化后验概率分布 $P(\boldsymbol{x}|\boldsymbol{y})$ 等价于最小化能量函数 $E(\boldsymbol{x}|\boldsymbol{y})$。在遥感影像分类中，应用最为广泛的是成对条件随机场模型，它可以写成一元势能和二元势能之和，其表达式如下：

$$E(\boldsymbol{x}|\boldsymbol{y}) = \sum_{i\in V}\psi_i(\boldsymbol{x}_i,\boldsymbol{y}) + \lambda\sum_{i\in V,j\in N_i}\psi_{ij}(\boldsymbol{x}_i,\boldsymbol{x}_j,\boldsymbol{y}) \quad (5.5)$$

式中：$\psi_i(\boldsymbol{x}_i,\boldsymbol{y})$ 为一元势能；$\psi_{ij}(\boldsymbol{x}_i,\boldsymbol{x}_j,\boldsymbol{y})$ 为定义在位置 i 局部邻域 N_i 上的二元势能；非负常数 λ 是二元势能的调节参数，权衡一元势能和二元势能的影响。

5.2.2.2 算法流程

基于条件随机场模型，提出的 DPSCRF 高分辨率遥感影像分类算法流程如图 5.4 所示。DPSCRF 根据高分辨率遥感影像特点，设计融合 SVM 和标记代价约束的势函数，此外，基于面向对象的策略利用分割先验解决地物空间异质性问题，最后使用高效的基于 Graph-Cuts 的 α-expansion 推理算法获得最终的分类结果。其算法框架描述如下：

（1）标记代价约束的势函数。DPSCRF 分类算法在局部邻域定义针对性的势函数（一元势能和二元势能）。由于 SVM 算法在有限训练样本下可以获得不错的分类结果，从而一元势能使用 SVM 独立计算每个像素，建立观测影像数据和标记间的关系，可以避免显式地建模数据分布。二元势能建模为空间平滑项和局部类别标记代价项的线性组合，在局部邻域内考虑像元空间的交互影响。基于空间相关性理论，空间平滑项和局部类别标记代价项均倾向于使相邻像元具有相同的类别标记。此外，局部类别标记代价

项可以在分类迭代中充分考虑每一个像元的标记用以保持细节信息。基于设计的势函数，DPSCRF 不仅能考虑空间上下文信息，而且还可以保留大量的细节信息。

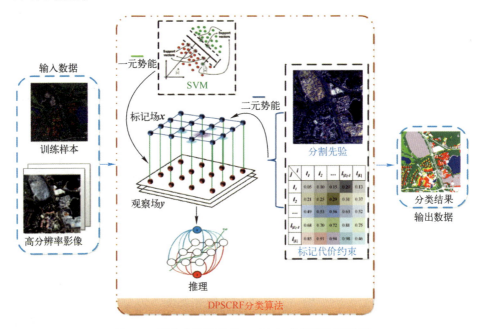

图 5.4　融合分割先验的 DPSCRF 分类算法流程图

（2）基于面向对象策略的分割先验。为了缓解类内光谱差异性以及噪声的影响，在条件随机场模型中使用分割先验建模更大尺度的上下文信息。分割先验基于面向对象的策略解决空间异质性的问题，分割是基于每次分类迭代过程中的分类结果利用连通区域标记算法产生的，基于统一的条件随机场模型集成分割和分类，从而可以避免分割尺度的选择问题。分割先验基于分割的信息通过最大投票的方式建模每一个像素的概率，可以有效利用面向对象的优势处理影像中的噪声和光谱差异性的问题。

（3）基于 Graph-Cuts 的 α-expansion 推理算法。在 DPSCRF 分类算法中根据高分辨率影像的特点构建模型，定义一元势能和二元势能，进而需要推理算法优化模型寻找每个像元的最佳类别标记。由于在多类高分辨率遥感影像分类问题中，准确的推理算法是一个非确定性多项式问题（NP 问题）[28]，因此，近似的推理算法被广泛采用，考虑到基于 Graph-Cuts 的 α-expansion 推理算法[29]的高效性和应用的广泛性[30]，将使用它获取最终的分类结果。

5.3 基于空间取块机制的高光谱遥感深度学习分类方法

自 2014 年 chen 等[31]将栈式自动编码器（Stacked Autoencoder，SAE）应用在高光谱影像分类以来，深度置信网络（Deep Belief Networks，DBN）、卷积神经网络（Convolutional Neural Networks，CNN）、循环神经网络（Recurrent Neural Network，RNN）和长/短期记忆（Long/Short Term Memory，LSTM）、图卷积网络（Graph Convolutional Network，GCN）等网络架构相继在高光谱分类中取得优异的分类性能。SAE 将选取的三维空间块展开为一维向量，丢失了空间信息，同时网络采用全连接的方式，模型参数量庞大容易导致网络过拟合。相比于 SAE、DBN 等全连接类型的网络，卷积神经网络可以有效利用空间位置信息，并且其局部连接和权重共享的特点可以显著降低模型参数数量和网络复杂度。因此，目前高光谱影像分类中基于 CNN 的分类模型研究最多，应用范围最广。

CNN 的感受野（Receptive Field）概念起源于 1962 年 Hubel 和 Wiesel 对猫视觉皮层细胞的研究，1984 年 Fukushima 等在感受野的基础上实现首个卷积神经网络，但受限于计算机硬件的限制在当时并未广泛应用。卷积神经网络在特征提取层利用其局部感受野的思想，使用滤波器对输入数据的局部接受域进行卷积滤波提取感受野的局部特征，其权值共享网络结构类似于生物神经网络，有效降低了网络模型的复杂度，减少了权值的数量。1998 年，LeCun 等[32]将梯度后向传播算法应用于卷积神经网络，进而提出 LeNet-5 网络并在手写体识别中取得优异性能，并且实现了邮编识别等落地应用。LeNet-5 包含卷积层、池化层、全连接层和分类层四种基本构成单元，后续的 AlexNet、VGGNet、GoogLeNet 和 ResNet 等经典的图像分类网络参数规模出现数十倍的增加，但是网络的基本构成单元无本质性变化。

2015 年，Makantasis 等[33]开始将 CNN 应用在高光谱影像分类中，相比于传统的手工特征设计方法取得了更优异的分类结果。随后，Chen 等[34]提出 1D CNN、2D CNN 和 3D CNN 网络的高光谱影像分类框架，其中 3D CNN 网络顾及连续的通道光谱信息，分类性能更优异。随后，残差卷积神经网络、多尺度卷积神经网络、可变形卷积神经网络、注意力机制的卷积神经网络等一系列性能优异的分类模型被相继提出。

深度学习方法的兴起，使得模型可以通过深层神经网络来提取数据中的深层特征用于分类，并且根据反向传播算法自动学习好的分类特征，解决传统方法所面临的问题。尤其是卷积神经网络的提出，因其具有局部连接、权重共享等特性，非常适合于图像处理任务，为高光谱分类方法从只利用光谱信息到同时利用光谱信息和空间信息提供了方法。

为了能够同时利用高光谱影像数据的光谱信息和空间信息进行分类，网络的数据输入就不能只包含光谱信息，还要包含空间信息。为此，绝大多数网络都是通过使用一种空间取块机制将数据输入到网络中去。空间取块机制示意图如图 5.5 所示。其主要思想是将原来以像元为输入的方式转化成以三维影像块为输入的方式，以此利用像元周围的空间信息进行分类。模型训练时，以标记像素为中

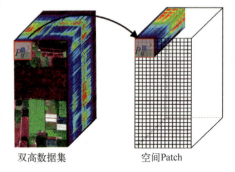

图 5.5 空间取块机制示意图

心，选取邻域 $N×N$ 的三维空间块作为网络输入，并且以中心像素的样本标签为整个空间块的样本标签，进而输入到后续的神经网络中进行训练。模型推理时，仍以邻域 $N×N$ 的三维空间块作为网络输入，最后得出的类别标签赋予中心像素，完成分类。

然而，当前基于 CNN 的高光谱分类模型大多仍采用标记像素邻域空间块作为网络的输入，随着无人机和微型光谱仪的发展，高光谱影像逐渐向着具有高光谱、高空间分辨率的双高影像发展，这种空间取块机制在双高影像地物精细分类时仍面临一些挑战：①如图 5.6（a）所示，双高影像极高光谱的变异性和空间异质性使得类内方差显著增大，基于空间取块机制的方式使其只能利用局部空谱信息，导致分类结果中存在错分孤立区域；②如图 5.6（b）所示，空间块的最优尺寸难以确定，其取决于影像的空间分辨率和地物的空间尺度情况；③深层神经网络具有海量的网络参数，而高光谱影像中地物的标注成本极高导致训练样本有限，小样本下容易导致模型过拟合。

针对基于空间取块机制的卷积神经网络在双高影像分类面临的挑战，本节采用联合卷积神经网络和条件随机场（Conditional Random Field，CRF）的全局空谱融合分类框架（CNNCRF），详细架构如图 5.7 所示。

基于选取的三维空间块，本节首先构建一个深层卷积神经网络提取局部的深层次空谱融合特征，然后利用马氏距离边界约束的 CRF 模型进一步整合空间上下文信息，用于减少分类图中的孤立区域。同时，引入 CRF 模型减弱空间块

尺寸对分类精度的影响。最后，为缓解深层卷积神经网络海量参数和高光谱影像分类中训练样本数量受限之间的矛盾，本节采用四种虚拟样本增强策略。

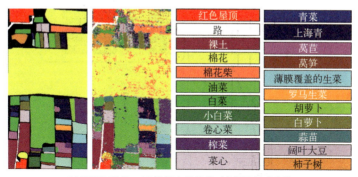

(a) WHU-Hi-HongHu数据分类结果（空间块尺寸为9）

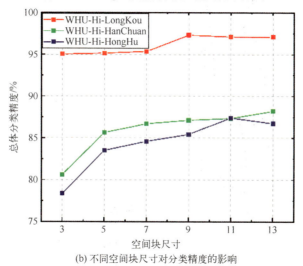

(b) 不同空间块尺寸对分类精度的影响

图5.6 基于空间取块机制的卷积神经网络在双高影像分类中面临的挑战

5.3.1 基于成像机制的训练样本增强策略

深层卷积神经网络需要大量的训练样本来学习海量的模型参数，但是在高光谱影像中标记作物类别是一项成本高昂的任务，主要通过野外实地调查获取。基于此，本节采用四种基于高光谱成像机制的虚拟样本增强策略来缓解训练样本有限的问题。

5.3.1.1 基于翻转和旋转的虚拟样本增强

该类方法不改变图像的形状信息，对选取的三维空间块进行上下、左右随机旋转。

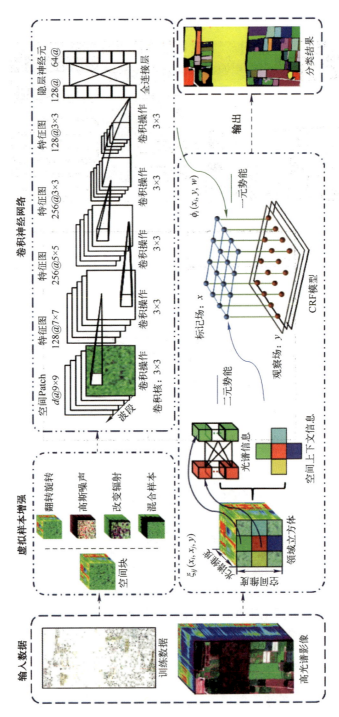

图 5.7 联合卷积神经网络和条件随机场的全局空谱融合分类框架

5.3.1.2 基于辐射变换的虚拟样本增强

假设在数据采集过程中，不同位置的同一类可能会受到不同光照条件的影响导致辐射度的差异。该类方法通过将光强参数 α_m 乘以实际样本 P_m，生成辐射变化情况下的虚拟样本，然后对生成的虚拟样本添加随机高斯噪声项 λn 进一步模拟大气变化的误差，得到最终的虚拟样本 P_r，具体公式如下：

$$P_r = \alpha_m P_m + \lambda n, \quad \text{s.t.} \ 0.9 < \alpha_m < 1.1 \tag{5.6}$$

5.3.1.3 基于混合样本的虚拟样本增强

该方式受到地物光谱混合现象的启发，假设同一类别的物体通常在一定范围内表现出相似的光谱特征。因此，该类方法利用两个（或多个）同类的标记样本 P_i 和 P_j 进行加权融合，其中样本的权重和为 1。具体公式如下：

$$P_{ij} = \alpha_i P_i + \alpha_j P_j + \lambda n, \quad \text{s.t.} \ 0 < \alpha_i, \alpha_j < 1, \quad \alpha_i + \alpha_j = 1 \tag{5.7}$$

5.3.1.4 基于改变噪声的虚拟样本增强

由于大气和传感器信噪比等因素的影响，高光谱的光谱信息会出现不同程度的噪声。基于此，本节提出一种改变噪声的虚拟样本增强方法，首先对获取的数据 P_n 采用小波变换去噪，以消除成像过程中其他因素对信号的影响。其次为了增加数据的鲁棒性，对降噪后的数据添加随机高斯噪声，具体公式如下：

$$P_d = f(P_n) + \lambda n \tag{5.8}$$

式中：$f(\cdot)$ 表示小波变化；λn 表示随机高斯噪声。

5.3.2 卷积神经网络分类基准模型

本节采用基准卷积神经网络，示意图如图 5.8 所示。为了防止输入特征的空间尺寸下降过快，构建 CNN 时未采用池化操作。卷积层和池化层逐层提取深层次的空谱融合特征，全连接层进一步整合全局特征，最后全连接层输出的高层语义特征通过 softmax 分类器进行分类。

卷积层和卷积神经网络的核心是其对输入的特征图进行卷积操作实现特征提取。对于第 l 层的第 i 个特征图 y_i^l，其公式可以表示为

$$y_i^l = f\left(\sum_j w_{i,j}^l * y_j^{l-1} + b_i^l\right) \tag{5.9}$$

式中：y_j^{l-1} 表示第 $(l-1)$ 层的第 j 个特征图；$w_{i,j}^l$ 表示第 l 层的第 i 个卷积核 w_i^l 的第 j 个通道；b_i^l 表示卷积核 w_i^l 对应的偏置；$*$ 表示点乘操作；$f(\cdot)$ 表示激活函数。

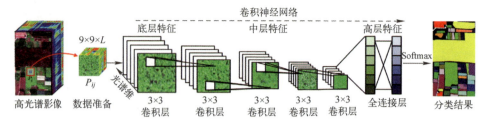

图 5.8　基准卷积神经网络高光谱分类示意图

因为卷积运算是线性映射，为了提升深层网络对非线性特征的表征能力，常在每一次的卷积输出特征图中应用激活函数表征，常用的激活函数包括 Sigmoid、Tanh、ReLU 等。相比于 sigmoid 和 tanh 函数，ReLU 可以减轻网络训练时的梯度弥散现象而被广泛使用，其公式如下：

$$\text{ReLU}(x) = \max(0, x) \tag{5.10}$$

全连接层一般在卷积神经网络的最后段，其通过输入层和输出层神经元全连接的方式整合全局特征，实现卷积局部特征到全局特征的提取。由于采用相邻两层的神经元全部连接，使得全连接层的网络参数庞大。全连接层公式如下：

$$y = f\left(\sum_{i=1}^{n} w_i x_i + b\right) \tag{5.11}$$

式中：w_i 和 b 分别为神经元连接的权重和偏置；$f(\cdot)$ 为激活函数。

softmax 回归是卷积神经网络中最常见的多类别分类器，其用于输出每个像素的属于不同类别的概率。对于 n 个类别的区分，softmax 分类器会输出一个 n 维向量 $\boldsymbol{Y} \in \mathbb{R}^n$，该向量第 i 个维度的值 $p(Y_i = j | X_i, \theta)$ 表示输入特征 X_i 属于第 j 类的概率，其公式如下：

$$\boldsymbol{h_\theta}(X_i) = \begin{bmatrix} p(Y_i = 1 | X_i, \boldsymbol{\theta}) \\ p(Y_i = 2 | X_i, \boldsymbol{\theta}) \\ \vdots \\ p(Y_i = n | X_i, \boldsymbol{\theta}) \end{bmatrix} = \frac{1}{\sum_{j=1}^{n} e^{\boldsymbol{\theta}_j^T X_i}} \begin{bmatrix} e^{\boldsymbol{\theta}_1^T X_i} \\ e^{\boldsymbol{\theta}_2^T X_i} \\ \vdots \\ e^{\boldsymbol{\theta}_n^T X_i} \end{bmatrix} \tag{5.12}$$

式中：$\boldsymbol{\theta}$ 表示模型参数，$\sum_{j=1}^{n} p(Y_i = j | X_i, \boldsymbol{\theta}) = 1$，则网络模型的损失函数可以表示为

$$J(\boldsymbol{\theta}) = -\frac{1}{m}\left[\sum_{i=1}^{m}\sum_{j=1}^{n} I\{Y_i = j\} \log \frac{e^{\boldsymbol{\theta}_j^T X_i}}{\sum_{j=1}^{n} e^{\boldsymbol{\theta}_j^T X_i}}\right] \tag{5.13}$$

式中：m 表示迭代一次的样本数量；$I\{Y_i = j\}$ 表示指示函数，其公式如下：

$$I\{Y_i=j\}=\begin{cases}0, & Y_i\neq j\\ 1, & Y_i=j\end{cases} \quad (5.14)$$

使用迭代优化算法求解损失函数最小化，对损失函数求导后的梯度公式如下：

$$\nabla_{\theta_j}J(\boldsymbol{\theta})=-\frac{1}{m}\sum_{i=1}^{m}[x^i(I\{y^i=j\}-p(y^i=j|x^i;\boldsymbol{\theta}))] \quad (5.15)$$

式中：$\nabla_{\theta_j}J(\boldsymbol{\theta})$是一个向量，其第$l$个元素$\partial J(\boldsymbol{\theta})/\partial\theta_{jl}$是$J(\boldsymbol{\theta})$对$\boldsymbol{\theta}_j$的第$l$个分量的偏导数。故可采用$\nabla_{\theta_j}J(\boldsymbol{\theta})$来实现参数的更新，公式如下：

$$\boldsymbol{\theta}_j:=\boldsymbol{\theta}_j-\alpha\nabla_{\theta_j}J(\boldsymbol{\theta}), \quad j=1,2,\cdots,k \quad (5.16)$$

在实现 softmax 算法的过程中，通常会在损失函数后加衰减项$\frac{\lambda}{2}\sum_{i=1}^{k}\sum_{j=0}^{n}\theta_{ij}^2$对过大的参数进行惩罚。因此，损失函数变成凸函数，进而防止在优化过程中陷入局部收敛。此时损失函数变为

$$J(\boldsymbol{\theta})=-\frac{1}{m}\left[\sum_{i=1}^{m}\sum_{j=1}^{k}I\{y^i=j\}\log\frac{e^{\boldsymbol{\theta}_j^T x^i}}{\sum_{l=1}^{k}e^{\boldsymbol{\theta}_l^T x^i}}\right]+\frac{\lambda}{2}\sum_{i=1}^{k}\sum_{j=0}^{n}\theta_{ij}^2 \quad (5.17)$$

同理，$J(\boldsymbol{\theta})$的偏导数将变为

$$\nabla_{\theta_j}J(\boldsymbol{\theta})=-\frac{1}{m}\sum_{i=1}^{m}[x^i(I\{y^i=j\}-p(y^i=j|x^i;\boldsymbol{\theta}))]+\lambda\boldsymbol{\theta}_j \quad (5.18)$$

5.3.3 条件随机场模型

CRF 模型是 Lafferty 提出的经典概率判别模型，最初是用来标记序列化文本数据的统计模型[35]。在二维图像的处理中，CRF 通过概率图模型中相邻像素之间的边连接关系来考虑像素之间的空间交互作用，进而整合空间上下文信息[36]。在给定的定量观测变量条件下，其直接对最大后验概率建模，具有更灵活的上下文信息建模能力。因此，CRF 模型已广泛应用于遥感图像处理，包括遥感影像分类[37-39]、变化检测[40-41]和目标识别[42]等。在遥感影像分类中，最常见的 CRF 模型是成对 CRF，其通过一元势能和二元势能建模空间邻域像素的交互信息[43]。

在高光谱分类中，观察场是输入的三维高光谱遥感影像 $Y=\{y_1,y_2,\cdots y_i\cdots y_m\}_{i\in S}$，其中 y_i 是像素位置 i 处的光谱向量，$S=\{1,2,\cdots,m\}$ 是高光谱影像中的像素索引，m 为高光谱影像的像素个数。标记场为输出的分类结果 $X=\{x_1, x_2,\cdots x_i\cdots x_m\}_{i\in S}$，其中 $x_i\in\{1,2,\cdots,L\}$ 表示分类类别，L 表示类别数量。因此，高光谱影像分类中的成对条件随机场模型可以表示为

$$P(\boldsymbol{x}|\boldsymbol{y}) = \frac{1}{Z(\boldsymbol{y})} \exp\left\{ \sum_{i \in S} \psi_i(\boldsymbol{x}_i, \boldsymbol{y}_i) + \sum_{i \in S} \sum_{j \in \eta_i} \xi_{ij}(\boldsymbol{x}_i, \boldsymbol{x}_j, \boldsymbol{y}) \right\} \quad (5.19)$$

式中：$Z(\boldsymbol{y})$ 是和为 1 的约束函数；η_i 是像素 i 的邻域像素索引。

在 CNNCRF 模型中，一元势能建模像素的邻域空谱信息和标签信息之间的关系，二元势能建模像素和邻域像素的空间交互关系，以及空间上下文关系。因此，成对势能函数可以理解为考虑像素标签约束下的类别平滑先验，以保证同质区域内相邻的像素被分为相同类别。本节 CRF 模型中的空间邻域 η_i 为四邻域，其在优化过程中将相邻像素的交互信息传递到整个影像中，进而实现全局空间上下文的优化。CRF 模型的示意图如图 5.9 所示，其公式表示如下：

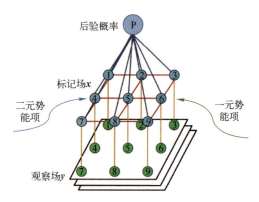

图 5.9　条件随机场模型示意图

$$\psi_i(\boldsymbol{x}_i, \boldsymbol{y}_i) = P(\boldsymbol{x}_i = l_k | \boldsymbol{y}_i) \quad (5.20)$$

$$\xi_{i,j}(\boldsymbol{x}_i, \boldsymbol{x}_j, \boldsymbol{y}) = \begin{cases} 1, & \boldsymbol{x}_i = \boldsymbol{x}_j \\ 1 - \operatorname{dist}(i,j)^{-1} \exp(-\beta \|\boldsymbol{y}_i - \boldsymbol{y}_j\|) & \boldsymbol{x}_i \neq \boldsymbol{x}_j \end{cases} \quad (5.21)$$

式中：一元势能项 $\psi_i(\boldsymbol{x}_i, \boldsymbol{y}_i)$ 是像素 $\boldsymbol{y}_i$ 在类别概率 $P(\boldsymbol{x}_i = l_k)$ 获得像素标签 l_k 的代价，CNNCRF 模型中类别概率是通过 CNN 获取的；$\xi_{i,j}(\boldsymbol{x}_i, \boldsymbol{x}_j, \boldsymbol{y})$ 是二元势能项；(i,j) 是邻域像素对；$\boldsymbol{y}_i$ 和 $\boldsymbol{y}_j$ 是邻域像素对位置 i 和 j 的光谱向量；$\operatorname{dist}(\boldsymbol{y}_i, \boldsymbol{y}_j)$ 表示光谱向量之间的距离。

本节中采用马氏距离作为相似度度量，通过多元正态分布概率函数来建模输入数据的相关性，进而得出自适应的调整测度标准，其公式表示如下：

$$d(\boldsymbol{y}_i, \boldsymbol{y}_j) = \frac{D_M(\boldsymbol{y}_i, \boldsymbol{y}_j)}{|\operatorname{Corr}(\boldsymbol{y}_i, \boldsymbol{y}_j)|} \quad (5.21)$$

$$D_M(\boldsymbol{y}_i, \boldsymbol{y}_j) = \sqrt{(\boldsymbol{y}_i - \boldsymbol{y}_j)^{\mathrm{T}} \boldsymbol{M} (\boldsymbol{y}_i - \boldsymbol{y}_j)} \quad (5.22)$$

$$\operatorname{Corr}(\boldsymbol{y}_i, \boldsymbol{y}_j) = \frac{\sum_{u=v=1}^{d} (y_{iu} - \bar{y}_i)(y_{ju} - \bar{y}_j)}{\sqrt{\sum_{u=1}^{d}(y_{iu} - \bar{y}_i)^2} \sqrt{\sum_{v=1}^{d}(y_{jv} - \bar{y}_j)^2}} \quad (5.23)$$

式中：$D_M(\boldsymbol{y}_i, \boldsymbol{y}_j)$、$\Sigma$ 和 $\operatorname{Corr}(\boldsymbol{y}_i, \boldsymbol{y}_j)$ 分别表示马氏距离、皮尔逊相关系数和邻域像素 $\boldsymbol{y}_i$ 和 $\boldsymbol{y}_j$ 向量和之间的协方差矩阵；$\boldsymbol{M}$ 表示马氏距离矩阵。

式（5.21）中参数 β 设置为影像中所有相邻像元光谱向量差异均方差两倍的倒数，其公式表示为

$$\beta = (2\langle \|y_i - y_{\eta_i}\|^2 \rangle)^{-1} \tag{5.24}$$

式中：$\langle \cdot \rangle$ 表示平均运算。

因此，邻域像素的空间交互强度取决于自身，如果邻域像素非常相似，则 $\text{dist}(i,j)^{-1}\exp(-\beta\|y_i-y_j\|)$ 将趋近于 1，$1-\text{dist}(i,j)^{-1}\exp(-\beta\|y_i-y_j\|)$ 趋近于 0，反之亦然。

5.4 端到端高光谱遥感深度学习分类方法

空间取块机制虽然使得网络可以同时利用高光谱影像的光谱信息和空间信息进行分类，提高了分类精度，但是这种数据准备方式也有许多缺点。首先是最佳空间块的大小难以确定，在包含不同地物的不同场景的数据集下，最佳空间块的大小也是不同的。其次是数据冗余量较大，因其空间取块的特点，相邻或相近像素的空间块重叠区域较大，进而导致冗余量较大。最后是推理速度慢，每个像元的推理，都需要一个空间块作为输入，因此最后整张影像的推理预测速度较慢。而且，随着科技的不断发展，无人机和传感器技术不断完善，搭载高光谱传感器的无人机航拍逐渐流行，高光谱影像也向着高光谱高空间分辨率影像（双高）逐渐转变。但是，空间分辨率的显著提升，也使得影像具有极高的空谱异质性，基于空间取块机制的分类方法只能利用局部空间信息，不能很好地应对双高影像极高的空谱异质性问题。

5.4.1 基于局部取块无关的端到端高光谱分类方法

通过对基于空间取块的深度学习方法的计算速度进行研究，不难发现，在相邻像素空间块上高度冗余的计算是导致推理速度慢的核心原因，如图 5.10 所示。为了解决这个问题，本节提出一个基于光谱注意力的快速无须空间取块的全局学习框架（FPGA）[44]和一个 FCN（FreeNet）的变体作为 FPGA 中的基本分类模型，在空间维度上共享计算。

在 FPGA 中，有三个核心组件：GS² 采样

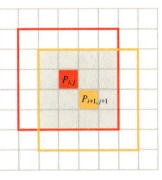

图 5.10 基于空间取块方法计算时的重叠区域示意图

器、基于编码器-解码器的 FCN 和横向连接,如图 5.11 所示。GS^2 采样器保证了端到端训练的基于 FCN 模型的收敛性,而基于编解码器的 FCN 通过共享空间维度上的计算来负责一次性前向计算。横向连接的设计有效地融合了编码器中的空间细节特征和解码器中的语义特征。模型架构遵循经典的编码解码框架。该编码器通过逐步学习高维特征嵌入,将空间上更精细的特征转换为语义上更强的特征。利用该解码器恢复语义特征的空间信息,并将编码器学习到的高维特征嵌入全分类图中。基于横向连接的语义空间融合(SSF)将空间更精细的特征从编码器转发到解码器,有利于恢复语义特征映射的空间细节。

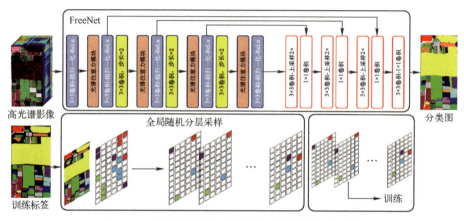

图 5.11　快速局部区块无关的全局学习框架示意图

5.4.1.1　局部区块无关的全局学习

局部区块无关的全局学习的核心思想是用模型的隐式接受域代替显式补丁,避免在重叠区域上的冗余计算,获得更广泛的潜在空间背景信息。

与基于补丁的局部学习的主要区别是,在训练过程中,所有的像素都参与了前向计算,但每次迭代只有采样位置才能获得监督信号。这样,模型推理在训练和测试过程中是一致的,这两者都是一次性的正向计算。一次性前向计算显著提高了高光谱影像分类的模型推理速度。同时,无补丁的全局学习允许该模型尽可能多地利用空间上下文信息。因此,它通过遵循无补丁的全局学习框架,提供了更大的潜力来提高模型的准确性。

5.4.1.2　全局随机分层采样策略

本节采用全局随机分层采样策略(GS^2),以保证端到端训练的基于 FCN 的模型的收敛性。GS^2 采样器的关键思想是将所有的训练样本转换为分层样本的随机序列。这样,GS^2 采样器保证了训练样本的类平衡分布,并模拟了小批量采样器的行为,以获得稳定而多样的梯度。在训练过程中,该序列被随机打乱,以确保梯度的随机性,防止过拟合。

更详细地说,首先,将所有的训练样本分割,得到一个列表 R,其中 R 的索引是类标签,元素是每个类的训练样本。在分裂过程中,每个类的训练样本的顺序需要被打乱,以保持组合的随机性。然后对每个类的训练样本进行分层,得到 T,这是一个分层标签集的列表。在该采样策略中,引入了超参数 α(每类的小批量),这对训练的稳定性具有重要意义。α 的值越小,在优化网络时可以获得的梯度方向数就越多,这使得使用有限的训练样本来训练 FCN 进行高光谱影像分类成为可能。

5.4.1.3　FPGA 中的 FreeNet 网络

FreeNet 是一个由编码器和解码器组成的简单、统一的网络。该编码器负责计算整个输入高光谱影像上的分层卷积特征映射。解码器通过基于横向连接的 SSF 逐步恢复卷积特征图的空间尺寸,输出与输入图像相同空间大小的分类概率图。为了提高 FreeNet 的紧凑性,引入了一个压缩因子(β)来控制整个网络中的特征图的数量,实现速度和精度之间的权衡。FreeNet 是一种轻量级的 FCN,设计用于更快、更准确的高光谱影像分类,如图 5.12 所示。下面描述 FreeNet 的每个组件。

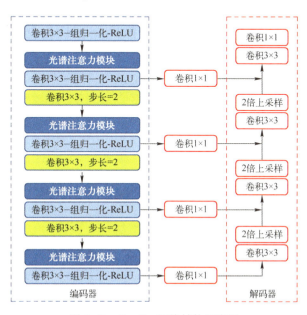

图 5.12　FreeNet 网络结构示意图

1) 编码器网络架构

编码器网络采用模块化设计，由 1 个茎块和 4 个混合块组成，全部包含基本模块。最基础的编码器网络的模块是一个 3×3 的卷积层，然后是组归一化（GN）和 ReLU 激活函数。因为整个高光谱影像被用作输入，所以在 FPGA 下，批处理大小总是等于 1，迭代输入是相同的图像。在这种情况下，由于不准确的批统计估计，批归一化（BN）的误差迅速增加。因此，我们采用组归一化作为 BN 的替代方法，GN 与批处理大小无关，可以获得与 BN 相当的性能。

由于不同高光谱遥感影像的波段数量不同，我们首先引入一个茎块，将输入的可变通道转换为固定的 64 个通道。接下来的混合块的组成是相同的，都是由一个光谱注意模块、一个基本模块和一个可选的降采样模块组成。对于降采样模块，使用 3×3 卷积层 2 步来取代常用的 3×3 最大值层 2 步来调整投影的空间位置与其接受野中心，以获得更稳健的高光谱影像分类，然后是 ReLU 激活函数。其中混合块 1~3 是带有降采样模块的混合块，混合块 4 是没有降采样的混合块。

2) 光谱注意力模块

光谱注意力模块可以建模特征图和与全局空间背景的特征依赖关系。该模块通过全局上下文指导对特征图进行重新加权，并突出显示更重要的特征图，以提高模型的准确性。光谱注意力模块不会改变特征图的特征层数，它的输入和输出之间没有维度变化，详细的网络结构如图 5.13 所示。

对于给定的特征图 X，需要先计算全局上下文嵌入向量 S：

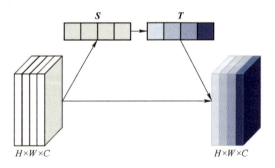

图 5.13　光谱注意力模块结构示意图

$$S(k,:,:) = \frac{1}{H \cdot W} \sum_{i=1}^{H} \sum_{j=1}^{W} X(k,i,j) \quad (5.25)$$

式中：k 是通道维度的索引。

为了建模特征映射之间的相互依赖关系，使用两个薄的全连通层（非线性变换），然后使用一个 s 型门控函数来计算通道缩放系数向量 T：

$$T = \text{sigmoid}(W_1 \delta(W_2 S)) \quad (5.26)$$

式中：δ 表示 ReLU 激活函数；$W_1 \in \mathbb{R}^{(C/r) \times C}$；$W_2 \in \mathbb{R}^{C \times (C/r)}$。引入约简比 r 来平衡模型的容量和计算成本。我们发现 $r=16$ 在实践中效果很好，所以在大多数实验中都使用了这种设置。因此光谱注意力模块的输出为

$$Y(k,i,j) = T(k,:,:) \cdot X(k,i,j) \tag{5.27}$$

3）解码器网络架构

为了简单起见，解码器网络也采用了模块化设计，它由一个用于渐进式空间特征细化的细化模块和一个用于像素分类的分类头组成。细化模块包含多个细化阶段，通过简单地叠加上采样模块并在每个上采样模块后插入 SSF 来实现。逐步细化首先用更强的语义信息对输入的特征图进行上采样，然后用编码器中更精细的空间信息聚合特征图，以恢复输入的空间细节。上采样模块是一个 3×3 的卷积层，然后是 2 倍的最近邻上采样。SSF 分别从编码器和解码器的块中接收两个特征，并将这些特征聚合成一个新的增强特征，然后转发到下一个上采样模块。分类头利用解码器顶层的特征进行像素分类，由 3×3 卷积层和具有 N 个滤波器的 1×1 卷积层组成。N 是类别的数量。

4）基于横向连接的 SSF

基于横向连接的 SSF 利用浅层卷积层的空间细节特征来增强卷积层的深度语义特征，提高性能。横向连接由一个 1×1 的卷积层实现，它将更精确的特征位置从编码器传递到解码器。基于横向连接的 SSF 可表述如下：

$$q_{i+1} = q_i + \text{conv}(p_{4-i}), \quad i=1,2,3 \tag{5.28}$$

式中：q_i 是解码器中细化阶段 i 的特征图；p_{4-i} 是编码器中块 $4-i$ 的特征图；q_{i+1} 是 SSF 的输出，它被转发到解码器中的下一个块。基于横向连接的 SSF 的设计遵循残差学习。第一项 q_i 是由最近邻插值得到的基线项，$\text{conv}(p_{4-i})$ 是需要学习的剩余项。在这种情况下，梯度是无损的，可以流入浅层，使优化更容易。

经过训练的 FreeNet 收敛后，可以在 FPGA 中使用 FreeNet 进行一次前向计算来实现高光谱影像分类。与高光谱影像的补丁分类相比，FreeNet 可以通过共享空间维度上的计算量，对整个高光谱影像执行更快的无补丁推理。由于在 FreeNet 中引入了 3 个 2×2 的上采样块，高光谱影像空间维度的输入大小应该是 8 的倍数。为了确保原始的高光谱影像不变，推理使用了"padding-crop"技巧，在推理之前将原始输入填充成一个倍数为 8 的新大小。推理后，使用原始输入大小的框裁剪输出，得到最终的分类图。

5.4.2 基于光谱-空间-尺度注意力网络的端到端高光谱分类方法

5.4.2.1 图像中的注意力机制概述

注意力机制可以用人类视觉系统来解释。当人类观察某一场景时，视觉系统会持续不断地接收海量的场景图像信息[45]，然而人类大脑皮层中的视觉中枢神经元不足以持续储存和计算处理海量的视觉信息。因此，视觉系统在受到光刺激信号后，会抑制不重要的区域特征，重点突出感兴趣区域的特征，视觉中枢将重点处理感兴趣特征区域，进而实现日常生活中的视觉感知，这是人类利用有限的处理资源从海量信息中快速选择高价值信息的一种手段[46]。上述重点突出感兴趣区域特征和抑制不重要区域特征的过程称为视觉注意力机制，人的视觉注意力机制根据生成方式可以分为两类[47]（图5.14）：①"自底而上"的无意识注意力机制，由外部的刺激驱动[48]。例如王安石的诗句"万绿丛中一点红，动人春色不须多"指出大片绿叶丛中有一朵红花非常醒目，虽仅有一点却足以引起人的注意。因此，自底而上的视觉注意力机制是显著性的注意力，在视觉信息大量被捕获的过程中，最显著的区域被突出出来。②"自顶而下"的有意识的注意力机制，由外部的知识或者任务驱动，能够有意识地主动将注意力集中在场景中的某些特定物体上[49]。例如在野外枯草的场景的照片中发现狮子，需要人在"寻找狮子"这一特定任务的驱动下重点关注狮子这一目标特点，而忽略背景中其他与目标不相关的地物。深度学习中的注意力机制与视觉注意力机制类似，在网络特征提取过程中重点关注重要的特征以提高特征提取的效率。深度学习中的注意力机制大多是根据特定目标任务而设计的，所以大部分是"自顶而下"的注意力机制。基于注意力机制的优势，已经应用在很多计算机视觉处理任务中，如图像分类[50-51]、语义分割[52-53]、目标检测[54-55]、人脸识别[56-57]、动作识别[58-59]。

自底而上的无意识注意力　　　　自顶而下的无意识注意力

图5.14 "自底而上"和"自顶而下"的注意力示意图

深度学习中的注意力机制起源于循环注意力模型（Recurrent Attention Mode，RAM）[60]，首次将深度学习模型和注意力机制相结合，将整个场景划分为不同的区域并输入 RNN 中，RNN 分别处理不同位置的信息并输出对应的 Action，然后通过强化学习进行模型训练，解决模型不可微分的问题。这种方法可以理解为一种硬注意力，即对不同的区域的权重仅为 0 或 1，因此不需要每次计算所有像素的注意力权重，计算成本低。然而，这种方法对应的问题是模型训练困难，因此后续的注意力机制应用中需要更多地关注软注意力机制，其相对于输入数据是可微分的，可以直接用反向传播进行训练。对于输入特征图 x，其注意力机制公式可以表示为

$$x_{\text{attention}} = f(g(x), x) \tag{5.29}$$

式中：$g(\cdot)$ 表示对输入特征产生注意力过程的函数；$g(x)$ 为输入特征 x 的注意力权重，$f(x)$ 表示将注意力权重应用输入特征 x 中，其一般为点乘或相加运算。对于图像分类任务，$g(x)$ 一般为输入特征 x 通道维的权重或空间维权重。

当 $g(x)$ 输出为通道维权重时，称为通道注意力机制。深度神经网络中不同特征图中不同通道通常表示不同的对象，通道注意力机制通过自学习的方式重新校准特征图 x 中每个通道的权重，从而提升对重点对象的关注度。该类网络类型有 SE（Squeeze-and-Excitation）Block[50]、CAM（Channel Attention Module）[61]、GsoP（Global second-order Pooling）Block[62]、SRM（Style-based Recalibration Module）[63]、ECA（Efficient Channel Attention）[64]、CEM（Context Encoding Module）[65]等。以经典的 SE Block 为例，其 $g(\cdot)$ 公式可以表示为

$$g(x) = \sigma_{\text{sigmoid}}(\text{MLP}(\text{GAP}(x))) \tag{5.30}$$

式中：GAP 表示空间维全局平均池化；MLP 表示多层神经网络；σ_{sigmoid} 表示 sigmoid 激活函数，可以将提取的特征向量输出为 0 到 1 之间的通道权重。

当 $g(x)$ 输出为空间维权重时，称为空间注意力机制。如图 5.15 所示，空间注意力机制更符合人眼视觉系统，其通过神经网络对空间不同位置像素进行自适应加权，使得

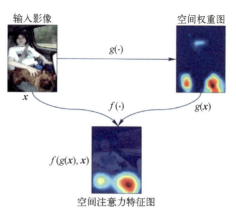

图 5.15 空间注意力机制示意图

模型更关注对目标任务有利的位置区域。该类网络类型有 RAM、STN（Spatial Transformer Networks）[66]、DCN（Deformable Convolutional Networks）[67]、SAM（Spatial Attention Module）[61]、GENet（Gather-Excite Networks）[68] 和 Non-Local（Non-local Neural Networks）[69] 等。以经典的 SAM 为例，其 $g(\cdot)$ 公式可以表示为

$$g(\boldsymbol{x}) = \sigma_{\text{sigmoid}}(W_{7\times 7}([\text{GAP}(\boldsymbol{x}), \text{MAP}(\boldsymbol{x})])) \qquad (5.31)$$

式中：GAP 表示光谱维全局平均池化；MLP 表示光谱维全局最大池化；$W_{7\times 7}$ 表示卷积核为 7×7 的卷积运算；σ_{sigmoid} 表示 sigmoid 激活函数，将每个像素的空间权重约束为 0~1。

针对通道注意力和空间注意力对重要目标和重要区域的优势，一些研究将两者结合以实现更有效的特征提取。残差注意力网络（Residual Attention Network）[51] 开创了联合通道和空间注意力的方式，提出自底而上和自顶而下相结合的前向注意力机制，结合残差网络连接结构以便于深层次模型的优化，但是这种方式计算效率较低。随后，瓶颈注意力模块（Bottlenet Attention Module，BAM）[70] 和卷积注意力模块（Convolutional Block Attention Module，CBAM）[61] 将通道注意力和空间注意力解耦提升计算效率，混合池化模块（Mixed Pooling Module，MPM）[71] 和自校正卷积（Self-Calibrated Convolutions，SCConv）[72] 在通道-空间注意力融合的同时通过空间注意力机制捕获长距离的上下文依赖关系。类似通道-空间注意力联合使用的方式还有 Dual Attention[53]、Triplet Attention[73] 和 RGA（Relation-aware Global Attention）[74]。

基于注意力机制在图像处理中的优异表现，它已经被应用于高光谱影像分类。目前，基于注意力机制的高光谱影像分类方法主要包括光谱注意力机制和空间注意力机制。

1）光谱注意力机制

光谱注意力机制与通道注意力机制类似，通过建模每个通道的空间信息生成不同通道的权重向量，通过对通道权重加权关注不同的地物。如图 5.17 所示，对于标记像素邻域的三维空间块 $P_{ij} \in \mathbb{R}^{m\times n\times b}$，首先对空间维进行压缩，降维为一维特征向量，降维后的特征向量包含全局空间信息，其通道维度与 P_{ij} 保持一致。常用的空间降维方式包括 GAP[75-76] 或全局卷积[77]。输出的一维特征向量通过多层卷积神经网络进行特征映射，将最后映射的特征向量通过 sigmoid 函数输出每个通道的权重向量，权重取值范围为 0 到 1。最后，权重向量以点乘或相加的方式应用在输入数据 P_{ij} 的每个通道中，进而生成光谱注意力特征图。

2）空间注意力机制

如图 5.16 所示，对于三维空间块 $P_{ij} \in \mathbb{R}^{m \times n \times b}$，当对中心像素进行分类时，并非所有的邻域信息都是有价值的。空间注意力机制通过建模每个像素的光谱信息生成每个像素的空间权重矩阵，通过对空间像素加权以关注不同的区域。与光谱注意力相反，空间注意力首先对通道维进行压缩，降维后的二维空间特征与 P_{ij} 的空间尺寸保持一致，其包含全局光谱信息。然后通过多层卷积神经网络进行特征映射，最后将映射的特征向量通过 sigmoid 函数输出每个像素的权重矩阵，权重矩阵范围为 0 到 1。最后，空间权重矩阵以点乘或相加的方式应用在输入数据 P_{ij} 的每个空间像素中，进而生成空间注意力特征图。

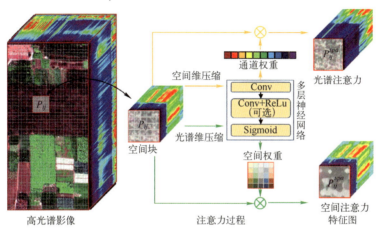

图 5.16　高光谱影像分类中的光谱注意力机制和空间注意力机制

3）光谱-空间混合注意力机制

为了同时关注高光谱影像的光谱和空间维度，一些学者提出了联合光谱和空间注意机制的高光谱影像分类方法。例如，SSAN[78]通过构建双分支的光谱-空间注意网络分别提取光谱和空间的注意力特征，随后使用全连接层进行特征融合；Haut 等[79]将残差网络和视觉注意机制结合起来进行高光谱影像分类，通过计算掩模学习最佳的判别特征；Hang 等[75]提出了一种注意机制辅助的卷积神经网络，其通过光谱和空间注意力子网络分别自适应，对光谱和空间特征加权。Xue 等[80]构建了一个基于注意力机制的二阶池化网络，用于高光谱影像分类，该网络不需要复杂的网络调参且可解释性更强。

总结来说，注意力机制已经在高光谱分类任务中发挥了优异的分类性能，然而这些研究主要基于空间取块机制作为网络的输入，在双高影像分类中仍面临仅利用局部空间信息造成分类结果存在错分孤立区域的情况，并且处理大数据量的双高影像时处理速度非常缓慢。同时，受限于三维空间块的尺寸，缺乏对地物的多尺度现象的考虑。

5.4.2.2 光谱–空间–尺度注意力的双高影像分类网络

针对双高影像地物亚类分类面临的挑战，Hu 等[81]提出了一个光谱–空间–尺度注意力网络 S^3ANet。如图 5.17 所示，S^3ANet 是由编码器和解码器组成的全卷积网络架构，可用于海量双高遥感影像的快速推理。在编码器部分，首先，使用具有组归一化（Group Normalization，GN）的 3×3 卷积层降低通道维度，其中 GN 层可以捕获光谱信息的连续性。随后，设计光谱注意力模块通过考虑全局空间信息来关注不同的地物的通道特征，以缓解类内光谱变异性对分类的影响。随后构建尺度注意模块，对不同的空洞率卷积特征进行自适应加权融合，进而解决影像中不同地物尺度多样性的问题。与空洞空间卷积池化金字塔（Atrous Spatial Pyramid Pooling，ASPP）中多尺度特征的等权连接不同，尺度注意力模块通过学习的方式对不同尺度特征根据场景特点自适应加权。在解码器部分，高级语义特征通过级联低层细节特征恢复精细边界信息。

为了保留地物细节同时减弱低层语义特征中空间异质性对分类精度的影响，本节通过构建空间注意力模块对不同地物像素自适应加权以增加类间特征距离，进而降低空间异质性对分类精度的影响。最后，针对地物亚类之间相似的光谱信息和空间信息造成类内差异小的挑战，本节引入加法角余弦（Additive Angular Margin，AAM）损失函数[82]增加地物亚类的类间区分特征，提升地物的识别精度。

1）光谱注意力模块

光谱注意模块用于缓解双高影像中严重的类内光谱变异问题，其通过对全局空间信息建模，提升输入特征图中重要通道的权重，进而提高模型特征的提取效率和分类准确性。如图 5.18 所示，对于输入特征 $X \in \mathbb{R}^{m \times n \times b}$，通过 GAP 和 GMP 聚合全局空间信息生成两个特征向量，随后将两个特征向量输入共享的多层神经网络并输出非线性映射特征。

为减少网络模型参数，神经网络的第一层神经元数量设为 $b/16$，第二层神经元数量为 b。将两个非线性映射特征进行逐像素相加，融合两种聚合方式的全局空间信息，然后将融合的特征向量通过 sigmoid 函数输出不同通道的权重向量 $U \in \mathbb{R}^{1 \times 1 \times b}$。最后，将 $U \in \mathbb{R}^{1 \times 1 \times b}$ 与输入特征 $X \in \mathbb{R}^{m \times n \times b}$ 逐通道相乘对不同通道进行加权，生成光谱注意力特征图。其公式可以表示为

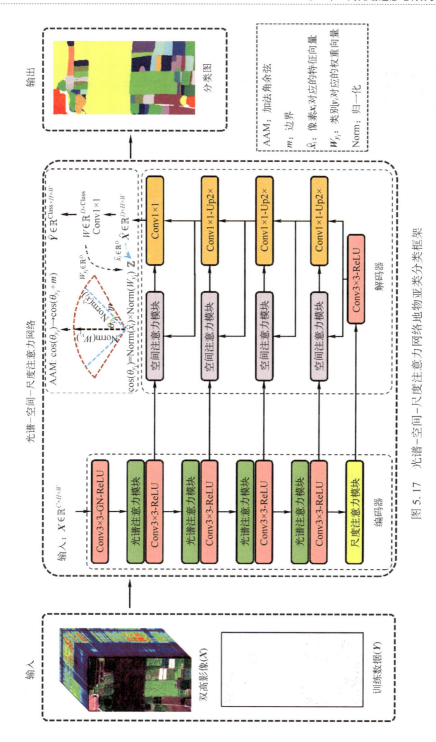

图 5.17 光谱-空间-尺度注意力网络地物亚类分类框架

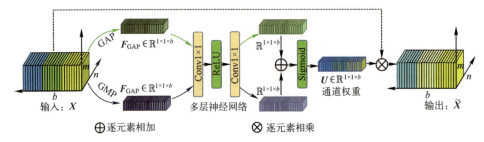

图 5.18 光谱注意力模块

$$\widetilde{X} = \sigma(F_{SN}(F_{GAP}(X)) + F_{SN}(F_{GMP}(X))) \times X \quad (5.32)$$

$$F_{SN}(\cdot) = W_2(\delta(W_1(\cdot))) \quad (5.33)$$

式中：σ 表示 sigmoid 函数；$F_{SN}(\cdot)$ 表示共享的多层神经网络；δ 表示 ReLU 激活函数；W_1 和 W_2 分别表示 $F_{SN}(\cdot)$ 的第一层和第二层，其中 $W_1 \in \mathbb{R}^{b \times b/r}$，$W_2 \in \mathbb{R}^{b/r \times b}$，$r$ 为降维系数，用于降低模型参数以节约计算成本。

$F_{GAP}(\cdot)$ 和 $F_{GMP}(\cdot)$ 分别为 GAP 和 GMP 操作，其公式可以表示为

$$F_{GAP}(X_k) = \frac{1}{m \times n} \sum_{i=1}^{m} \sum_{j=1}^{w} X_k(i,j) \quad (5.34)$$

$$F_{GMP}(X_k) = \max\{X_k(i,j), \quad i \in (1, \cdots, m), j \in (1, \cdots, n)\} \quad (5.35)$$

式中：X_k 表示输入特征图 X 的第 k 个通道。

2）尺度注意力模块

尺度注意力模块的构建受到 ASPP 模块的启发，结合卷积核选择思路[83]，旨在通过自适应聚合多尺度上下文特征应对地物尺度多样性的挑战。ASPP 模块通过多个不同空洞率的卷积捕获多尺度特征，对多分支级联特征进行采用 1×1 卷积进行特征融合和降低通道维度。现有研究表明，ASPP 对多尺度特征提取可以有效应对尺度差异的对象分类问题，并已经广泛应用于遥感影像处理，例如高光谱影像分类、道路提取和变化检测等。在 ASPP 中，多尺度特征是相同通道数进行级联，故 ASPP 对不同尺度特征的关注度是相同的。然而，人眼观测不同大小或距离的物体时，视觉神经元会根据外来刺激自适应调整视野大小。因此，在不同场景中，不同尺度的特征对地物识别的重要性是不同的，需要对多个尺度特征进行自适应加权融合。

与 ASPP 模块相比，尺度注意力模块可以对多尺度特征进行自适应加权融合，可以更好地应对地物尺度差异问题。如图 5.19 所示，在 S³ANet 中，从光谱注意力模块获取的高级语义特征 $X \in \mathbb{R}^{m \times n \times b}$，尺度注意力模块通过空洞卷积为 3、6、9、12 依次提取多尺度特征 $\widetilde{X}_1, \widetilde{X}_2, \widetilde{X}_3, \widetilde{X}_4 \in \mathbb{R}^{m \times n \times b}$，然后通过网络自

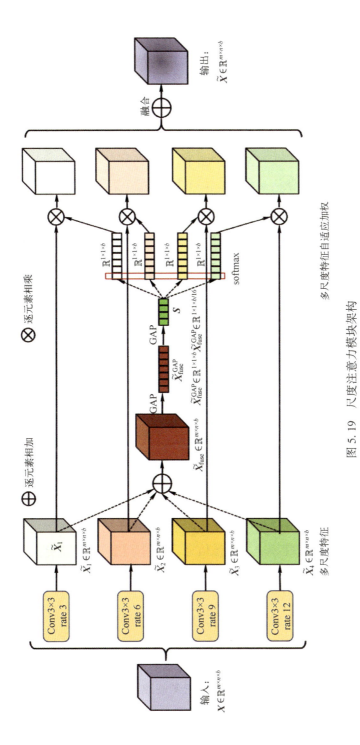

图 5.19 尺度注意力模块架构

动学习不同特征的权重。

首先，对多尺度特征相加以融合多尺度信息，并通过 GAP 全局空间信息输出通道统计特征 $\widetilde{X}_{\mathrm{GAP}} \in \mathbb{R}^{1 \times 1 \times b}$，具体公式如下：

$$\widetilde{X}_{\mathrm{GAP}} = F_{\mathrm{GAP}}\Big(\sum\nolimits_{i=1}^{4} \widetilde{X}_i \Big) \tag{5.36}$$

因此，$\widetilde{X}_{\mathrm{GAP}}$ 中的任一通道均聚合了不同尺度特征中该通道的信息。随后，全连接层将通道统计特征转换为通道权重向量 S，其公式表示如下：

$$S = \delta(F_{\mathrm{BN}}(W(\widetilde{X}_{\mathrm{GAP}}))) \tag{5.37}$$

式中：$\delta(\cdot)$ 为 ReLU 激活函数；$F_{\mathrm{BN}}(\cdot)$ 为 BN 层；为了降低模型参数，全连接层神经元数量为输入特征通道的 1/16，即 $W \in \mathbb{R}^{b/16 \times b}$。最后，特征向量 S 通过 softmax 函数输出不同尺度的权重向量，其公式如下：

$$a_i = \frac{e^{A_i S}}{\sum\nolimits_{i=1}^{4} e^{A_i S}} \tag{5.38}$$

式中：$a_i \in \mathbb{R}^{b \times 1}$ 为多尺度特征 $\widetilde{X}_i$ 的权重；$A_i \in \mathbb{R}^{b \times b/16}$。因此，不同特征图的第 j 个通道之间满足和为 1 的关系。

$$\sum\nolimits_{i=1}^{4} a_i[j] = 1 \tag{5.39}$$

将计算的不同尺度特征的权重与对应的尺度特征点乘输出尺度注意特征图 $\widetilde{X}$，公式如下：

$$\widetilde{X} = \sum\nolimits_{i=1}^{4} a_i \times \widetilde{X}_i \tag{5.40}$$

3）空间注意力机制

解码器融合高层语义特征和低级细节特征以获取地物准确的边界信息。如图 5.17 所示，为了减少低级细节特征图的空间异质性对分类性能的影响，采用两级级联操作进一步精炼低级特征图。第一个级联操作运用了空间注意力模块，该模块通过建模全局光谱信息为不同区域自适应区分权重，进一步增大类间距离的同时缓解级联特征的空间异质性。第二个级联操作通过 1×1 卷积核进一步精炼级联特征。

空间注意模块用于融合高层语义特征和低级细节特征，并对级联的特征自适应空间加权，在增加类间距离的同时缓解级联特征的空间异质性。如图 5.20 所示，模块输入的级联特征 X 是编码器中的低级细节特征 X_1 和解码器中上一层的高级语义特征 X_2。首先在 X 的通道维应用 GAP 建模全局光谱信息获得二维特征矩阵 F_{GAP}，随后一个大感受野的卷积核进一步整合邻域上下文信息，并通过 sigmoid 函数输出每个像素的空间权重，并将其与输入特征图

X 逐像素相乘生成空间注意力特征图 $\widetilde{X}$，其公式可以表示为

$$\widetilde{X} = \sigma(W_{3\times3}^{\text{rate}=3}(F_{\text{GAP}}(X))) \times X \tag{5.41}$$

$$X = [X_1, X_2] \tag{5.42}$$

式中：σ 表示 sigmoid 函数；$F_{\text{GAP}}(\cdot)$ 表示 GAP 操作；$W_{3\times3}^{\text{rate}=3}$ 表示空洞率为 3 的 3×3 卷积，其中应用空洞卷积是为了增大邻域感受野，进而缓解空间异质性。

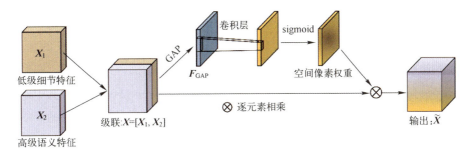

图 5.20　空间注意力模块架构

4）加法角余弦损失函数

softmax 是常用的分类函数，其训练过程中会把整个超空间按照分类个数进行划分，进而保证类别之间是可分的。然而，softmax 函数没有显示优化类内方差的类间距离，当类间非常相似并且类内方差大时，不同类的深度特征在超空间的边界上会有交集，进而会造成不同类别之间错分。双高影像极高的类内光谱变异性和空间异质性导致类内方差极大，而超相似地物的亚类光谱和空间信息相似使得类间距离非常小。因此，softmax 分类函数在双高影像分类时仍面临地物亚类分类困难的挑战。为此，本节引入 AAM 损失函数用于增加不同地物的类间距离，提高超相似地物的区分能力。softmax 函数的公式为

$$L_{\text{softmax}} = -\frac{1}{N}\sum_{i=1}^{N}\log\frac{e^{W_{y_i}^{\text{T}}x_i+b_{y_i}}}{\sum_{j=1}^{n}e^{W_j^{\text{T}}x_i+b_j}} \tag{5.43}$$

式中：N 和 n 分别表示像素个数和类别数；$x_i \in \mathbb{R}^d$ 表示属于类别 y_i 的像素的深度特征向量；$W_j \in \mathbb{R}^d$ 表示线性映射权重 $W \in \mathbb{R}^{d\times n}$ 的第 j 行；$b_j \in \mathbb{R}^n$ 表示偏置。首先，AAM 损失函数归一化输入特征向量 x_i 和权重 W_j 以消除数值的影响，并且将偏置 b_j 设为 0，则 $W_j^{\text{T}}x_i+b_j$ 可以表示为

$$W_j^{\text{T}}x_i+b_j = \|W_j^{\text{T}}\|\,\|x_i\|\cos\theta_j = \cos\theta_j \tag{5.44}$$

式中：θ_j 是特征向量 $\boldsymbol{x}_i$ 和权重 $\boldsymbol{W}_j$ 之间的夹角。因此，Sofrmax 分类函数可以表示为

$$L_{\text{softmax\_norm}} = -\frac{1}{N}\sum_{i=1}^{N}\log\frac{e^{s\times\cos\theta_{y_i}}}{\sum_{j=1,j\neq y_i}^{n}e^{s\times\cos\theta_j}+e^{s\times\cos\theta_{y_i}}} \tag{5.45}$$

式中：s 表示归一化的 $\boldsymbol{x}_i$ 和 $\boldsymbol{W}_j$ 的尺度增益系数。

在二分类应用中，θ_j 表示深度特征向量 $\boldsymbol{x}_i$ 和类别 $y_i(i=1,2)$ 的权重 $\boldsymbol{W}_j$ 之间的夹角。如果 $\boldsymbol{x}_i$ 属于类别 y_1，则分类器会强迫 $\cos(\theta_1)>\cos(\theta_2)$，相似的，当 $\boldsymbol{x}_i$ 属于类别 y_2 分类器会强迫 $\cos(\theta_1)<\cos(\theta_2)$。为进一步增加类间特征的距离，AAM 损失函数对于特征向量 $\boldsymbol{x}_i$ 和权重 $\boldsymbol{W}_j$ 之间的夹角增加一个角裕量，即当 $\boldsymbol{x}_i$ 属于类别 y_1 强迫 $\cos(\theta_1+m)>\cos(\theta_2)$，反之要求 $\cos(\theta_2+m)>\cos(\theta_1)$，其中 $m>0$ 是控制角裕量。由于 $\cos(\theta_1+m)$ 小于 $\cos(\theta_1)$，因此分类器对类内特征的聚集度要求更为严格。类似的，将二分类可以进一步推论到多分类场景。因此，AAM 损失通过给余弦角 θ_j 增加角裕量 m 可以提升类间的距离，其公式如下：

$$L_{\text{AAM}} = -\frac{1}{N}\sum_{i=1}^{N}\log\frac{e^{s\times\cos(\theta_{y_i}+m)}}{\sum_{j=1,j\neq y_i}^{n}e^{s\times\cos\theta_j}+e^{s\times\cos(\theta_{y_i}+m)}} \tag{5.46}$$

5.5 实验分析

5.5.1 高光谱影像分类精度评价指标

评价指标是评价高光谱影像分类结果精度的重要依据，能够直观有效地向我们反映算法的好坏，同时也能指导我们更好地改进算法、提升算法的性能。尽管使用高光谱影像分类方法后能够生成分类图，并在一定程度上反映高光谱影像分类方法的性能，但仍需要一些量化指标来评价各种算法的优劣，并为后续改进做出指导。常用的评价指标有误差矩阵、总体分类精度、平均分类精度和 Kappa 系数。

5.5.1.1 误差矩阵

误差矩阵也称混淆矩阵，是分类问题中常见的一种评价矩阵。从行来看，矩阵的每一行都表示该类别的样本被分到所有类别中的数量，从列来看，矩阵的每一列都表示所有类别的样本分到该类别中的数量。如公式 5.47 所示，

矩阵 M 的对角线上的元素为各个类别样本正确分类的个数，其中 n 代表类别数量。主对角线上的元素的值越大，代表各个类别分类正确的数量越多。

$$M = \begin{bmatrix} m_{11} & m_{12} & \cdots & m_{1n} \\ m_{21} & m_{22} & \cdots & m_{2n} \\ \vdots & \vdots & & \vdots \\ m_{n1} & m_{n2} & \cdots & m_{nn} \end{bmatrix} \quad (5.47)$$

5.5.1.2 总体分类精度

总体分类精度（Overall Accuracy，OA）指的是被正确分类的样本数与总的待测样本数的比值。该评价指标是分类问题中常用的一种评价标准，反映了分类结果与真实参考值一致性的概率，可表示为

$$\text{总体分类精度} = \text{正确分类样本数} / \text{总样本数} \quad (5.48)$$

根据误差矩阵，总体分类精度也可以表示为

$$\text{OA} = \frac{\text{trace}(M)}{N} \quad (5.49)$$

式中：$\text{trace}(M)$ 为矩阵 M 的迹，即矩阵 M 主对角线上所有元素的和；N 为所有类别样本数量的和。

总体分类精度更侧重于反映整体的分类情况，因此如果各类样本的数量不均衡，如遇到个别类别样本数量极少或者极多的情况，则总体分类精度就无法很好地评价高光谱影像分类方法的好坏。

5.5.1.3 平均分类精度

平均分类精度（Average Accuracy，AA）指的是各个类别精度的平均值，反映了所有类别的平均表现情况，可表示为

$$\text{平均分类精度} = \text{各个类别精度之和} / \text{类别数} \quad (5.50)$$

根据误差矩阵，总体分类精度也可以表示为

$$\text{AA} = \sum_{i=1}^{C} \frac{m_{ii}}{m_{i+}} / C \quad (5.51)$$

式中：m_{i+} 表示第 i 行所有元素之和；C 表示类别总数。

平均分类精度能比较好地反映高光谱影像分类算法在各个类别取得的分类效果的总体情况。当各个类别样本分布不均衡时，平均分类精度再结合总体分类精度，能够更加客观全面地反映分类方法性能的优劣。例如，当总体

分类精度大于平均分类精度时，说明方法在样本数量较大的类别表现更好，反之，总体分类精度小于平均分类精度时，说明方法在样本数量较小的类别表现更好。

5.5.1.4　Kappa 系数

Kappa 系数（简称 KA）是一种比较综合性的分类评价指标。它能够同时考虑总体分类精度和平均分类精度，更加全面地评价算法的性能好坏。

$$KA = \frac{总体分类精度 - 期望分类精度}{1 - 期望分类精度} \tag{5.52}$$

根据误差矩阵，总体分类精度也可以表示为

$$KA = \frac{N \sum_{i=1}^{C} m_{ii} - \sum_{i=1}^{C} m_{i+} m_{+i}}{N^2 - \sum_{i=1}^{C} m_{i+} m_{+i}} \tag{5.53}$$

式中：m_{i+} 表示误差矩阵中的第 i 行；m_{+i} 表示误差矩阵中的第 i 列，KA 的取值范围为 $[-1,1]$，其值越接近 1，说明算法的分类性能越好。

5.5.2　无人机载高光谱高空间分辨率影像分类基准数据集

高光谱遥感分类数据根据拍摄平台可以主要分为星载、机载和无人机载高光谱分类数据集，其中国际上已经公开的主流数据集的相关信息及下载链接参见第 2 章 2.3 节。近年来，无人机载高光谱观测平台可以通过控制飞行高度低成本灵活获取同时具有高光谱分辨率和高空间分辨率（双高）的遥感影像。本节实验数据选择武汉大学 RSIDEA 团队面向耕地破碎化区域作物精细分类制图需求，发布的首套无人机高光谱影像分类基准数据集 WHU-Hi。WHU-Hi 数据集的研究区域位于湖北省江汉平原区域，该区域地势平坦，土壤肥沃，水资源丰富，农作物种类繁多。但受限于一些历史和经济发展的原因，研究区内存在一定的耕地破碎化现象，作物种植情况非常复杂，表现为地块面积小，农作物种类多，对该区域作物精细制图的遥感影像需同时具备高空间分辨率和高光谱分辨率。针对研究区域的农业种植情况，WHU-Hi 数据集构建了包含 WHU-Hi-LongKou（简单农业区域）、WHU-Hi-HanChuan（城乡接合区域）、WHU-Hi-HongHu（复杂农业区域）三个不同情况的农业场景。相比于经典的高光谱分类数据集，WHU-Hi 数据具有空间分辨率高，标记像素多等特点，可以很好地验证高光谱分类算法的性能。其中，影像上作物类别的标注是通过在地面采样 GPS 现场调绘和内业标注修正来制作的。

5.5.2.1 WHU-Hi-LongKou 数据

WHU-Hi-LongKou 数据采集地点为湖北省龙口镇典型的简单农业场景,采集时间为 2018 年 7 月 17 日 13:49 至 14:37,数据采集期间天气晴朗无风,气温约 36℃,空气相对湿度约 65%。采集平台为大疆 M600pro 无人机搭载的 Nano-Hyperspec-VNIR 成像光谱仪,成像光谱仪采用 8mm 焦距的镜头,飞行高度为 500m,空间分辨率为 0.463m,影像尺寸为 550×400 像素,在 400~1000nm 波谱范围内有 270 个谱段。采集区域内共包含 9 类地物,其中包含 6 类农作物:玉米、棉花、芝麻、宽叶大豆、窄叶大豆和水稻。WHU-Hi-LongKou 数据的类别标记情况如表 5.1 所列。

表 5.1 WHU-Hi-LongKou 数据类别标记情况

序号	类别名称	标记数量	占标记比例	序号	类别名称	标记数量	占标记比例
C1	玉米	34511	16.87%	C6	水稻	11854	5.80%
C2	棉花	8374	4.09%	C7	水体	67056	32.78%
C3	芝麻	3031	1.48%	C8	道路和房屋	7124	3.48%
C4	宽叶大豆	63212	30.90%	C9	混合杂草	5229	2.56%
C5	窄叶大豆	4151	2.03%				

5.5.2.2 WHU-Hi-HanChuan 数据

WHU-Hi-HanChuan 数据采集地点为湖北省汉川市典型的城乡接合区域,采集时间为 2016 年 6 月 17 日 17:57 至 18:46,数据采集期间天气晴朗无风,气温约 30℃,空气相对湿度约 70%。采集平台为莱卡 Aibot X6 无人机搭载的 Nano-Hyperspec-VNIR 成像光谱仪,成像光谱仪采用 17mm 焦距的镜头,飞行高度为 250m,空间分辨率为 0.109m,影像尺寸为 1217×303 像素,在 400~1000nm 波谱范围内有 274 个谱段。采集区域内共包含房屋、道路、农作物和水体等 16 类地物,其中包含 7 类农作物:玉草莓、豇豆、大豆、高粱、空心菜、西瓜和蔬菜。由于数据集采集时间在下午,太阳高度角较低,并且研究区内存在较高的建筑物和树木等,导致影像中有很多阴影覆盖区域。WHU-Hi-HanChuan 的类别标记情况如表 5.2 所列。

表 5.2　WHU-Hi-HanChuan 数据类别标记情况

序号	类别名称	标记数量	占标记比例	序号	类别名称	标记数量	占标记比例
C1	草莓	44735	17.37%	C9	草	9469	3.68%
C2	豇豆	22753	8.84%	C10	红色屋顶	10516	4.08%
C3	大豆	10287	3.99%	C11	灰色屋顶	16911	6.57%
C4	高粱	5353	2.08%	C12	塑料	3679	1.43%
C5	空心菜	1200	0.47%	C13	裸土	9116	3.54%
C6	西瓜	4533	1.76%	C14	路	18560	7.21%
C7	绿色植物	5903	2.29%	C15	明亮物体	1136	0.44%
C8	树	17978	6.98%	C16	水	75401	29.28%

5.5.2.3　WHU-Hi-HongHu 数据

WHU-Hi-HongHu 数据采集地点为湖北省洪湖市典型的复杂农业区域，采集时间为 2017 年 11 月 20 日 16:23 至 17:37，数据采集期间天气阴天多云，气温约 8℃，空气相对湿度约 55%。采集平台为大疆 M600pro 无人机搭载的 Nano-Hyperspec-VNIR 成像光谱仪，成像光谱仪采用 17mm 焦距的镜头，飞行高度为 100m，空间分辨率为 0.043m，影像尺寸为 940×475 像素，在 400~1000nm 波谱范围内有 270 个谱段。研究区土地破碎化异常严重，单个地块面积非常小，共种植了棉花、油菜、白菜、卷心菜等 17 种作物，并且种植了相同作物的不同品种（例如大白菜和包菜），使得作物精细分类难度较大。WHU-Hi-HongHu 的类别标记情况如表 5.3 所列。

表 5.3　WHU-Hi-HongHu 数据类别标记情况

序号	类别名称	标记数量	占标记比例	序号	类别名称	标记数量	占标记比例
C1	红色屋顶	14041	3.63%	C12	青菜	8954	2.32%
C2	路	3512	0.91%	C13	上海青	22507	5.82%
C3	裸土	21821	5.64%	C14	莴苣	7356	1.90%
C4	棉花	163285	42.23%	C15	莴笋	1002	0.26%
C5	棉花柴	6218	1.61%	C16	生菜	7262	1.88%
C6	油菜	44557	11.52%	C17	罗马生菜	3010	0.78%
C7	白菜	24103	6.23%	C18	胡萝卜	3217	0.83%
C8	小白菜	4054	1.05%	C19	白萝卜	8712	2.25%
C9	卷心菜	10819	2.80%	C20	蒜苗	3486	0.90%
C10	榨菜	12394	3.21%	C21	蚕豆	1328	0.34%
C11	菜心	11015	2.85%	C22	柿子树	4040	1.04%

5.5.3 基于空间取块机制的高光谱遥感深度学习方法的实验结果与分析

为了验证 CNNCRF 算法的有效性，实验中使用了 WHU-Hi 单场景分类基准数据集进行验证，包含 WHU-Hi-LongKou、WHU-Hi-HanChuan 和 WHU-Hi-HongHu 三个数据。同时，本节采用了像素分类、面向对象分类、条件随机场模型和深度学习的四类方法进行对比分析。像素分类采用 SVM 方法，实验中 SVM 是基于 LIBSVM 算法包[84]实现的，核函数为径向基函数（Radial Basis Function，RBF），其惩罚因子 C 采用五折交叉验证选取最优值。面向对象的方法 FNEA-OO 是在 eCognition 8.0 软件中的基于分型网络演化算法（Fractal Net Evolution Approach，FNEA）[85]进行的多尺度分割，并通过 SVM 分类的结果对每一个分割块进行投票来确定分类类别。为了选取最佳的分割尺度，实验对尺度因子从 3 到 15 的分类结果中选取最高精度作为对比结果。基于 CRF 模型的方法选取马氏距离边界约束的支持向量条件随机场分类器（SVRFMC）[86]，其 CRF 部分与 CNNCRF 模型保持一致。同时，为了突出 CNNCRF 模型在全局空谱融合方面的优势，其框架中的 CNN 分类方法被用来进行对比分析。为了评价不同方法的分类精度，本节采用总体分类精度（OA）、平均精度（AA）、Kappa 系数和每类的生产者精度进行评价。其中，AA 是所有类别生产者精度的平均精度。

5.5.3.1 实验参数设置

1）模型参数设置

CNNCRF 分类框架中基准 CNN 模型输入的空间块尺寸为 9×9，数据增强策略 20 次，该参数是通过考虑计算资源和分类准确性的经验值。基准 CNN 的网络参数如表 5.4 所列，模型训练过程中，初始学习率为 0.01，衰减率为 $2e^{-4}$，采用 Adam 进行优化，batch 数量设置为 50。WHU-Hi-LongKou、WHU-Hi-HanCuan 和 WHU-Hi-HongHu 数据的训练 epoch 分别为 150、200 和 200。

表 5.4 卷积神经网络参数表

序号	输入尺寸	输出尺寸	卷积核数量	卷积核尺寸	ReLU 函数	BN 函数	步长
Conv1	9×9×d	7×7×128	128	3×3	√	√	1
Conv2	7×7×128	5×5×256	256	3×3	√	√	1
Conv3	5×5×256	3×3×256	256	3×3	√	√	1
Conv4	3×3×256	1×1×128	128	3×3	√	√	1
FC5	1×1×128	1×1×128	128		√	√	
FC6	1×1×128	1×1×64	64		√	√	

2）训练样本设置

标注的每个类别，随机选择 100 个标记像素作为训练集用于模型训练，其余像素作为测试集用于精度测试，详细的训练样本个数如表 5.5 所列。WHU-Hi 数据集的标注比例极高，因此训练样本仅占 WHU-Hi-LongKou、WHU-Hi-HanCuan 和 WHU-Hi-HongHu 数据中标记像素的 0.44%、0.62%和 0.57%。

表 5.5 训练样本和测试样本划分

数据	序号	类别名称	训练样本	测试样本	序号	类别名称	训练样本	测试样本
WHU-Hi-LongKou	C1	玉米	100	34411	C6	水稻	100	11754
	C2	棉花	100	8274	C7	水体	100	66956
	C3	芝麻	100	2931	C8	道路和房屋	100	7024
	C4	宽叶大豆	100	63112	C9	混合杂草	100	5129
	C5	窄叶大豆	100	4051				
WHU-Hi-HanCHuan	C1	草莓	100	44635	C9	草	100	9369
	C2	豇豆	100	22653	C10	红色屋顶	100	10416
	C3	大豆	100	10187	C11	灰色屋顶	100	16811
	C4	高粱	100	5253	C12	塑料	100	3579
	C5	空心菜	100	1100	C13	裸土	100	9016
	C6	西瓜	100	4433	C14	路	100	18460
	C7	绿色植物	100	5803	C15	明亮物体	100	1036
	C8	树	100	17878	C16	水	100	75301
WHU-Hi-HongHu	C1	红色屋顶	100	13941	C12	青菜	100	8854
	C2	路	100	3412	C13	上海青	100	22407
	C3	裸土	100	21721	C14	莴苣	100	7256
	C4	棉花	100	163185	C15	莴笋	100	902
	C5	棉花柴	100	6118	C16	生菜	100	7162
	C6	油菜	100	44457	C17	罗马生菜	100	2910
	C7	白菜	100	24003	C18	胡萝卜	100	3117
	C8	小白菜	100	3954	C19	白萝卜	100	8612
	C9	卷心菜	100	10719	C20	蒜苗	100	3386
	C10	榨菜	100	12394	C21	蚕豆	100	1228
	C11	菜心	100	10915	C22	柿子树	100	3940

5.5.3.2 实验 1：WHU-Hi-LongKou 数据

视觉表现是评价分类方法非常重要的一个方面。展示了 CNNCRF 和对比方法（SVM、FNEA-OO、SVRFMC 和基准 CNN）在 WHU-Hi-LongKou 数据中的分类结果。从分类图 5.21 中可以看出，由于不同作物之间光谱信息较为相似，仅使用光谱信息的 SVM 分类结果中出现明显的错分椒盐噪声现象。例如芝麻和阔叶大豆的光谱曲线较为相似，导致两者之间存在明显错分。此外，由于地块边缘农作物较为稀疏，部分区域被误分为杂草和道路。相比于 SVM 分类结果，顾及空间邻域信息的方法（FNEA-OO、SVRFMC 和基准 CNN）显示出优势的视觉表现。FNEA-OO 分类结果相比于 SVM 更为平滑，但由于道路、房屋和杂草的最佳分割尺度低于作物和水体的分割尺度，导致这三类地物存在明显的错分现象。SVRFMC 方法充分利用了空间上下文信息，分类图中的椒盐噪声得到了极大的缓解。

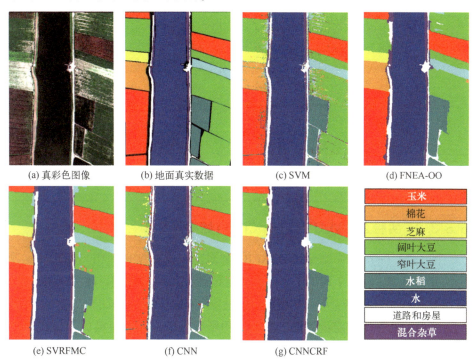

图 5.21　WHU-Hi-LongKou 数据分类结果

然而，由于 SVM 分类器提供的一元势能准确性较低，导致阔叶大豆、窄叶大豆和棉花之间仍然存在一些错分。基准的 CNN 方法只能利用局部空谱信息，在训练过程中很容易陷入局部最优，导致分类图中存在大量错分的孤立区域。CNNCRF 方法在 CNN 基础上融合空间上下文信息取得了最优的目视效果，分类结果中错分的孤立区域显著降低。定量评价可以准确度评估分类算法的性能，其中测试样本是通过野外实地勘察获取的，通常不包含不确定类别像素。表 5.6 中列出了 CNNCRF 和对比方法的分类精度。分类精度和视觉表现类似，FNEA-OO、SVRFMC、基准 CNN 和 CNNCRF 分类方法的 OA 比 SVM 分别提升了 4.53%、4.31%、3.24% 和 4.85%，其中 CNNCRF 方法取得了最高的分类精度。除阔叶大豆类外，CNNCRF 分类结果中其他作物的分类准确率均在 99% 以上。因此，实验结果证明 CNNCRF 方法在 WHU-Hi-LongKou 数据地物分类中具有优异的性能。

表 5.6 WHU-Hi-LongKou 数据分类精度表（粗体表示最优精度）

类别名称		SVM	FNEA-OO	SVRFMC	基准 CNN	CNNCRF
精度/%	玉米	98.34	99.51	99.93	99.62	**99.99**
	棉花	93.62	**99.90**	99.67	96.23	99.08
	芝麻	96.93	99.32	99.90	98.74	**100.00**
	宽叶大豆	87.46	97.72	96.56	93.30	**97.79**
	窄叶大豆	95.73	97.80	**99.43**	96.37	99.11
	水稻	99.23	99.67	**99.97**	98.01	99.80
	水体	99.97	99.93	99.99	99.92	**99.99**
	道路和房屋	92.95	88.77	94.55	96.64	**97.02**
	混合杂草	92.42	94.74	86.66	**97.76**	91.07
OA/%		94.96	98.59	98.37	97.30	**98.91**
KA		0.9345	0.9815	0.9786	0.9647	**0.9857**
AA/%		95.18	97.48	97.41	97.40	**98.21**

5.5.3.3 实验 2：WHU-Hi-HanChuan 数据

图 5.22（c）~（f）显示了 CNNCRF 和对比方法在 WHU-Hi-HanChuan 数据的分类结果，表 5.7 列出了相应的定量评估结果。与 WHU-Hi-LongKou 数据相似，SVM 分类结果中存在严重的椒盐噪声错分现象。如图 5.23 所示，被阴影覆盖的地物反射能量较低，影像上阴影覆盖像素光谱值极低并且存在严重变异性，进而导致阴影覆盖区域存在严重的错分现象。如图 5.24 所示，SVM 分类器在阴影覆盖区域存在严重的误分，例如豇豆被误分为绿色植物，草莓、道路和水被误分为灰色屋顶。相比于 SVM，FNEA-OO、SVRFMC、基准 CNN 和 CNNCRF 分类方法通过考虑空间邻域信息得到更为平滑的分类结果，OA 分别提升 8.02%、8.92%、9.52% 和 16.34%。然而，WHU-Hi-HanChuan 数据复杂，不同地物的最佳分割尺度难以确定，FNEA-OO 分类图中仍有一些错分现象，例如豇豆和绿色植物之间，影像上部道路区域被错分为灰色屋顶和塑料。SVRFMC 分类结果中同样由于 SVM 提供的一元势不准确，阴影覆盖区域仍存在较为严重的错分。相比于 SVM，CNN 方法在该复杂场景中显现出深层模型挖掘高层语义特征的优势，分类精度明显优于 SVM。从阴影

覆盖区域的分类图中可以看出，CNN方法对阴影区域地物得到了更好的区分。然而，CNN分类方法中仍存在部分错分孤立区域现象，同时CNNCRF有效地缓解了错分区域，取得了最优的目视效果和最好的定量评价结果。

表5.7 WHU-Hi-HanChuan数据分类精度表（粗体表示最优精度）

类别名称		SVM	FNEA-OO	SVRFMC	基准CNN	CNNCRF
精度/%	草莓	72.30	86.36	86.94	84.67	**95.01**
	豇豆	50.77	63.37	61.59	84.44	**93.95**
	大豆	72.66	91.01	93.46	90.25	**99.13**
	高粱	95.68	96.00	98.82	98.50	**99.28**
	空心菜	82.91	98.91	96.64	98.45	**99.91**
	西瓜	49.09	72.01	72.84	59.64	**83.28**
	绿色植物	90.38	95.81	98.60	94.00	**99.05**
	树	61.02	73.67	73.79	67.19	**77.60**
	草	63.19	70.04	79.82	76.08	**89.09**
	红色屋顶	89.50	88.87	92.34	95.29	**97.49**
	灰色屋顶	93.61	98.81	**98.98**	74.16	84.16
	塑料	63.17	83.74	89.49	90.64	**98.83**
	裸土	57.95	76.75	68.17	65.91	**78.59**
	路	65.04	69.37	72.72	86.81	**95.01**
	明亮物体	72.49	69.59	68.05	**93.44**	92.66
	水	95.56	97.03	97.71	99.35	**99.94**
OA/%		77.61	85.63	86.53	87.13	**93.95**
KA		0.7414	0.8330	0.8435	0.8497	**0.9290**
AA/%		73.46	83.21	84.37	84.93	**92.69**

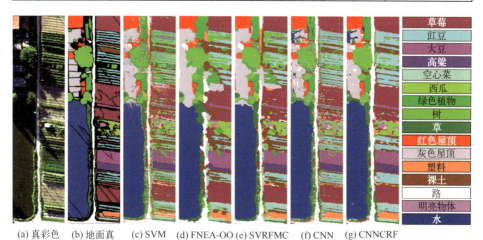

(a) 真彩色图像 (b) 地面真实数据 (c) SVM (d) FNEA-OO (e) SVRFMC (f) CNN (g) CNNCRF

图5.22 WHU-Hi-HanChuan数据分类结果

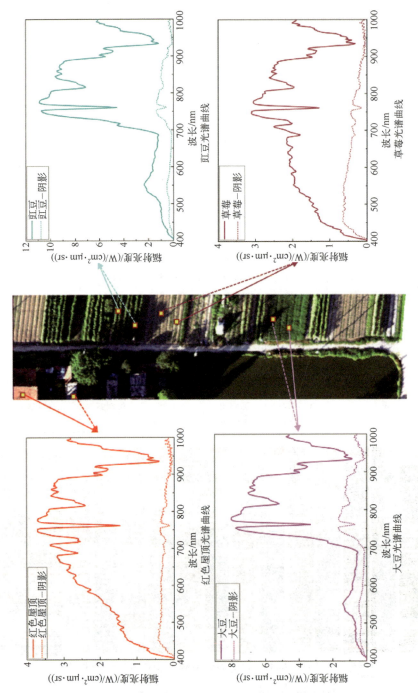

图 5.23 WHU-Hi-HanChuan 场景中阴影覆盖区域和非阴影覆盖区域光谱曲线

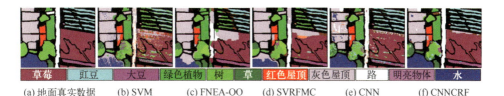

图 5.24 WHU-Hi-HanChuan 场景中阴影覆盖区域分类结果展示

5.5.3.4 实验3：WHU-Hi-HongHu 数据

图 5.25（c）~（f）显示了 CNNCRF 和对比方法在 WHU-Hi-HongHu 数据的分类结果，表 5.8 列出了相应的定量评估结果。WHU-Hi-HongHu 数据包含 18 种作物，并且不同作物的光谱信息相似，仅利用光谱信息的 SVM 方法分类图中存在明显错分的椒盐噪声现象。相比于 SVM，FNEA-OO 方法的 OA 提升 15.28%，但仍然存在明显的错分现象，例如道路形状不连续，并被错分为裸土和红色屋顶。SVRFMC 的 OA 相比于 SVM 提升超过 16%，但错分的孤立现象仍然明显，例如分类图右下角的裸土被错分为蚕豆。同样，CNN 相比于 SVM 的 OA 提升 11.88%，但分类结果中仍存在大量的孤立区域。CNNCRF 方法取得了更好的分类结果，OA 相比于 SVM 提升 20%，并且因为考虑了全局空

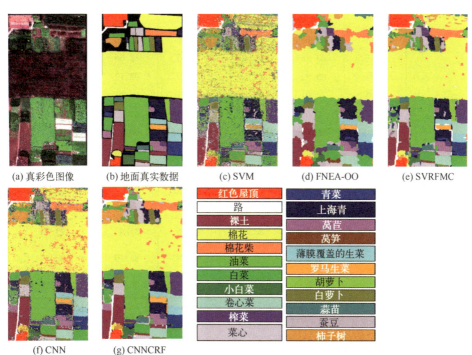

图 5.25 WHU-Hi-HongHu 数据分类结果

间信息，分类图中的孤立错分现象减少。但受限于空间取块的输入方式，CNN 提取的特征仍旧不足，在面临这种复杂的分类场景下，如枯萎棉花和棉花柴之间的光谱和纹理特征极为相似，两类之间仍出现严重的错分现象。总之，从实验结果可以明显看出 CNNCRF 框架在 WHU-Hi-HongHu 数据中地物精细分类中表现出优异的性能。

表 5.8 WHU-Hi-HongHu 数据分类精度表（粗体表示最优精度）

	类别名称	SVM	FNEA-OO	SVRFMC	基准 CNN	CNNCRF
精度/%	红色屋顶	83.93	96.24	95.26	93.85	**98.32**
	路	87.34	46.51	95.02	91.68	**95.93**
	裸土	72.85	82.29	82.23	89.94	**95.66**
	棉花	78.96	**97.55**	96.13	86.58	94.76
	棉花柴	77.25	92.24	97.66	84.37	**99.75**
	油菜	81.95	91.20	**92.84**	90.38	92.54
	白菜	59.25	70.17	77.66	76.99	**90.46**
	小白菜	41.63	60.29	64.19	62.54	**81.36**
	卷心菜	90.86	93.20	95.44	93.11	**95.90**
	榨菜	54.08	86.81	84.93	75.26	**95.31**
	菜心	48.31	69.35	71.92	70.52	**93.08**
	青菜	61.31	83.67	83.13	72.13	**84.20**
	上海青	49.86	72.93	70.56	72.96	**83.80**
	莴苣	63.78	61.49	73.65	88.66	**96.51**
	莴笋	85.92	89.14	99.89	98.12	**100.00**
	生菜	78.01	**97.89**	93.91	94.11	96.34
	罗马生菜	70.65	91.65	80.65	90.72	**98.87**
	胡萝卜	79.24	90.86	**99.13**	90.50	98.17
	白萝卜	68.22	72.88	84.61	91.18	**95.65**
	蒜苗	77.85	92.29	96.84	93.18	**98.64**
	蚕豆	74.67	96.01	100.00	91.45	**100.00**
	柿子树	81.14	94.24	99.92	97.39	**100.00**
OA/%		73.55	88.83	89.86	85.43	**93.74**
KA		68.05	85.90	87.28	82.10	**92.17**
AA/%		71.23	83.13	87.98	86.16	**94.78**

从上面三个数据集上的分类结果不难发现，基于空间取块的深度学习方法使用 CNN 自动提取深层特征进行分类，精度会略高于传统方法，但是因其空间取块的网络输入方法，导致网络无法建立长距离上下文信息的交互，无

法利用全局空间信息。为此,使用条件随机场,整合空间上下文信息,提高了分类精度,减少了分类图中的孤立错误区域,取得了更优的效果。

5.5.4 端到端的高光谱遥感深度学习分类方法的实验结果与分析

为了验证算法的有效性,实验中使用了 WHU-Hi 单场景分类基准数据集进行验证,包含 WHU-Hi-HanChuan 和 WHU-Hi-HongHu 两个精细地物分类场景。同时,本节采用 4 类 7 种方法进行对比分析。第一类为像素分类的 SVM。第二类包括 3 种基于空间取块机制的深度学习分类方法:SSAN、SSRN 和 PResNet(Deep Pyramidal Residual Network)[87]。第三类是联合卷积神经网络和条件随机场模型的网络:CNNCRF 和 SSFCN-CRF(Spectral-Spatial FCN with Dense CRF)[88]。最后一类是基于全卷积网络的 FPGA(Fast Patch-free Global Learning Framework with Spectral Attention)[44] 和 S^3ANet。

5.4.4.1 实验参数设置

1)训练样本设置

标注的每个类别,随机选择 50 个标记像素作为训练集用于模型训练,其余像素作为测试集用于精度测试,详细的训练样本个数如表 5.9 所列。WHU-Hi 数据集的标注比例极高,训练样本仅占 WHU-Hi-HongHu、WHU-Hi-Han-Cuan 和 WHU-Hi-JiaYu 数据中标记像素的 0.44%、0.62% 和 0.57%。

表 5.9 训练样本和测试样本划分

数据	序号	类别名称	训练样本	测试样本	序号	类别名称	训练样本	测试样本
WHU-Hi-HongHu	C1	红色屋顶	50	13991	C12	青菜	50	8904
	C2	路	50	3462	C13	上海青	50	22457
	C3	裸土	50	21771	C14	莴苣	50	7306
	C4	棉花	50	163235	C15	莴笋	50	952
	C5	棉花柴	50	6168	C16	生菜	50	7212
	C6	油菜	50	44507	C17	罗马生菜	50	2960
	C7	白菜	50	24053	C18	胡萝卜	50	3167
	C8	小白菜	50	4004	C19	白萝卜	50	8662
	C9	卷心菜	50	10769	C20	蒜苗	50	3436
	C10	榨菜	50	12344	C21	蚕豆	50	1278
	C11	菜心	50	10965	C22	柿子树	50	3990

续表

数据	序号	类别名称	训练样本	测试样本	序号	类别名称	训练样本	测试样本
WHU-Hi-HanCHuan	C1	草莓	50	44685	C9	草	50	9419
	C2	豇豆	50	22703	C10	红色屋顶	50	10466
	C3	大豆	50	10237	C11	灰色屋顶	50	16861
	C4	高粱	50	5303	C12	塑料	50	3629
	C5	空心菜	50	1150	C13	裸土	50	9066
	C6	西瓜	50	4483	C14	路	50	18510
	C7	绿色植物	50	5853	C15	明亮物体	50	1086
	C8	树	50	17928	C16	水	50	75351
WHU-Hi-JiaYu	C1	水稻1	50	39559	C7	水稻7	50	46148
	C2	水稻2	50	50130	C8	水稻8	50	48975
	C3	水稻3	50	52560	C9	水稻9	50	47503
	C4	水稻4	50	47411	C10	水稻10	50	54272
	C5	水稻5	50	49438	C11	水稻11	50	46056
	C6	水稻6	50	51095	C12	水稻12	50	55515

2）模型参数设置

S^3ANet 包含4个光谱注意模块、4个空间注意模块和1个尺度注意模块，详细网络架构参数如表5.10所列。模型训练过程中采用SGD进行优化，最大迭代次数、初始学习率、动量、伽马和学习率权重衰减分别设置为1500、0.003、0.9、0.1和0.001。

表 5.10 S^3ANet 网络架构参数

网络架构		输入尺寸	网络参数	输出尺寸
输入		$H\times W\times B$	—	—
编码器	Conv 3×3	$H\times W\times B$	3×3, 64, 步长 1	$H\times W\times 64$
	光谱注意力模块	$H\times W\times 64$	$r=16$	$H\times W\times 64$
	Conv 3×3	$H\times W\times 64$	3×3, 96, 步长 1	$H\times W\times 96$
	光谱注意力模块	$H\times W\times 96$	$r=16$	$H\times W\times 96$
	Conv 3×3	$H\times W\times 96$	3×3, 128, 步长 2	$1/2H\times 1/2W\times 128$
	光谱注意力模块	$1/2H\times 1/2W\times 128$	$r=16$	$1/2H\times 1/2W\times 128$
	Conv 3×3	$1/2H\times 1/2W\times 128$	3×3, 192, 步长 2	$1/4H\times 1/4W\times 192$
	光谱注意力模块	$1/4H\times 1/4W\times 192$	$r=16$	$1/4H\times 1/4W\times 192$
	Conv 3×3	$1/4H\times 1/4W\times 192$	3×3, 256, 步长 2	$1/8H\times 1/8W\times 256$
	尺度注意力模块	$1/8H\times 1/8W\times 256$	3×3, 256, 步长 1, 空洞率=3, 6, 9, 12	$1/8H\times 1/8W\times 256$

续表

	网络架构	输入尺寸	网络参数	输出尺寸
解码器	Conv 3×3	$1/8H \times 1/8W \times 256$	3×3, 256, 步长 1	$1/8H \times 1/8W \times 256$
	空间注意力模块-Conv 1×1	$1/8H \times 1/8W \times 512$	1×1, 256, 步长 1	$1/8H \times 1/8W \times 256$
	Conv1×1-Up2x	$1/8H \times 1/8W \times 512$	1×1, 192, 步长 1	$1/4H \times 1/4W \times 192$
	空间注意力模块-Conv 1×1	$1/4H \times 1/4W \times 384$	1×1, 192, 步长 1	$1/8H \times 1/8W \times 192$
解码器	Conv1×1-Up2x	$1/4H \times 1/8W \times 384$	1×1, 128, 步长 1	$1/2H \times 1/2W \times 128$
	空间注意力模块-Conv 1×1	$1/2H \times 1/2W \times 256$	1×1, 128, 步长 1	$1/2H \times 1/2W \times 128$
	Conv1×1-Up2x	$1/2H \times 1/2W \times 256$	1×1, 96, 步长 1	$H \times W \times 96$
	空间注意力模块-Conv 1×1	$H \times W \times 192$	1×1, 96, 步长 1	$H \times W \times 96$
	AAM 分类函数	$H \times W \times 64$	1×1, N $m=0.5, s=30$	$H \times W \times N$
输出		—	—	$H \times W$

5.4.4.2 实验 1：WHU-Hi-HongHu 数据

图 5.26（c）~（j）展示了 S^3ANet 和对比方法在 WHU-Hi-HongHu 数据的分类结果，表 5.11 列出了相应的定量评估结果。仅利用光谱信息的 SVM 分类结果存在大量错分的区域。相比于 SVM 分类器，深度学习的分类方法在视觉性能和定量评价方面都有非常大的提升。SSAN、SSRN 和 PResNet 的 OA 相比于 SVM 分别提升了 11.42%、18.52% 和 23.99%，但受限于空间取块机制，仅利用局部空谱信息，分类结果中仍然存在大量的错分孤立区域。CNNCRF 和 SSFCN-CRF 通过 CRF 模型引入空间上下文信息，极大缓解了分类图中的孤立区域，其 OA 比 SVM 分别提升了 23.59% 和 22.79%。然而，由于一元势能的误差，分类结果中仍然存在少量错分区域。FPGA 模型同时利用了全局光谱和空间信息，取得了优异视觉性能，其 OA 比 SVM 提升了 28.29%。因其采用端到端的分类方式，以整张影像作为输入，整张影像作为输出，可以考虑全局上下文信息，显著提高了分类效果。然而，它对光谱相似的作物的识别能力仍然不足，因为其主体仍然只采用了卷积的操作，在一定程度上，仍然没有

充分利用长距离的上下文信息,所以分类图中依然存在一些错分的区域,如油菜和小白菜。S³ANet 模型采用了光谱、空间和尺度三种注意力机制,能缓解双高影像极高空谱异质性对分类精度的影响,尤其是面对这种复杂的分类场景,并且对光谱相似地物的区分效果显著,在该数据集中取得了最优的视觉表现效果和定量评价精度,其 OA 相比于 SVM 方法提升了 29.23%。

表 5.11 WHU-Hi-HongHu 数据分类精度表(粗体表示最优精度)

类别名称		SVM	SSAN	SSRN	PresNet	CNNCRF	SSFCN-CRF	FPGA	S³ANet
精度/%	红色屋顶	85.23	96.70	95.28	95.81	95.23	96.07	96.55	**97.81**
	路	72.30	85.50	93.88	95.21	95.70	79.87	**96.65**	95.64
	裸土	75.03	81.08	88.76	86.99	88.86	87.46	95.25	**96.10**
	棉花	67.45	92.00	86.05	95.28	94.84	97.87	97.81	**97.91**
	棉花柴	71.19	93.27	87.74	93.11	93.06	92.48	97.23	**98.49**
	油菜	79.37	81.10	92.44	93.65	**98.05**	91.04	95.97	97.00
	白菜	51.41	38.39	79.71	82.91	75.57	80.57	87.57	**90.26**
	小白菜	32.74	48.28	83.74	76.27	83.97	82.27	97.45	**100.00**
	卷心菜	85.50	88.95	96.68	96.56	**99.64**	96.42	99.24	99.27
	榨菜	44.22	67.77	76.63	78.03	92.77	78.28	94.07	**95.12**
	菜心	38.53	47.00	76.50	82.54	74.09	54.43	92.81	**94.67**
	青菜	56.09	64.22	59.94	80.39	79.37	70.09	95.27	**97.34**
	上海青	51.20	41.86	72.31	75.65	66.57	74.80	83.44	**91.07**
	苘苣	53.22	80.88	88.17	97.22	89.65	73.79	98.51	**98.74**
	莴笋	82.56	89.81	96.85	**100.00**	**100.00**	95.48	99.90	**100.00**
	生菜	78.49	56.70	92.79	96.10	93.59	93.95	**99.92**	98.79
	罗马生菜	66.22	89.63	97.26	95.88	91.96	88.21	97.13	**100.00**
	胡萝卜	69.21	86.58	96.72	97.44	98.55	92.93	**99.53**	99.40
	白萝卜	71.96	58.84	90.35	96.54	96.96	92.61	**98.74**	96.65
	蒜苗	76.02	85.62	95.52	98.52	96.19	95.72	**99.68**	99.48
	蚕豆	65.96	90.61	98.20	**100.00**	**100.00**	98.04	**100.00**	99.53
	柿子树	80.75	79.77	98.32	97.57	**100.00**	97.52	**100.00**	**100.00**
OA/%		67.47	78.89	85.99	91.46	91.06	90.26	95.76	**96.75**
KA		0.6116	0.7389	0.8281	0.8932	0.8881	0.8775	0.9467	**0.9591**
AA/%		66.12	74.75	88.36	91.44	91.12	86.81	96.49	**97.25**

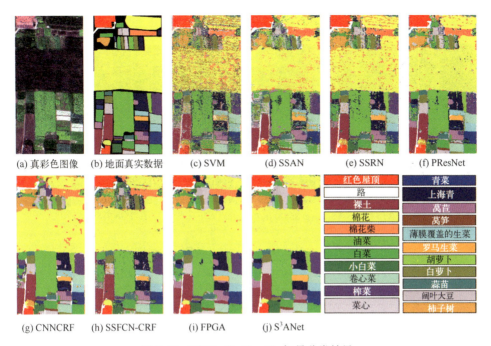

图 5.26 WHU-Hi-HongHu 场景分类结果

5.4.4.3 实验 2：WHU-Hi-HanChuan 数据

图 5.27（c）~（j）展示了 S³ANet 和对比方法在 WHU-Hi-HanChuan 数据的分类结果，表 5.12 列出了相应的定量评估结果。与之前实验结果类似，仅利用光谱信息的 SVM 分类结果依旧存在大量错分的区域，同时在阴影覆盖区域的错分现象异常严重。与 SVM 相比，SSAN、SSRN 和 PResNet 3 种基于空间取块机制的深度学习方法 OA 分别提升了 10.57%、10.22% 和 17.13%，但分类图中仍然存在许多错分的孤立区域，尤其在阴影覆盖区域，错分现象更加严重。CNNCRF 和 SSFCN-CRF 方法的 OA 相比于 SVM 分别提升了 17.65% 和 14.46%，同样由于一元势能的不精确性，CNNCRF 的分类图在豇豆地物阴影覆盖区显示出较差的分类性能。SSFCN-CRF 的分类图也包含许多错分的孤立区域。FPGA 因其抛弃了空间取块的输入方式，采用整张影像输入的方式充分利用全局上下文信息，因此它的 OA 相比 SVM 提升 21.67%，但网络仅仅使用卷积操作来提取特征，仍然无法显示地直接提取长距离上下文信息，因此在一些易混地区仍有严重错分，如阴影覆盖区域的水和豇豆之间就存在严重错分。S³ANet 方法在 WHU-Hi-HanChuan 数据中取得了最好的视觉表现和分

类精度，极大减少了分类图中的错分孤立区域。

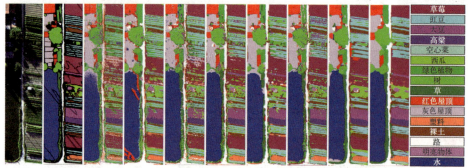

(a) 真彩色图像　(b) 地面真实数据　(c) SVM　(d) SSAN　(e) SSRN　(f) PresNet　(g) CNN-CRF　(h) SSFCN-CRF　(i) FPGA　(j) S^3ANet

图 5.27　WHU-Hi-HanChuan 场景分类结果

表 5.12　WHU-Hi-HanChuan 数据分类精度表（粗体表示最优精度）

	类别名称	SVM	SSAN	SSRN	PresNet	CNNCRF	SSFCN-CRF	FPGA	S^3ANet
精度/%	草莓	67.71	83.48	69.64	89.03	93.49	89.24	93.72	**98.94**
	豇豆	46.14	85.15	83.64	83.37	76.99	71.00	90.92	**95.37**
	大豆	70.07	75.69	65.94	95.15	93.71	88.61	**98.95**	98.70
	高粱	92.61	88.16	95.38	95.64	97.91	87.93	97.30	**98.79**
	空心菜	72.78	**99.65**	98.43	99.22	99.13	96.96	97.65	97.83
	西瓜	44.77	72.36	75.28	75.49	87.31	64.20	**95.05**	94.18
	绿色植物	87.95	88.55	82.33	94.40	95.28	90.21	96.87	**100.00**
	树	49.10	83.09	60.88	71.45	74.75	73.67	89.63	**92.84**
	草	44.42	56.81	76.92	80.56	82.45	67.16	90.77	**94.05**
	红色屋顶	82.72	79.80	87.79	98.30	97.98	88.64	94.57	**98.81**
	灰色屋顶	95.53	83.69	96.31	92.21	**98.97**	96.23	97.30	97.42
	塑料	59.52	95.54	71.78	97.00	**99.56**	91.98	98.18	99.12
	裸土	49.11	64.36	70.26	81.93	60.90	74.03	**90.19**	86.59
	路	63.31	91.33	73.52	87.04	91.80	84.07	**96.23**	95.73
	明亮物体	69.80	88.21	80.20	90.24	89.32	81.86	90.42	**99.36**
	水	90.78	87.87	99.31	97.81	96.87	98.42	96.70	**99.48**
	OA/%	72.47	83.63	83.01	90.19	90.71	87.52	94.73	**97.33**
	KA	0.6840	0.8109	0.8028	0.8858	0.8917	0.8547	0.9385	**0.9653**
	AA/%	67.89	82.73	80.48	89.30	89.78	84.01	94.66	**96.70**

5.4.4.4 实验3：WHU-Hi-JiaYu 数据

图 5.28（c）~（j）展示了 S^3ANet 和对比方法在 WHU-Hi-JiaYu 数据的分类结果，表 5.13 列出了相应的定量评估结果。WHU-Hi-JiaYu 采集区域种植 12 个水稻品种，光谱和空间纹理极其相似。因此，仅利用光谱信息的 SVM 方法在该场景中表现效果极差，OA 仅为 32.99%。SSAN、SSRN、PresNet、CNNCRF、SSFCN 的分类图也表现出非常严重的错分现象，其中 SSAN、SSRN、PresNet、SSFCN-CRF 的 OA 均低于 60%。因此，超相似地物亚类的精细区分是一项巨大的挑战。相比于上述方法，FPGA 模型的分类精度有很大提升，其 OA 相比于 SVM 提升了 56.48%，但分类结果中仍然存在大量错分区域。相比于 FPGA，S^3ANet 在解码器中引入了空间注意力模块和 AAM 损失函数，显著提升了不同水稻品种之间的类间特征距离。因此，S^3ANet 分类结果中错分的孤立区域得到显著减少，其 OA 相比 SVM 和 FPGA 分别提升了 65.39%和 8.91%。总而言之，S^3ANet 在 WHU-Hi-JiaYu 数据中不同水稻品种之间的亚类地物区分表现出优异的分类性能。

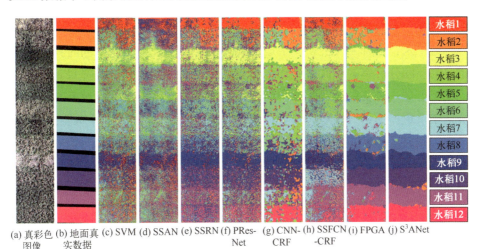

(a) 真彩色图像 (b) 地面真实数据 (c) SVM (d) SSAN (e) SSRN (f) PResNet (g) CNN-CRF (h) SSFCN-CRF (i) FPGA (j) S^3ANet

图 5.28 WHU-Hi-JiaYu 场景分类结果

表 5.13 WHU-Hi-JiaYu 数据分类精度表（粗体表示最优精度）

	类别名称	SVM	SSAN	SSRN	PresNet	CNNCRF	SSFCN-CRF	FPGA	S^3ANet
精度/%	水稻1	73.89	52.05	79.75	84.50	87.98	88.74	95.79	**98.48**
	水稻2	29.30	19.17	38.95	41.10	48.44	42.60	78.71	**97.55**
	水稻3	62.59	69.80	63.70	67.43	84.34	89.15	88.95	**98.22**

续表

类别名称		SVM	SSAN	SSRN	PresNet	CNNCRF	SSFCN-CRF	FPGA	S³ANet
精度/%	水稻4	26.11	21.54	25.45	47.74	65.16	54.87	92.73	**99.96**
	水稻5	33.38	37.59	39.85	37.67	67.68	58.80	87.75	**99.14**
	水稻6	28.69	26.00	48.69	37.54	70.77	26.44	84.72	**97.18**
	水稻7	35.28	31.22	22.35	41.90	56.36	64.72	86.63	**100.00**
	水稻8	14.99	20.42	36.86	31.78	6.95	29.97	87.16	**98.29**
	水稻9	55.90	52.77	85.78	74.16	80.34	72.98	95.48	**97.85**
	水稻10	10.84	19.46	48.52	45.89	73.12	30.67	94.83	**97.13**
	水稻11	2.85	18.59	49.01	30.64	30.37	28.01	88.71	**99.93**
	水稻12	29.65	14.15	24.18	64.30	75.38	36.33	92.96	**97.44**
OA/%		32.99	31.50	46.31	45.14	62.35	51.11	89.47	**98.38**
KA		0.2690	0.2527	0.4145	0.4012	0.5889	0.4669	0.8851	**0.9823**
AA/%		33.62	31.90	46.92	45.57	62.24	51.94	89.53	**98.43**

5.6 小　　结

近年来，随着无人机和微型成像光谱仪的不断发展，获取同时具备高光谱、高空间分辨率的双高遥感影像成为了可能。相比于传统高光谱遥感，双高遥感可进一步获取丰富的地物纹理与空间细节，可分辨地物单元与物质组成的细节更加详尽。但丰富的空间细节也带来了极高的空-谱异质性，"同物异谱"现象大量存在使得同类地物的类内方差增大；类内光谱统计分布特征更加复杂，使得传统方法和早期简单的基于卷积神经网络的深度学习方法不能取得很好的分类结果。为此，本章简单介绍了几种经典的传统方法，并重点介绍了几种现今主流的高光谱遥感分类智能算法，各类方法优缺点如表5.14所列。

表5.14　各类方法优缺点汇总表

基础框架	方法体系	方法	优　　缺
传统方法	光谱信息 空间-光谱信息	SAM、SVM DPSCRF	可解释性强，计算复杂度小；不能自动提取深层特征，过于依赖专家经验
深度学习方法	基于空间取块	CNNCRF	以空间块作为输入，利用空谱信息自动提取深层特征；推理时计算冗余，空间块最佳尺寸难以确定，且固定大小的输入限制了网络对远距离上下文信息的捕获
	基于端到端	FPGA、 S³ANet	采用编码器-解码器架构，构建端到端的分类框架，整张影像作为输入和输出，提高推理速度，使网络可以捕获长距离上下文信息

参考文献

[1] 张兵. 高光谱图像处理与信息提取前沿 [J]. 遥感学报, 2016, 20 (5): 1062-1090.

[2] KRUSE F A, BOARDMAN J W, HUNTINGTON J F. Comparison of airborne hyperspectral data and EO-1 Hyperion for mineral mapping [J]. IEEE Transactions on Geoscience Remote Sensing, 2003, 41 (6): 1388-1400.

[3] YOKOYA N, CHAN J C-W, SEGL K. Potential of resolution-enhanced hyperspectral data for mineral mapping using simulated EnMAP and Sentinel-2 images [J]. Remote Sensing, 2016, 8 (3): 172.

[4] BRIOTTET X, BOUCHER Y, DIMMELER A, et al. Military applications of hyperspectral imagery [C]//Targets and Backgrounds XII: Characterization and Representation, April17-18, 2006, Kissimmee, Florida, USA. SPIE, c2006: 82-89.

[5] PRASHNANI M, CHEKURI R S. Identification of military vehicles in hyper spectral imagery through spatio-spectral filtering [C]//2013 IEEE Second International Conference on Image Information Processing (ICIIP-2013), December 9-11, 2013, Shimla, India. IEEE, c2013: 527-532.

[6] HUANG X, ZHANG L. A comparative study of spatial approaches for urban mapping using hyperspectral ROSIS images over Pavia City, northern Italy [J]. International Journal of Remote Sensing, 2009, 30 (12): 3205-3221.

[7] DELEGIDO J, VAN WITTENBERGHE S, VERRELST J, et al. Chlorophyll content mapping of urban vegetation in the city of Valencia based on the hyperspectral NAOC index [J]. Ecological Indicators, 2014, 40: 34-42.

[8] SINGH P, PANDEY P C, PETROPOULOS G P, et al. Hyperspectral remote sensing in precision agriculture: present status, challenges, and future trends [M]. Amsterdam: Elsevier. 2020.

[9] LU B, DAO P D, LIU J, et al. Recent advances of hyperspectral imaging technology and applications in agriculture [J]. Remote Sensing, 2020, 12 (16): 2659.

[10] AUDEBERT N, LE SAUX B, LEFèVRE S. Deep learning for classification of hyperspectral data: a comparative review [J]. IEEE Geoscience and Remote Sensing Magazine, 2019, 7 (2): 159-173.

[11] 樊星皓, 刘春雨, 金光, 等. 轻小型高分辨率星载高光谱成像光谱仪 [J]. 光学精密工程, 2021, 29 (3): 11.

[12] LI S, SONG W, FANG L, et al. Deep learning for hyperspectral image classification: an

overview [J]. IEEE Transactions on Geoscience and Remote Sensing, 2019, 57 (9): 6690-6709.

[13] WAN Y, HU X, ZHONG Y, et al. Tailings reservoir disaster and environmental monitoring using the UAV-ground hyperspectral joint observation and processing: a case of study in Xinjiang, the belt and road [C]//IGARSS 2019-2019 IEEE International Geoscience and Remote Sensing Symposium, July 28-August 2, 2019, Yokohama, Japan. IEEE, c2019: 9713-9716.

[14] NÄSI R, HONKAVAARA E, LYYTIKÄINEN-SAARENMAA P, et al. Using UAV-based photogrammetry and hyperspectral imaging for mapping bark beetle damage at tree-level [J]. Remote Sensing, 2015, 7 (11): 15467-15493.

[15] SANKEY T, DONAGER J, MCVAY J, et al. UAV lidar and hyperspectral fusion for forest monitoring in the southwestern USA [J]. Remote Sensing of Environment, 2017, 195: 30-43.

[16] ADÃO T, HRUŠKA J, PÁDUA L, et al. Hyperspectral imaging: a review on UAV-based sensors, data processing and applications for agriculture and forestry [J]. Remote Sensing, 2017, 9 (11): 1110.

[17] ZARCO-TEJADA P J, GUILLÉN-CLIMENT M L, HERNÁNDEZ-CLEMENTE R, et al. Estimating leaf carotenoid content in vineyards using high resolution hyperspectral imagery acquired from an unmanned aerial vehicle (UAV) [J]. Agricultural and forest meteorology, 2013, 171: 281-294.

[18] 王旭红, 贾百俊, 郭建明, 等. 基于SAM遥感影像的分类技术研究 [J]. 西北大学学报 (自然科学版), 2008, 38 (4): 668-672.

[19] CORTES C, VAPNIK V. Support-vector networks [J]. Machine Learning, 1995, 20 (3): 273-297.

[20] GEMAN S, GEMAN D. Stochastic relaxation, Gibbs distributions, and the Bayesian restoration of images [J]. IEEE Transactions on Pattern Analysis and Machine Intelligence, 1984 (6): 721-741.

[21] MOSER G, SERPICO S B. Combining support vector machines and markov random fields in an integrated framework for contextual image classification [J]. IEEE Transactions Geoscience Remote Sensing, 2013, 51 (5): 2734-2752.

[22] LAFFERTY J, MCCALLUM A, PEREIRA F. Conditional random fields: probabilistic models for segmenting and labeling sequence data [C]//Proceedings of the Eighteenth International Conference on Machine Learning, June 28-July 1, 2001, San Francisco, California, USA. ACM, c2001: 3.

[23] KUMAR S. Discriminative random fields: a discriminative framework for contextual interac-

tion in classification [C]//Proceedings Ninth IEEE International Conference on Computer Vision, October 13-16, 2003, Nice, France. IEEE, c2003: 1150-1157.

[24] ZHANG G, JIA X. Simplified conditional random fields with class boundary constraint for spectral-spatial based remote sensing image classification [J]. IEEE Geoscience Remote Sensing Letters, 2012, 9 (5): 856-860.

[25] ZHONG Y, LIN X, ZHANG L. A support vector conditional random fields classifier with a Mahalanobis distance boundary constraint for high spatial resolution remote sensing imagery [J]. IEEE journal of selected topics in applied earth observations and remote sensing, 2014, 7 (4): 1314-1330.

[26] ZHONG P, WANG R. Learning conditional random fields for classification of hyperspectral images [J]. IEEE Transactions on Image Processing, 2010, 19 (7): 1890-1907.

[27] KUMAR S, HEBERT M. Discriminative random fields [J]. International Journal of Computer Vision, 2006, 68: 179-201.

[28] LI S Z. Markov random field modeling in image analysis [M]. Berlin: Springer Science & Business Media, 2009.

[29] BOYKOV Y, VEKSLER O, ZABIH R. Fast approximate energy minimization via graph cuts [J]. IEEE Transactions on Pattern Analysis and Machine Intelligence, 2001, 23 (11): 1222-1239.

[30] SZELISKI R, ZABIH R, SCHARSTEIN D, et al. A comparative study of energy minimization methods for Markov random fields with smoothness-based priors [J]. IEEE Transactions on Pattern Analysis and Machine Intelligence, 2008, 30 (6): 1068-1080.

[31] CHEN Y, LIN Z, ZHAO X, et al. Deep learning-based classification of hyperspectral data [J]. IEEE Journal of Selected Topics in Applied Earth Observations Remote Sensing, 2014, 7 (6): 2094-2107.

[32] LECUN Y, BOTTOU L, BENGIO Y, et al. Gradient-based learning applied to document recognition [J]. Proceedings of the IEEE, 1998, 86 (11): 2278-2324.

[33] MAKANTASIS K, KARANTZALOS K, DOULAMIS A, et al. Deep supervised learning for hyperspectral data classification through convolutional neural networks [C]//2015 IEEE International Geoscience and Remote Sensing Symposium (IGARSS), July 26-31, 2015, Milan, Italy. IEEE, c2015: 4959-4962.

[34] CHEN Y, JIANG H, LI C, et al. Deep feature extraction and classification of hyperspectral images based on convolutional neural networks [J]. IEEE Transactions on Geoscience and Remote Sensing, 2016, 54 (10): 6232-6251.

[35] LAFFERTY J, MCCALLUM A, PEREIRA F. Conditional random fields: probabilistic models for segmenting and labeling sequence data [C]//Proceedings of the Eighteenth Interna-

tional Conference on Machine Learning, June 28–July 1, 2001, San Francisco, California, USA. ACM, c2001: 3.

[36] KUMAR S. Discriminative random fields: a discriminative framework for contextual interaction in classification [C]//Proceedings Ninth IEEE International Conference on Computer Vision, October13–16, 2003, Nice, France. IEEE, c2003: 1150–1157.

[37] ZHAO J, ZHONG Y, ZHANG L. Detail–preserving smoothing classifier based on conditional random fields for high spatial resolution remote sensing imagery [J]. IEEE Transactions on Geoscience and Remote Sensing, 2014, 53 (5): 2440–2452.

[38] ZHAO J, ZHONG Y, JIA T, et al. Spectral-spatial classification of hyperspectral imagery with cooperative game [J]. ISPRS Journal of Photogrammetry and Remote Sensing, 2018, 135: 31–42.

[39] ZHAO J, ZHONG Y, HU X, et al. A robust spectral-spatial approach to identifying heterogeneous crops using remote sensing imagery with high spectral and spatial resolutions [J]. Remote Sensing of Environment, 2020, 239: 111605.

[40] LV P, ZHONG Y, ZHAO J, et al. Change detection based on a multifeature probabilistic ensemble conditional random field model for high spatial resolution remote sensing imagery [J]. IEEE Geoscience and Remote Sensing Letters, 2016, 13 (12): 1965–1969.

[41] ZHOU L, CAO G, LI Y, et al. Change detection based on conditional random field with region connection constraints in high-resolution remote sensing images [J]. IEEE Journal of Selected Topics in Applied Earth Observations and Remote Sensing, 2016, 9 (8): 3478–3488.

[42] WANG S, ZHONG Y, ZHAO J, et al. S^3 CRF: sparse spatial-spectral conditional random field target detection framework for airborne hyperspectral data [J]. IEEE Access, 2020, 8: 46917–46930.

[43] 赵济. 面向高分辨率遥感影像分类的条件随机场模型研究 [D]. 武汉：武汉大学, 2017.

[44] ZHENG Z, ZHONG Y, MA A, et al. FPGA: fast patch-free global learning framework for fully end-to-end hyperspectral image classification [J]. IEEE Transactions on Geoscience and Remote Sensing, 2020, 58 (8): 5612–5626.

[45] BORJI A, ITTI L. State-of-the-art in visual attention modeling [J]. IEEE Transactions on Pattern Analysis and Machine Intelligence, 2012, 35 (1): 185–207.

[46] CARRASCO M. Visual attention: the past 25 years [J]. Vision Research, 2011, 51 (13): 1484–1525.

[47] TREISMAN A M, GELADE G. A feature–integration theory of attention [J]. Cognitive Psychology, 1980, 12 (1): 97–136.

[48] 肖洁. 视觉注意模型及其在目标感知中的应用研究 [D]. 武汉: 华中科技大学, 2010.

[49] NAVALPAKKAM V, ITTI L. Modeling the influence of task on attention [J]. Vision Research, 2005, 45 (2): 205-231.

[50] HU J, SHEN L, SUN G. Squeeze-and-excitation networks [C]//Proceedings of the IEEE Conference on Computer Vision and Pattern Recognition, June 18-23, 2018. Salt Lake City, Utah, USA. IEEE, c2018: 7132-7141.

[51] WANG F, JIANG M, QIAN C, et al. Residual attention network for image classification [C]//Proceedings of the IEEE Conference on Computer Vision and Pattern Recognition, July 21-26, 2017. Honolulu, Hawaii, USA. IEEE, c2017: 3156-3164.

[52] HUANG Z, WANG X, HUANG L, et al. Ccnet: criss-cross attention for semantic segmentation [C]//Proceedings of the IEEE/CVF International Conference on Computer Vision, June 15-20, 2019, Long Beach, California, USA. IEEE, c2019: 603-612.

[53] FU J, LIU J, TIAN H, et al. Dual attention network for scene segmentation [C]//Proceedings of the IEEE/CVF Conference on Computer Vision and Pattern Recognition, June 15-20, 2019, Long Beach, California, USA. IEEE, c2019: 3146-3154.

[54] CHEN S, TAN X, WANG B, et al. Reverse attention for salient object detection [C]//Proceedings of the European Conference on Computer Vision (ECCV), September 8-14, 2018, Munich, Germany. Springer, c2018: 234-250.

[55] ZHANG X, WANG T, QI J, et al. Progressive attention guided recurrent network for salient object detection [C]//Proceedings of the IEEE Conference on Computer Vision and Pattern Recognition, June 18-23, 2018. Salt Lake City, Utah, USA. IEEE, c2018: 714-722.

[56] WANG Q, GUO G. AAN-Face: attention augmented networks for face recognition [J]. IEEE Transactions on Image Processing, 2021, 30: 7636-7648.

[57] SALAH A A, ALPAYDIN E, AKARUN L. A selective attention-based method for visual pattern recognition with application to handwritten digit recognition and face recognition [J]. IEEE Transactions on Pattern Analysis and Machine Intelligence, 2002, 24 (3): 420-425.

[58] SI C, CHEN W, WANG W, et al. An attention enhanced graph convolutional lstm network for skeleton-based action recognition [C]//Proceedings of the IEEE/CVF Conference on Computer Vision and Pattern Recognition, June 15-20, 2019, Long Beach, California, USA. IEEE, c2019: 1227-1236.

[59] SHARMA S, KIROS R, SALAKHUTDINOV R. Action recognition using visual attention [EB/OL]. (2016-02-14) [2024-05-27]. https://arxiv.org/abs/1511.04119.

[60] MNIH V, HEESS N, GRAVES A, et al. Recurrent Models of Visual Attention [J]. Ad-

vances in Neural Information Processing Systems, 2014, 27: 2204-2212.

[61] WOO S, PARK J, LEE J Y, et al. Cbam: convolutional block attention module [C]//Proceedings of the European Conference on Computer Vision (ECCV), September 8 - 14, 2018, Munich, Germany. Springer, c2018: 3-19.

[62] GAO Z, XIE J, WANG Q, et al. Global second-order pooling convolutional networks [C]//Proceedings of the IEEE/CVF Conference on Computer Vision and Pattern Recognition, June 15-20, 2019, Long Beach, California, USA. IEEE, c2019: 3024-3033.

[63] LEE H J, KIM H E, NAM H. Srm: a style-based recalibration module for convolutional neural networks [C]//Proceedings of the IEEE/CVF International Conference on Computer Vision, October27-November 2, 2019, Seoul, South Korea. IEEE, c2019: 1854-1862.

[64] WANG Q, WU B, ZHU P, et al. ECA-Net: efficient channel attention for deep convolutional neural networks [C]//Proceedings of the IEEE/CVF Conference on Computer Vision and Pattern Recognition, June 13-19, 2020, Seattle, Washington, USA. IEEE, c2020: 11534-11542.

[65] ZHANG H, DANA K, SHI J, et al. Context encoding for semantic segmentation [C]// Proceedings of the IEEE Conference on Computer Vision and Pattern Recognition, June 18-23, 2018, Salt Lake City, Utah, USA. IEEE, c2018: 7151-7160.

[66] JADERBERG M, SIMONYAN K, ZISSERMAN A. Spatial transformer networks [J]. Advances in Neural Information Processing Systems, 2015, 28: 2017-2015.

[67] DAI J, QI H, XIONG Y, et al. Deformable convolutional networks [C]//Proceedings of the IEEE International Conference on Computer Vision, October 22-29, 2017, Venice, Italy. IEEE, c2017: 764-773.

[68] GU S, CHENG R, JIN Y. Feature selection for high-dimensional classification using a competitive swarm optimizer [J]. Soft Computing, 2018, 22 (3): 811-822.

[69] WANG X, GIRSHICK R, GUPTA A, et al. Non-local neural networks [C]//Proceedings of the IEEE Conference on Computer Vision and Pattern Recognition, June 18-23, 2018. Salt Lake City, Utah, USA. IEEE, c2018: 7794-7803.

[70] PARK J, WOO S, LEE J Y, et al. BAM: bottleneck attention module [EB/OL]. (2018-07-18) [2024-05-27]. https://arxiv.org/abs/1807.06514.

[71] HOU Q, ZHANG L, CHENG M M, et al. Strip pooling: rethinking spatial pooling for scene parsing [C]//Proceedings of the IEEE/CVF Conference on Computer Vision and Pattern Recognition, June 13-19, 2020, Seattle, Washington, USA. IEEE, c2020: 4003-4012.

[72] LIU J J, HOU Q, CHENG M M, et al. Improving convolutional networks with self-calibrated convolutions [C]//Proceedings of the IEEE/CVF Conference on Computer Vision and Pattern Recognition, June 13-19, 2020, Seattle, Washington, USA. IEEE, c2020: 10096-

10105.

[73] MISRA D, NALAMADA T, ARASANIPALAI A U, et al. Rotate to attend: Convolutional triplet attention module [C]//Proceedings of the IEEE/CVF Winter Conference on Applications of Computer Vision, January 3-8, 2021, Waikoloa, Hawaii, USA. IEEE, c2021: 3139-3148.

[74] ZHANG Z, LAN C, ZENG W, et al. Relation-aware global attention for person re-identification [C]//Proceedings of the IEEE/CVF Conference on Computer Vision and Pattern Recognition, June 13-19, 2020, Seattle, Washington, USA. IEEE, c2020: 3186-3195.

[75] HANG R, LI Z, LIU Q, et al. Hyperspectral image classification with attention-aided CNNs [J]. IEEE Transactions on Geoscience and Remote Sensing, 2020, 59 (3): 2281-2293.

[76] YUAN Y, HUANG L, GUO J, et al. OCNet: object context for semantic segmentation [J]. International Journal of Computer Vision, 2021, 129 (8): 2375-2398.

[77] MOU L, ZHU X X. Learning to pay attention on spectral domain: a spectral attention module-based convolutional network for hyperspectral image classification [J]. IEEE Transactions on Geoscience and Remote Sensing, 2019, 58 (1): 110-122.

[78] MEI X, PAN E, MA Y, et al. Spectral-spatial attention networks for hyperspectral image classification [J]. Remote Sensing, 2019, 11 (8): 963.

[79] HAUT J M, PAOLETTI M E, PLAZA J, et al. Visual attention-driven hyperspectral image classification [J]. IEEE Transactions on Geoscience and Remote Sensing, 2019, 57 (10): 8065-8080.

[80] XUE Z, ZHANG M, LIU Y, et al. Attention-based second-order pooling network for hyperspectral image classification [J]. IEEE Transactions on Geoscience and Remote Sensing, 2021, 59 (11): 9600-9615.

[81] HU X, WANG X, ZHONG Y, et al. S^3ANet: spectral-spatial-scale attention network for end-to-end precise crop classification based on UAV-borne H^2 imagery [J]. ISPRS Journal of Photogrammetry and Remote Sensing, 2022, 183: 147-163.

[82] DENG J, GUO J, XUE N, et al. Arcface: additive angular margin loss for deep face recognition [C]//Proceedings of the IEEE/CVF Conference on Computer Vision and Pattern Recognition, June 15-20, 2019, Long Beach, California, USA. IEEE, c2019: 4690-4699.

[83] LI X, WANG W, HU X, et al. Selective kernel networks [C]//Proceedings of the IEEE/CVF Conference on Computer Vision and Pattern Recognition, June 15-20, 2019, Long Beach, California, USA. IEEE, c2019: 510-519.

[84] CHANG C C, LIN C J. LIBSVM: a library for support vector machines [J]. ACM Transac-

tions on Intelligent Systems and Technology (TIST), 2011, 2 (3): 1-27.

[85] BAATZ M, SCHÄPE A. Multiresolution segmentation: an optimization approach for high quality multi-scale image segmentation [J]. Angewandte Geographische Information Sverarbeitung, 2000: 12-23.

[86] ZHONG Y, LIN X, ZHANG L. A support vector conditional random fields classifier with a Mahalanobis distance boundary constraint for high spatial resolution remote sensing imagery [J]. IEEE Journal of Selected Topics in Applied Earth Observations and Remote Sensing, 2014, 7 (4): 1314-1330.

[87] PAOLETTI M E, HAUT J M, FERNANDEZ-BELTRAN R, et al. Deep pyramidal residual networks for spectral-spatial hyperspectral image classification [J]. IEEE Transactions on Geoscience and Remote Sensing, 2018, 57 (2): 740-754.

[88] XU Y, DU B, ZHANG L. Beyond the patchwise classification: spectral-spatial fully convolutional networks for hyperspectral image classification [J]. IEEE Transactions on Big Data, 2019, 6 (3): 492-506.

第6章 高光谱遥感异常探测

在高光谱实际应用中，存在很多无法由先验知识提供的信号源，这类信号源大多以异常的形式存在于数据中，此时高光谱影像中的待探测目标称为异常目标[1-3]。高光谱异常探测结果可以提取感兴趣目标候选区域，极大降低后续识别任务的数据处理压力。本章将简要介绍基于统计和基于表达的传统算法，重点介绍基于深度学习的高光谱异常探测智能算法。

6.1 概　　述

6.1.1 高光谱遥感异常探测的概念与特点

高光谱遥感影像能够区分不同材质的诊断性光谱特征，肉眼难以观察的异常目标在光谱维存在显著光谱差异，因此高光谱遥感影像为异常探测提供了一种有效途径。如图6.1所示，高光谱遥感影像中的异常目标一般具备以下三种特性[1]：①在数据中的出现无法预测，无任何先验信息；②在数据中

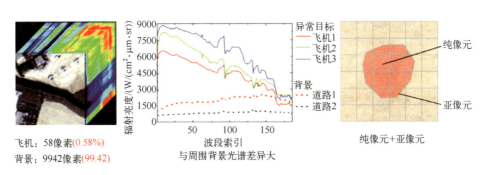

图6.1　高光谱遥感影像中异常目标的特性

的出现概率小，数量少且尺寸小；③与周边或相邻背景的光谱特性存在显著性差异。具备这些特性的异常目标在高光谱遥感影像中一般以纯净像元和亚像元组合的形式存在，例如军事伪装[4-6]、海洋或溢油探测[7-9]、林业病虫害[10-12]等。

高光谱遥感影像异常探测[13-15]，即在没有任何目标先验信息的情况下，将与周围典型背景有显著性光谱差异的异常像元从影像中提取出来的过程[16-17]，最终获得异常目标的尺寸、位置和分布信息。具体的技术流程如图 6.2 所示。由于目标先验信息未知，背景估计就成为高光谱遥感影像异常探测的关键问题[18-19]，理论上如果能够获得纯净的背景，只需从原始影像中减去背景，即可得到准确的异常探测结果。

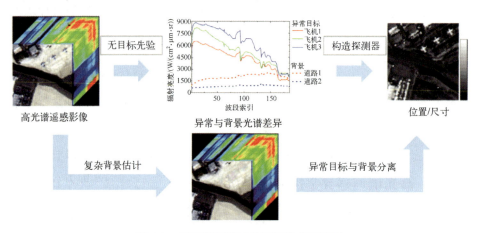

图 6.2　高光谱遥感异常探测技术流程图

6.1.2　高光谱遥感异常探测的研究现状与问题

背景估计是高光谱遥感异常探测的关键问题，现有研究多以背景估计为核心展开[20-22]，致力于解决背景建模（传统方法）和背景特征表征（深度学习方法）问题。传统方法大致可分为两大类：基于统计的方法和基于表达的方法，基于深度学习的方法大部分基于自编码器模型，本章将分别展开介绍。

高光谱遥感影像由于其光谱维波段数众多，可以看作高维信号。早期的高光谱遥感异常探测方法大多基于信号检测理论[23-25]，这些方法假设背景服从某种特定的统计分布，进而通过计算统计变量对背景进行估计，由此产生了基于统计的方法。该类典型方法包括经典的 Reed-Xiaoli 探测器

（RXD）[26]，假设背景服从正态分布，通过计算协方差矩阵对背景进行估计，最终基于马氏距离实现探测。受到 RXD 的启发，一系列改进方法陆续被提出，如正则化 RXD[27]、分割 RXD[28]、加权 RXD 和线性滤波 RXD[29]等。这些改进方法主要通过特定策略使得协方差矩阵表征的背景统计特征更加准确，例如分割 RXD 方法先对影像进行分割，在分割区域内背景复杂度降低，基于协方差矩阵的背景统计特征则更加准确。考虑到正态分布不足以描述真实数据的复杂分布特性，BACON 算法[30]和基于随机表示的异常探测器（RSAD）[31]假设影像中每个波段的背景服从标准正态分布，使整幅影像服从卡方分布，然后再设定特定阈值，通过迭代过程基于距离最小准则对背景像元子集进行提纯，实现对背景更准确的估计，最终在背景像元子集外的认定为异常像元。基于统计的异常探测方法模型简洁且具备较强的可解释性，在大多数情况下就能取得比较鲁棒的异常探测结果，然而统计分布假设往往和实际数据分布并不完全相符，造成复杂背景建模不准确的问题，使得异常探测精度受限。

异常目标在高光谱遥感影像中呈现小尺寸、低概率特性[32-34]，相对地，背景在高光谱遥感影像中广泛分布并占据主要信息成分，即异常目标在高光谱遥感影像中呈现出稀疏性，而背景在高光谱遥感影像中呈现出低秩性。为充分利用异常目标和背景的影像先验信息，正则化模型被引入高光谱遥感异常探测，其主要包括基于协同表示的方法[35-38]和基于低秩的方法[39-44]，两种方法本质上均利用了高光谱遥感影像中背景的低秩先验。基于协同表示的方法假设背景像元光谱能够用其空间邻域近似表示，而异常像元光谱则不能，以此来区分异常目标和背景。例如基于协同表示的探测器（CRD）[36]构造滑动双窗口，假设双窗口中像元一般为背景像元，构造线性模型对中心像元进行近似表示，并通过迭代优化方法估计权重系数，基于表示残差界定中心像元属于背景像元或是异常像元。基于低秩的方法假设背景具备低秩性而异常像元具备稀疏性，认为原始高光谱遥感影像能被分解为背景组分和异常组分的线性组合（部分方法还包括噪声项），从而将异常探测问题建模为低秩稀疏矩阵分解问题[45-47]，实现异常目标和背景的分离。由于低秩模型对背景良好的建模能力，其在异常探测问题中应用广泛，根据是否构造字典的区别又可以细分为构造字典的基于低秩表示的方法[39-41]和不构造字典的基于鲁棒主成分分析（R-PCA）的方法[42-44]。例如，基于低秩稀疏表示（LRASR）的异常探测方法[39]将背景建模为背景字典与系数矩阵的乘积，选择 K-means 聚类中与马氏距离最小的前 P 个像元构造字典，利用核范数和 $\ell_{2,1}$ 范数分别对系数矩阵的低秩性和异常成分的稀疏性进行建模。基于低秩稀疏矩阵分解（LSMAD）方法[44]假设原始高光谱影像数据矩阵可分解为低秩矩阵、稀疏矩阵和噪声矩阵的线性组合，基于 GoDec[48]考虑噪声情况的低秩稀疏矩阵分解方法对该线性模型进行优化求解，基于低秩矩阵的协方差矩阵实现对背景更准确的建模。基于表达的模型的方法以影像先验假设为基础，对整幅影像进行全局建模，将异常探测问题转化为模型的能量最小化问题进行迭代优化求解，该类方法摆脱了基于统计方法的统计分布假设，然而影像先验的模型假设和实际数据分布并不完全相符，例如异常目标同样具备低秩性，只是稀疏性更加显著，导致背景与部分异常像元难以分离，因此基于表达的方法面临对复杂背景的建模不准确的问题。

  传统模型驱动方法不可避免地需要引入模型假设，例如基于统计方法的统计分布假设和基于表达的模型方法的影像先验假设，而模型假设与真实数据不相符的问题会导致对复杂背景建模误差的问题。为解决这个问题，近年来数据驱动的深度学习方法被应用于高光谱遥感异常探测问题[49-55]，深度学习能够在训练过程中自动学习网络参数，自适应学习高光谱影像特征，成为近年来的研究前沿和热点，以无监督的自编码器（AE）[56-58]和生成对抗网络（GAN）[59-61]为主。堆叠去噪自编码器[51]、对抗自编码器[53]、稀疏自编码器[52]等已被应用于高光谱遥感异常探测问题中，现有基于 AE 的高光谱遥感异常探测方法将自编码器作为特征提取器使用，以学习异常目标和背景之间的判别特征，基于特征图通过额外构造探测器实现探测。由于自编码器基于自监督方式进行训练，这些方法往往需要一些预处理步骤，如形态学算子[53]、流形学习[50]等，使网络输入中异常目标和背景已经具备一定的判别特征。例如：基于光谱约束对抗自编码器（SC_AAE）的高光谱遥感异常探测方法[53]，原始影像输入网络前，需进行邻域差分预处理，经由网络进行特征表征后，再构造双层结构的马氏距离探测器输出探测结果；基于流形约束自编码器的高光谱遥感异常探测方法[50]首先通过流形学习获得原始影像的潜在特征表达，在网络进行特征学习后，构造结合局部-全局重建误差的探测器输出探测结果。基于 GAN 的高光谱遥感异常探测方法利用 GAN 基于自监督的方式对背景进行重建，基于重建结果或者重建误差构造探测器实现异常探测[62-67]。同样基于自监督的方式需要依赖预处理步骤在进行网络训练前增强异常与背景之间的判别特征。例如，基于光谱约束 GAN 的异常探测方法[64]在利用网络重建背景前，需进行显著性类别搜索步骤，给定影像中异常像元和背景像元的粗标签，降低具有异常像元标签像元的重建权重，以得到较为纯净的背景。另一方面，考虑到网络不可避免地会对异常目标进行重建，现有基于 GAN 的方法需构建探测器以增强探测结果的鲁棒性。例如，基于判别重建约束 GAN 的异常探测方法[62]在得到网络重建结果后，构造了基于能量和距离的空谱探测器来输出最终的异常探测结果。

本章将按照高光谱遥感异常探测算法体系框架，依次介绍基于统计的、基于表达的及基于深度学习的高光谱遥感异常探测算法。同时，选取各体系经典算法在公开数据集上进行对比分析，算法代码和数据集资源均已开源。

6.2 基于统计的高光谱遥感异常探测方法

基于统计的高光谱遥感异常探测方法假设影像中背景服从特定的统计分布，如标准正态分布、卡方分布等，提取背景和异常目标的统计特征，如均值和协方差矩阵等，根据统计特征的差异，基于特定的距离测度，如欧几里得距离测度和马氏距离测度等，实现异常目标探测。本节对 RX 探测器[26]、RSAD 方法[31]进行介绍。

6.2.1 RX 异常探测器

Reed-Xiaoli（RX）探测器由公式（6.1）所示的二元假设检验推导而来：

$$\begin{cases} H_0: y = n \\ H_1: y = n + sa \end{cases} \tag{6.1}$$

式中：y 表示像元光谱；n 表示噪声信号；a 表示未知的异常信号；s 表示信号强度比例。

RX 探测器将背景和噪声统一建模。RX 探测器假设背景服从正态分布，则有

$$\begin{cases} H_0: y \sim N(\boldsymbol{\mu}_b, \boldsymbol{C}_b) \\ H_1: y \sim N(sa, \boldsymbol{C}_b) \end{cases} \tag{6.2}$$

最终推导出来的 RX 探测器形式为马氏距离，如下：

$$D(y) = (y - \hat{\boldsymbol{\mu}}_b)^{\mathrm{T}} \boldsymbol{C}_b^{-1} (y - \hat{\boldsymbol{\mu}}_b) \tag{6.3}$$

式中：$\hat{\boldsymbol{\mu}}_b$ 为估计的背景均值向量；$\hat{\boldsymbol{C}}_b$ 为估计的背景协方差矩阵。具体如下：

$$\hat{\boldsymbol{\mu}}_b = (1/N) \sum_{i=1}^{N} \boldsymbol{y}_i \tag{6.4}$$

$$\hat{\boldsymbol{C}}_b = (1/N) \sum_{i=1}^{N} (\boldsymbol{y}_i - \hat{\boldsymbol{\mu}}_b)(\boldsymbol{y}_i - \hat{\boldsymbol{\mu}}_b)^{\mathrm{T}} \tag{6.5}$$

6.2.2 基于随机选择的异常探测器

基于随机选择的异常探测器（RSAD）假设高光谱影像的每一波段都为随机变量，且服从标准正态分布，则整幅影像服从自由度为 p 的卡方分布，其中 p 与影像波段数相等。核心思想是基于马氏距离准则，通过迭代的方式提取尽可能纯净的背景像元子集，具体的计算步骤如下：

步骤1：从影像中选择像元获得背景像元的初始子集。

步骤2：计算背景像元子集的均值向量和协方差矩阵。

步骤3：利用步骤2计算的均值向量和协方差矩阵，计算影像中所有像元的马氏距离。

步骤4：设置阈值 η[31]，将马氏距离小于 η 的像元划分到背景像元子集。

步骤5：重复步骤2~4直至背景像元子集不再变化。

假设背景像元子集不再变化时步骤2~4重复了 N 次，每一次迭代均可得到一个背景像元子集，界定背景子集外的像元为异常像元，则可得到 N 幅二值化的异常探测结果图，通过投票法计算最终的异常探测结果。对于像元 $\boldsymbol{y}_{i,j}$，若在 N 次迭代中有 p 次被界定为背景像元，则 q 次被界定为异常像元，其中 $N=p+q$。若 $p>q$，则认为像元 $\boldsymbol{y}_{i,j}$ 属于背景像元，反之则属于异常像元。

6.3 基于表达的异常探测方法

高光谱影像中背景具备低秩性，即影像中的背景能够近似表示为一组基向量的线性组合，而异常目标由于小尺寸和低概率特点呈现出稀疏性，不能被这组基向量进行表示。基于背景低秩性和异常稀疏性的差异，能够实现异常与背景的分离从而实现异常探测，因此基于表达的模型被引入高光谱遥感异常探测领域。本节将对基于表达的模型基础理论进行概述，并对基于鲁棒主成分分析（RPCA）方法、基于协同表示的探测器（CRD）方法[36]、LRASR方法[39]和基于丰度与字典低秩分解（ADLR）方法[40]进行介绍。

6.3.1 基于表达的正则化先验

基于表达的模型[68-70]即在原始模型基础上引入图像固有的先验信息作为约束或惩罚项，防止过拟合和提高模型泛化。基于表达的模型被广泛地应用于图像反问题（inverse problem）[71-73]中，传感器在实际成像过程中，受到成像环境干扰，或是传感器硬件性能和设计的限制，获取的数据存在一定程度的退化，比如存在分辨率降低、噪声、坏条带问题。图像反问题旨在基于退化的图像获得理想图像的近似估计，其表达式为

$$\min_{\hat{Y}} E(Y, \hat{Y}) \tag{6.6}$$

式中：Y 为所获取的退化图像；$\hat{Y}$ 为需要估计的理想图像；E 为衡量二者差异的度量函数。

然而，该问题本质上是一个欠定问题（ill-posed problem）[74-76]，无法直接求解，需要引入图像本身固有的先验信息作为约束或者惩罚项。例如，对于图像修补问题[77-79]，可以引入低秩先验，利用待修补区域周围的图像信息对其进行填充，体现在模型中是利用核范数对图像的低秩先验进行建模，作为低秩正则项引入模型，其表达式为

$$\min_{\hat{Y}} E(Y, \hat{Y}) + \lambda \|\hat{Y}\|_* \tag{6.7}$$

式中：λ 为正则化参数。

再例如，对于超分辨率重建问题[80-82]，引入图像的稀疏先验，基于压缩感知[83-85]的原理，估计得到较高分辨率图像，在模型中体现为利用 ℓ_1 范数对图像的信息损失进行建模，作为稀疏正则项引入模型，其表达式为

$$\min_{\hat{Y}} E(Y, \hat{Y}) + \lambda \|\hat{Y}\|_1 \tag{6.8}$$

或是对于图像去噪问题[86-88]，引入全变分先验[89-91]，基于噪声影像灰度梯度变化剧烈的先验信息，最小化全变分正则项，实现图像去噪，其表达式为

$$\min_{\hat{Y}} E(Y, \hat{Y}) + \lambda \mathrm{TV}(\hat{Y}) \tag{6.9}$$

综上所述，正则化模型的基本形式可以概括为式（6.10）所示的形式，其中，$E(Y, \hat{Y})$ 为任务驱动的数据保真项，$R(\hat{Y})$ 为正则项。

$$\min_{\hat{Y}} E(Y, \hat{Y}) + \lambda R(\hat{Y}) \tag{6.10}$$

高光谱遥感影像中的背景具备天然的低秩性（图6.3），将高光谱影像的端元作为子空间的基向量，则影像中的所有像元均可被这一组基向量进行近似的线性表示，因此低秩正则化先验在高光谱遥感异常探测问题中的应用最为广泛。

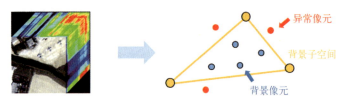

图 6.3　高光谱影像中的背景具备天然的低秩性

6.3.2　基于鲁棒性主成分分析的异常探测器

鲁棒性主成分分析（RPCA）[92-94]旨在从原始的数据矩阵中恢复出其低秩成分和稀疏成分，被广泛地应用于计算机视觉领域人脸识别[95-96]、图像质量改善[97-98]、视频动目标检测[99-100]等领域。给定数据矩阵 Y，假设其由一个低秩成分和一个稀疏成分组成，即

$$Y = X + S \tag{6.11}$$

式中：X 为低秩成分；S 为稀疏成分。可通过优化求解公式（6.12）所示的能量最小化问题，从原始数据矩阵中恢复出其低秩成分和稀疏成分。

$$\min_{X,E} \|X\|_* + \lambda \|S\|_1, \quad \text{s.t.} \quad Y = X + S \tag{6.12}$$

式中：$\|\cdot\|_*$ 表示矩阵的核范数；$\|\cdot\|_1$ 表示矩阵的 ℓ_1 范数；λ 为正则化参数[101]，平衡核范数和 ℓ_1 范数之间的相对权重。

在高光谱遥感影像中，一般假设背景具备低秩性，即背景落在一个低维的子空间中且能够表示为子空间基向量的线性组合；而异常目标具备稀疏性，即异常目标呈现小尺寸和低概率特性。因此，高光谱遥感异常探测问题能够通过 RPCA 模型进行建模。对应式（6.11），背景对应低秩成分，异常目标对应稀疏成分，可以直接将 RPCA 模型迁移过来解决高光谱异常探测问题[102-104]。

考虑到高光谱影像中除了背景和异常目标以外还包括噪声，LSMAD 方法在建模时加入噪声项，其表达式为

$$Y = X + S + E \tag{6.13}$$

即将高光谱影像分解为低秩成分 X、稀疏成分 S 和噪声 E。

目标函数为

$$\min_{X,S}\|Y-X+S\|_F^2, \quad \text{s. t.} \quad \text{rank}(X) \leq r, \text{card}(S) \leq kN \tag{6.14}$$

式中：rank(·)表示矩阵的秩；card(·)表示矩阵的稀疏度，即非零值的个数。对式（6.14）进行迭代优化求解可以从原始影像中恢复出低秩成分和稀疏成分。

由于全局背景较为复杂，这种对全局建模的方式背景建模精度受限，因此需要额外构造探测器增强异常探测结果的稳定性。LSMAD方法基于低秩成分 X 计算协方差矩阵 Γ_b 和均值向量 μ_b，代入原始影像中逐像元计算马氏距离，输出最终的异常探测结果，其表达式为

$$D(\boldsymbol{y}_i) = (\boldsymbol{y}_i - \boldsymbol{\mu}_i)^T \boldsymbol{\Gamma}_b (\boldsymbol{y}_i - \boldsymbol{\mu}_i) \tag{6.15}$$

6.3.3 基于协同表示的异常探测器

基于协同表示的异常探测器基于以下假设，即背景像元能被其空间邻域近似表示，而异常像元不能。以高光谱影像中 (i,j) 位置的像元 $\boldsymbol{y}_{i,j}$ 为中心构造双窗口 $(w_{\text{in}}, w_{\text{out}})$，双窗口中所有像元可用二维矩阵 $\boldsymbol{X}_{i,j}^S$ 表示，则有 $\boldsymbol{X}_{i,j}^S \in \mathbb{R}^{B \times S}$，其中 B 为波段数，S 为双窗口中像元总数，根据CRD方法假设，若中心像元 $\boldsymbol{y}_{i,j}$ 属于背景像元，则有 $\boldsymbol{y}_{i,j} \approx \boldsymbol{X}_{i,j}^S \boldsymbol{\alpha}$，通过优化求解式（6.16）所示的能量最小化问题，可对权值向量 $\boldsymbol{\alpha}$ 进行估算，即

$$\arg\min_{\boldsymbol{\alpha}} \|\boldsymbol{y}_{i,j} - \boldsymbol{X}_{i,j}^S \boldsymbol{\alpha}\|_2^2 + \lambda \|\boldsymbol{\alpha}\|_2^2 \tag{6.16}$$

式中：λ 为正则化参数。

考虑以下两种情况，若双窗口中像元与中心像元光谱特征相似，则该像元对应较大的权值，反之则对应较小的权值，为此CRD方法采用式（6.17）所示的对角矩阵 $\boldsymbol{\Lambda}$ 对这一特性进行建模，其中 $\boldsymbol{X}_{i,j}^S = \{\boldsymbol{x}_n^S\}_{n=1}^S$。

$$\boldsymbol{\Lambda} = \begin{bmatrix} \|\boldsymbol{y}_{i,j} - \boldsymbol{x}_1^S\|_2 & & 0 \\ & \|\boldsymbol{y}_{i,j} - \boldsymbol{x}_n^S\|_2 & \\ 0 & & \|\boldsymbol{y}_{i,j} - \boldsymbol{x}_S^S\|_2 \end{bmatrix} \tag{6.17}$$

将式（6.17）代入式（6.16），可以得到新的目标函数

$$\arg\min_{\boldsymbol{\alpha}} \|\boldsymbol{y}_{i,j} - \boldsymbol{X}_{i,j}^S \boldsymbol{\alpha}\|_2^2 + \lambda \|\boldsymbol{\Lambda} \boldsymbol{\alpha}\|_2^2 \tag{6.18}$$

目标函数式（6.18）的求解公式为

$$\hat{\boldsymbol{\alpha}} = ((\boldsymbol{X}_{i,j}^S)^T \boldsymbol{X}_{i,j}^S + \lambda \boldsymbol{\Lambda}^T \boldsymbol{\Lambda})^{-1} (\boldsymbol{X}_{i,j}^S)^T \boldsymbol{y}_{i,j} \tag{6.19}$$

由此中心像元 $\boldsymbol{y}_{i,j}$ 可由双窗口像元和权值向量进行表示，且 $\hat{\boldsymbol{y}}_{i,j} \approx \boldsymbol{X}_{i,j}^S \hat{\boldsymbol{\alpha}}$，通

过重建残差可以表征中心像元属于异常像元的水平，即

$$D(\mathbf{y}_{i,j}) = \|\mathbf{y}_{i,j} - \hat{\mathbf{y}}_{i,j}\|_2 \tag{6.20}$$

重建残差越大，则中心像元 $\mathbf{y}_{i,j}$ 越可能属于异常像元，重建残差越小，则中心像元 $\mathbf{y}_{i,j}$ 越可能属于背景像元。

6.3.4 基于低秩稀疏的异常探测器

高光谱遥感异常探测问题本质上可以转换为异常和背景分离问题，基于低秩稀疏表示的异常探测方法（LRASR）假设高光谱影像可以分解为背景部分和异常部分，其表达式为

$$Y = DL + S \tag{6.21}$$

式中：L 为背景部分，S 为异常部分，D 为背景字典，由影像中选择的背景样本组成。系数矩阵 L 和异常部分 S 可通过优化求解公式（6.22）所示的能量最小化问题获得，即有

$$\min_{S,E} \|L\|_* + \lambda \|L\|_1 + \beta \|S\|_{2,1}, \quad \text{s.t.} \quad Y = DL + S \tag{6.22}$$

式中：$\|\cdot\|_*$ 为矩阵核范数，即矩阵奇异值之和；$\|\cdot\|_1$ 为矩阵 ℓ_1 范数，即矩阵中所有元素绝对值之和；$\|\cdot\|_{2,1}$ 为矩阵 $\ell_{2,1}$ 范数，即矩阵列向量 ℓ_2 范数之和；λ 和 β 为正则化参数。

对式（6.22）中的目标函数进行优化求解后得到估计的异常部分 $\hat{S}$，构造式（6.23）所示的探测器，计算最终的异常探测结果，其中 $\|[\hat{S}]_{:,i}\|_2$ 表示矩阵 $\hat{S}$ 中第 i 列的 ℓ_2 范数。

$$D(\mathbf{y}_i) = \|[\hat{S}]_{:,i}\|_2 \tag{6.23}$$

6.3.5 基于丰度与字典低秩分解的异常探测器

基于丰度与字典低秩分解的异常探测方法（ADLR 方法）认为在解混获得的丰度图中异常目标和背景之间呈现更显著的判别性特征。ADLR 方法使用 MVC-NMF 方法[105]进行解混，求解如公式（6.24）所示的线性混合模型。

$$Y = AC + E \tag{6.24}$$

式中：Y 为高光谱影像；A 为端元矩阵；C 为丰度矩阵；E 为噪声。

获得丰度图后，ADLR 方法在丰度图中构造背景字典，进行矩阵分解，如公式（6.25）所示，目标函数如公式（6.26）所示：

$$C = DL + S \tag{6.25}$$

$$\min_{L,S} \|L\|_* + \lambda \|S\|_1, \quad \text{s.t.} \quad C = DL + S \tag{6.26}$$

ADLR 方法基于均值飘移聚类算法[106]进行字典构造，优势在于无须设定聚类个数，选择为聚类中心以及每个聚类中离聚类中心距离最远的像元作为字典原子。

6.4 基于深度学习的异常探测方法

得益于数据驱动特性和优秀的特征表征能力，深度学习的自编码器能从高光谱数据本身自动学习异常目标和背景之间的判别性特征，无须任何模型假设，近年来被广泛地应用于高光谱异常探测任务。综合来看，现有基于自编码器的高光谱遥感异常探测框架的一般流程包括预处理、自编码器特征提取和探测器构建，本节将对自编码器基本理论进行概述，并对 SC_AAE 方法[53]、MC-AEN 方法[50]进行介绍。

6.4.1 自编码器理论

自编码器是一种前馈神经网络，由编码器和解码器构成。编码器学习从输入层 x 到隐藏层 y 的映射，解码器学习从隐藏层 y 到输出层 $\tilde{x}$ 的映射，数学公式表示为

$$\begin{cases} y = f(x; w, b) \\ \tilde{x} = f(y; \tilde{w}, \tilde{b}) \end{cases} \tag{6.27}$$

式中：权值 w、$\tilde{w}$ 和偏置参数 b、$\tilde{b}$ 可通过反向传播方法进行估算；f 表示激活函数。

自编码器旨在基于自相似性原则，对输入进行拟合，基础的损失函数为均方根误差函数。

$$\mathcal{L} = \|x - \tilde{x}\|_2 \tag{6.28}$$

6.4.1.1 稀疏自编码器

若给自编码器中的隐藏单元增设稀疏约束，则可得到稀疏自编码器（SAE）[107]，考虑到隐藏单元的特征存在冗余，若隐藏单元的激活输出与输入数据区别较大，则稀疏约束使得该隐藏单元的激活输出尽可能接近于 0，达到

消除特征冗余、减少参数量的目的。若给定输入数据[108]，a_j^l 为第 l 层隐藏层的第 j 个隐藏单元的激活输出，则该层的平均激活输出为

$$\hat{\rho}_l = \frac{1}{m}\sum_{i=1}^{m}\left[a_j^l(x^i)\right] \tag{6.29}$$

设定激活输出的上限 ρ 为一个接近于 0 的常数，称之为稀疏参数，计算 KL 散度，有

$$\mathrm{KL}(\rho\|\hat{\rho}_j) = \rho\log\frac{\rho}{\hat{\rho}_l} + (1-\rho)\log\frac{1-\rho}{1-\hat{\rho}_l} \tag{6.30}$$

将稀疏约束加入常规的均方根误差函数作为正则项，得到稀疏自编码器的损失函数，有

$$\mathcal{L}_{\text{sparse}} = \mathcal{L} + \lambda\sum_{l=1}^{n}\mathrm{KL}(\rho\|\hat{\rho}_l) \tag{6.31}$$

式中：n 为隐藏层层数。

6.4.1.2 对抗自编码器

对抗自编码器（AAE）[109]是一种生成式模型，基于对抗学习的策略，使得编码器对输入数据具备更好的拟合效果（图 6.4）。整体网络分为两个部分，即自编码网络和判别网络。自编码网络对输入数据进行拟合，隐藏层特征输入判别器中，逼近给定的先验分布，利用对抗学习的思想，使得网络提取特征更具鲁棒性。

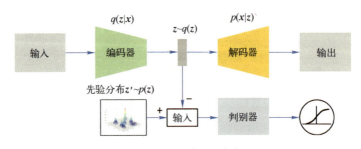

图 6.4 对抗自编码器框架图

6.4.1.3 全卷积自编码器

全卷积自编码器（FCAE）[110-111]是指网络中除了激活层、归一化层和插值采样层外，只包含卷积层（图 6.5）。全卷积自编码器与卷积神经网络的主

要区别在于其不包含全连接层或池化层。全卷积自编码器具备对原始影像的逐像素重建能力。

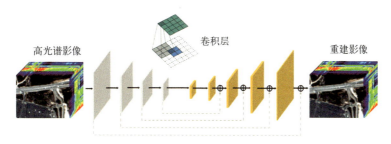

图 6.5 全卷积自编码器框架图

6.4.2 光谱约束的对抗自编码异常探测器

光谱约束的对抗自编码器（SC_AAE）方法主要包括四个步骤：

（1）数据预处理增强异常目标与背景之间的判别性；

（2）基于 SC_AAE 进行特征表达；

（3）特征图选择；

（4）基于探测器构造实现异常探测。

由于异常目标具备小尺寸和低概率特性，所以其周围像元一般属于背景，为了增强中心异常像元与周围背景像元的判别性，SC_AAE 方法构造了一种距离函数对原始影像进行预处理，其表达式为

$$x_i = \frac{1}{8}\sum_{i=1}^{8}(1-e^{-10|y-a_i|})|y-a_i| \tag{6.32}$$

式中：y 为中心像元；a_i 为中心像元八邻域的像元。根据公式（6.32）对影像中所有像元进行逐像元计算，可以得到预处理后的影像 $X=\{x_n\}_{n=1}^{N}$。

第二步将预处理后的影像 X 输入 SC_AAE 中提取特征，网络结构为常规对抗自编码器（AAE）结构，SC_AAE 方法对损失函数进行了改进，加入光谱约束得到 L，其表达式为

$$L = \|X-X'\|_2 + \mathcal{L}_{SAM}(X, X') \tag{6.33}$$

$$\mathcal{L}_{SAM}(X, X') = \frac{1}{N} \cdot \frac{1}{\pi} \sum_{i=1}^{N} \arccos\left(\frac{x_i \cdot x_i'}{\|x_i\|_2 \|x'\|_2}\right) \tag{6.34}$$

第三步对 SC_AAE 输出特征图 Z 进行加权，其表达式为

$$\hat{Z} = \sum_{k=1}^{B} \frac{\mu^i}{\sum_{i=1}^{B} \mu^i} z_k \tag{6.35}$$

式中：μ^i 为特征图 Z 第 i 个波段对应的特征值。特征值大小反映了特征图灰度变化的剧烈程度，由于背景是连续的且内部呈现较小的灰度变化，所以较大特征值对应的特征图波段更能反映异常目标特征，增大其权值。

第四步构造探测器输出最终的异常探测结果，首先基于形态学开操作和闭操作抑制背景得到处理后影像 Y'，逐像素计算马氏距离得到最终的异常探测结果，其表达式为

$$D(\mathbf{y}_i) = (\mathbf{y}'_i - \boldsymbol{\mu})^T \boldsymbol{\Sigma}^{-1} (\mathbf{y}'_i - \boldsymbol{\mu}) \tag{6.36}$$

式中：$\boldsymbol{\mu}$ 和 $\boldsymbol{\Sigma}$ 为原始影像均值向量和协方差矩阵。

6.4.3 流形约束的自编码器异常探测器

流形约束的自编码器网络（MC-AEN）方法结合流形学习和自编码器深入挖掘高光谱影像的内在结构。利用 LLE 方法[108]学习高光谱影像的嵌入表示，约束网络训练，提出流形约束的损失函数 L，其表达式为

$$\mathcal{LLL} = \frac{1}{2N}\sum_{i=1}^{N}\|\mathbf{y}_i - \hat{\mathbf{y}}_i\|^2 + \frac{1}{2N}\sum_{i=1}^{N}\|\mathbf{x}_i - \mathbf{z}_i\|^2 \tag{6.37}$$

式中：$\mathbf{y}_i$ 为原始影像像元光谱向量；$\mathbf{z}_i$ 为自编码器学习的对应像元的潜在表示；$\mathbf{x}_i$ 为流形学习得到的对应像元的嵌入表示。

MC-AEN 方法定义像元光谱向量的重建误差为全局重建误差，其表达式为

$$E_{\text{global}}^i = \|\mathbf{y}_i - \hat{\mathbf{y}}_i\|^2 \tag{6.38}$$

流形学习能够学习影像中的局部特征，因此 MC-AEN 方法定义在嵌入特征空间中的重建误差为局部重建误差，其表达式为

$$E_{\text{local}}^i = \|\mathbf{z}_i - \hat{\mathbf{z}}_i\|^2 \tag{6.39}$$

结合全局重建误差和局部重建误差，最终探测器形式为

$$E^i = (1-\alpha) E_{\text{global}}^i + \alpha E_{\text{local}}^i \tag{6.40}$$

式中：权重参数 α 调节两种重建误差之间的相对权重。

6.4.4 基于全卷积自编码器的全自动异常探测器

由于无监督的自编码器会同时提取异常目标和背景特征，因此现有基于自编码器的高光谱遥感异常探测方法依赖预处理步骤增强异常目标与背景之间的判别性特征，同时需基于特征图构造探测器输出探测结果，步骤繁琐并容易造成误差累积。针对上述问题，有学者提出基于全卷积自编码器的全自

动异常探测网络（Auto-AD）[112]。

Auto-AD 方法的流程图如图 6.6 所示，网络重建背景而异常表现为重建误差。具体来说，基于跳跃连接的全卷积自编码器重建背景，由于异常目标具备低概率和小尺寸特性，因而很难被网络重建，因此较大的重建误差会对应潜在的异常目标。为了进一步抑制异常目标被网络重建，设计了一种自适应加权损失函数，以降低网络训练过程中异常像元的重建权重。本节拟从基于全卷积自编码器的背景重建、自适应加权损失函数和算法流程图三个方面，描述 Auto-AD 的方法细节。

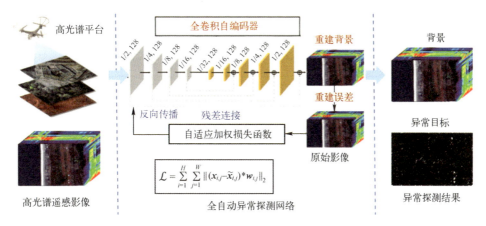

图 6.6　基于全卷积自编码器的全自动异常探测网络方法流程图

6.4.4.1　基于全卷积自编码器的背景重建

对于一幅高光谱遥感影像，只要估计出的背景足够准确，在将背景分离后，剩下的部分即为异常目标。因此，背景估计的精度直接影响异常探测的精度。在 Auto-AD 方法中，通过具有跳跃连接的全卷积自编码器对背景进行重建。全卷积是指网络除了批归一化层、激活层、上采样层，只涉及卷积层，从而实现对原始影像的逐像元重建。全卷积自编码器和卷积神经网络的主要区别在于该网络不涉及全连接层或池化层。由于网络的目标是重建高光谱影像中的每一个像元光谱向量，不需要像元标签信息，因此所提出的网络中不包含判别模型，这是全卷积自编码器与生成式对抗网络的主要区别。全卷积自编码器的网络结构由编码器和解码器组成，如图 6.7 所示，为了简化流程图，使用 7 个 block 来表示网络结构，每个 block 中包含一个卷积层和其他运算。

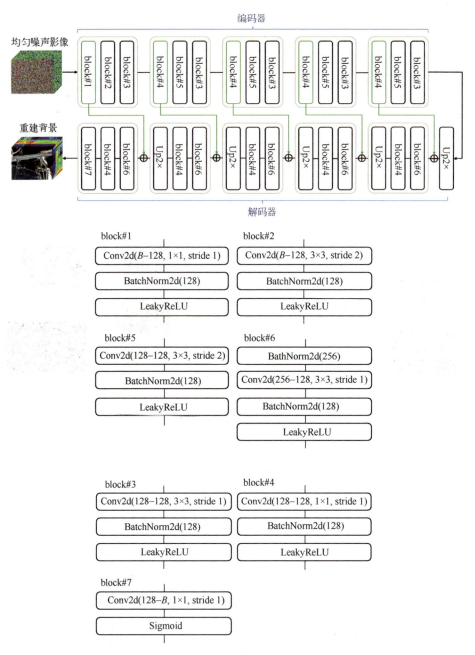

图 6.7 全卷积编码器网络结构图

1）编码器

编码器包含 15 个卷积层，每层卷积操作后，连接批归一化层[113] 和 LeakyReLU 激活函数[114]。block #1 和 block #4 分别包含一个 1×1 的卷积，卷积步长为 1。block #1 和 block #4 生成的特征图没有被输入到下一个卷积层，而是通过跳跃连接与解码器对应层的特征图连接，如图 6.8 中的绿色连接线所示。在解码过程中，跳跃连接将网络编码器前几层提取的空间特征输入解码层，从而增强了重建背景的空间细节。在编码器中，除了 block #2 中的卷积层对原始高光谱影像光谱维进行了降维并生成了 128 维的特征图外，其他卷积层都没有降低特征图的维数。这意味着在编码过程中特征图的维数保持在 128 维不变，从而光谱特征得以保留。另一方面，网络的目标是重建背景，因此异常的特征应该被抑制。由于高光谱影像中的异常目标呈现出小尺寸和低概率的特性，block #2 和 block #5 中的卷积层进行空间下采样，使用 3×3 卷积，卷积为 2，使得在编码过程中异常目标的特征能够被弱化。block #3 包含一个 3×3 的卷积，卷积步长为 1，紧随在每个 block #2 和 block #5 之后。

2）解码器

解码器包含 11 个卷积层。与编码器不同，解码器使用尺度为 2 的最近邻插值进行上采样，如图 6.8 所示。每个 block #6 的输入是一个 256 维的特征图，由上一层输出的 128 维特征图与通过跳跃连接传递过来的编码器对应层的 128 维特征图连接组成。因此在 block #6 中，批归一化操作后连接一个 3×3 卷积，将输入的 256 维特征图降维到 128 维，进行特征对齐。block #4 包含一个 1×1 卷积，卷积步长为 1，跟随在每个 block #6 之后。最后一个 block #7 包含一个 1×1 卷积，卷积步长为 1，将 128 维的特征图升维到与原始高光谱影像相同的维数。与其他 block 不同，block #7 使用的是 sigmoid 激活函数。

网络的输入是均匀噪声影像，与输入的高光谱影像具有相同的维数，即 $Y^0 \in \mathbb{R}^{H \times W \times B}$，影像中的数值均在 [0, 0.1] 范围内基于均匀分布采样获得。网络的最终输出是一幅与输入的高光谱影像具有相同维数的重建背景影像。

6.4.4.2 自适应加权损失函数

随着全卷积自编码器训练过程的进行，背景的重建误差逐渐降低。理想条件下若异常目标不会被网络重建，则在训练过程完成后，重建误差图可以直接作为异常探测结果。然而真实情况是，虽然异常目标具备小尺寸和低概率特性，但其同样会被网络重建。对于未加任何约束的全卷积自编码器，如图 6.8（c）所示，经过 300 次训练，背景大致被网络重建出来；而当训练达到500次时,如图6.8(d)所示,异常目标表现出被重建的趋势。由于背景是影像中的主要信息成分,而异常目标呈现小尺寸和低概率特性,因此网络更容易重建背景。随着训练的进行,网络对数据的拟合程度越高,就越容易对异常目标进行重建。因此,在网络训练过程中,关键问题在于如何在网络重建背景的过程中防止异常目标被重建,否则若直接将重建误差作为最终探测结果,可能导致部分异常目标被漏检。

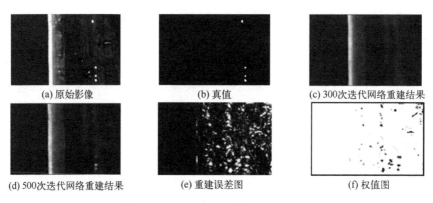

图6.8 自适应加权损失函数原理图

为了解决这个问题,本节提出了自适应加权损失函数。异常目标在网络训练初期重建误差较大,基于重建误差计算自适应权值,降低异常目标的重建权重,通过这种方式抑制网络异常目标的重建。

每个像元的重建误差可表示为

$$e_{i,j} = \|\mathbf{y}_{i,j} - \hat{\mathbf{y}}_{i,j}\|_2 \tag{6.41}$$

式中:$\mathbf{y}_{i,j}$表示原始影像在(i,j)位置上的像元光谱向量;$\hat{\mathbf{y}}_{i,j}$表示网络对$\mathbf{y}_{i,j}$的重建。所有像元的重建误差构成重建误差图,其表达式为

$$\mathbf{E} = [e_{1,1}, \cdots, e_{1,W}; \cdots; e_{H,1}, \cdots e_{H,W}] \tag{6.42}$$

通过式(6.43)、式(6.44)可由重建误差计算得到自适应权值图,重建误差越大,则权值越小,属于异常像元的可能性越大。

$$w_{i,j} = \max(\mathbf{E}) - e_{i,j} \tag{6.43}$$

$$\mathbf{W} = [w_{1,1}, \cdots, w_{1,W}; \cdots; w_{H,1}, \cdots w_{H,W}] \tag{6.44}$$

权值图每100次训练更新一次,所有像元权值在前100次训练中均初始化为1,通过这种加权方式减小了异常像元对网络损失的贡献,从而在训练过程中抑制网络对异常目标的重建。基于自适应权值,通过下式可以计算自适应加权损失:

$$\sum_{i=1}^{H}\sum_{j=1}^{W}\|(\boldsymbol{y}_{i,j}-\hat{\boldsymbol{y}}_{i,j})w_{i,j}\|_2 \tag{6.45}$$

通过迭代训练过程对网络参数进行更新以输出较为纯净的重建背景。在每一次训练过程中，网络以均匀噪声影像作为输入并输出重建背景，然后通过式（6.41）到式（6.45）计算自适应加权损失，随后网络损失进行反向传播以更新网络的参数，基于自适应矩估计（ADAM）方法[115-116]对网络进行训练。在下一次训练中，重复上述步骤，训练停止条件为最后50次训练的损失变化不超过 $\sigma = 1.5 \times 10^{-5}$，即

$$\frac{1}{50}\sum_{i=k}^{k+50}(\mathcal{L}^{i+1}-\mathcal{L}^{i}) < \sigma \tag{6.46}$$

网络训练完成后，可以得到一个训练好的网络，用符号 $f_{\hat{\theta}}(\cdot)$ 表示。基于训练好的网络，输入均匀噪声影像，可以得到最终的重建背景，如式（6.47）所示。逐像元计算原始高光谱影像与重建背景之间的重建误差，可以得到最终的异常探测结果，如式（6.48）所示：

$$\boldsymbol{Y}^b = f_{\hat{\theta}}(\boldsymbol{Y}^0) \tag{6.47}$$

$$D(\boldsymbol{y}_{i,j}) = \|\boldsymbol{y}_{i,j}-\boldsymbol{y}_{i,j}^b\|_2 \tag{6.48}$$

6.4.4.3 算法流程图

本节重点讨论 Auto-AD 方法的输入、初始化、流程、输出等细节问题，表6.1 总结了基于全卷积自编码器的全自动高光谱异常探测方法流程图。

表6.1 基于全卷积自编码器的全自动高光谱异常探测算法流程图

输入：高光谱影像 $\boldsymbol{Y} \in \mathbb{R}^{H \times W \times B}$。 初始化：均匀噪声影像 $\boldsymbol{Y}^0 \in \mathbb{R}^{H \times W \times B}$，权值图 $\boldsymbol{W}^0 \in \mathbb{R}^{H \times W}$
网络训练： 　执行 ADAM 算法直至式（6.46）满足： 　（1）网络前向传播； 　（2）每100次训练，根据式（6.41）至式（6.44）更新权值图； 　（3）根据式（6.45）计算自适应加权损失； 　（4）网络反向传播。 结束
输出：根据式（6.47）-式（6.48）得到异常探测结果

6.4.5 基于深度低秩先验的异常探测器

低秩正则化模型由于模型假设与真实数据不符的问题，仅能输出不纯净

背景，而前文提到的无监督全卷积自编码器基于自相似性准则，在无任何约束的情况下，会同时提取异常和背景特征，所以实际上网络重建背景也是不纯净的。反之，若使得网络能够针对性地提取背景特征，则网络重建背景会更加纯净，并相对应地增强异常目标探测性能。针对上述问题，有学者提出基于深度低秩先验的高光谱异常探测（DeepLR）方法[117]。如图 6.9 所示，基于低秩正则化模型估计低秩背景，引入无监督网络中约束网络训练，使网络针对性地提取背景特征，网络输出更为纯净的背景，异常目标探测性能更强。

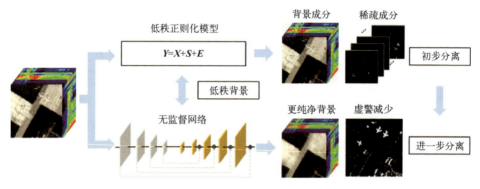

图 6.9 深度低秩先验原理示意图

DeepLR 方法流程图如图 6.10 所示。DeepLR 方法基于能量最小化问题，将低秩先验与自编码器进行联合建模，通过 ADMM 迭代优化框架进行求解。迭代优化完成时，网络能够对背景进行精确重建，异常目标则表现为重建误差。本节拟从低秩先验与自编码器联合建模、低秩正则化的全卷积自编码器、基于 ADMM 的深度低秩先验模型优化和算法流程图四个方面，描述 DeepLR 方法的细节。

6.4.5.1 低秩模型与自编码器联合建模

前文指出，全卷积自编码器具备对原始影像的重建能力，在重建背景足够精确的条件下，异常目标表现为重建误差。然而，基础网络基于自相似准则对输入影像进行重建，无约束条件下，往往会同时重建异常目标和背景，这样会削弱异常目标的特征。

针对该问题，Auto-AD 方法提出了一种自适应加权策略，该策略假设由于异常目标的小尺寸和低概率特性网络很难对异常目标进行重建。在这种情况下，异常目标会在网络训练的早期呈现较大的重建误差，从而自适应地将较大的重建误差转化为较小的权值来降低异常目标的重建权值。

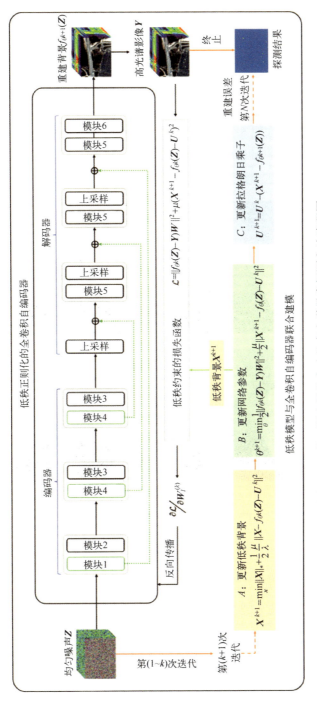

图 6.10 基于深度低秩先验的高光谱异常探测方法流程图

然而，自适应加权策略存在一定的局限性。对于像元占比较低的异常目标，这种加权策略非常有效，而对像元占比较高的异常目标，其有效性有所降低。为了解决这一问题，DeepLR 方法引入了低秩先验。虽然低秩正则化模型估计的背景并不纯净，但异常目标的特征相对于原始图像有所减弱，这样在一定程度上阻止了网络对异常目标的重建，特别是对于像元占比较高的异常目标。

如图 6.11（b）和图 6.11（d）所示，采用低秩先验的重建背景比未采用低秩先验的重建背景显示出更多的空间细节。对比图 6.11（c）和图 6.11（d）可以看出，引入自适应加权策略后，重建的背景更加纯净。

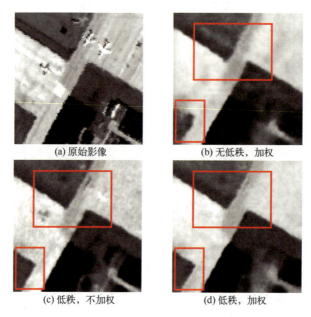

图 6.11　低秩与加权策略对重建结果影响的示意图

联合低秩先验和自编码器的高光谱遥感异常探测模型可通过能量最小化问题进行建模，数学表达式为

$$\min_{X,\theta} \frac{1}{2}\|(f_\theta(Z)-Y)W\|^2 + \lambda \|X\|_*, \quad \text{s.t.} \quad X=f_\theta(Z) \qquad (6.49)$$

式中：$f_\theta(\cdot)$ 表示全卷积自编码器网络；网络输入 Z 与原始高光谱影像 Y 维度相同，与生成式对抗网络中的生成模型类似，全卷积自编码器利用随机分布作为先验对网络输入进行重建；X 表示低秩背景；W 表示自适应权值图；$\|\cdot\|_*$ 表示核范数；λ 表示正则化参数。可以看到，网络需要同时对原始影像 Y

和低秩背景 X 进行拟合,通过这种约束,使得网络提取特征逼近背景特征,具备一定的可解释性。

式(6.49)中的能量最小化问题可通过 ADMM 方法进行迭代优化求解,约束条件可通过增广拉格朗日方法转换为惩罚项,即有

$$\min_{X,\theta} \frac{1}{2} \|(f_\theta(Z)-Y)W\|^2 + \lambda \|X\|_* + \frac{\mu}{2} \|X-f_\theta(Z)\|^2 + V^T(X-f_\theta(Z)) \quad (6.50)$$

式中:V 为拉格朗日乘子[118];μ 为惩罚参数。

式(6.50)可以转换为更加简洁的缩放形式[119],即

$$\min_{X,\theta} \frac{1}{2} \|(f_\theta(Z)-Y)W\|^2 + \lambda \|X\|_* + \frac{\mu}{2} \|X-f_\theta(Z)-U\|^2 - \frac{\mu}{2} \|U\|^2 \quad (6.51)$$

基于 ADMM 方法原理,将式(6.51)中的问题拆分为三个子问题进行交替迭代求解,在第 k 次迭代中有

$$\begin{cases} X^{k+1} = \min_{X} \|X\|_* + \frac{1}{2} \cdot \frac{\mu}{\lambda} \|X-f_{\theta^k}(Z)-U^k\|^2 \\ \theta^{k+1} = \min_{\theta} \frac{1}{2} \|(f_\theta(Z)-Y)W\|^2 + \frac{\mu}{2} \|X^{k+1}-f_\theta(Z)-U^k\|^2 \\ U^{k+1} = U^k - (X^{k+1}-f_{\theta^{k+1}}(Z)) \end{cases} \quad (6.52)$$

(1)求解子问题 1:固定 $f_\theta(Z)$ 和 U,低秩背景 X 可通过式(6.53)到式(6.55)进行计算更新:

$$X^{k+1} = \mathcal{D}_{\lambda/\mu}(f_{\theta^k}(Z)+U^k) \quad (6.53)$$

式中:$\mathcal{D}_{\lambda/\mu}(\cdot)$ 为奇异值阈值算子[120],定义为式(6.54)到式(6.56)的形式:

$$\mathcal{D}_{\lambda/\mu}(G) = P\mathcal{S}_{\lambda/\mu}(\Sigma)Q^T \quad (6.54)$$

式中:$P\Sigma Q^T$ 为矩阵 $G=f_{\theta^k}(Z)+U^k$ 的奇异值分解[121];$\mathcal{S}_{\lambda/\mu}(\Sigma)$ 为收缩算子,定义为式(6.55)的形式,$\mathcal{S}_{\lambda/\mu}(\Sigma)$ 指利用收缩算子对矩阵 Σ 对角线的每一个元素进行计算。

$$\mathcal{S}_{\lambda/\mu}(x) = \mathrm{sgn}(x)\max(|x|-\lambda/\mu, 0) \quad (6.55)$$

(2)求解子问题 2:固定 U 和 X,对网络 $f_\theta(Z)$ 进行更新,目标函数为

$$\theta^{k+1} = \min_{\theta} \frac{1}{2} \|(f_\theta(Z)-Y)W\|^2 + \frac{\mu}{2} \|X^{k+1}-f_\theta(Z)-U^k\|^2 \quad (6.56)$$

对网络参数 θ 的一次迭代优化求解等价于对网络进行一次训练,而网络训练过程中,通过式(6.53)至式(6.55)更新后的低秩背景会参与计算,使得网络能够利用低秩先验。式(6.56)的具体求解方法和网络的详细结构将在 6.4.5.2 节中进行阐述。

(3) 求解子问题 3：固定 X 和 $f_\theta(Z)$，拉格朗日乘子 U 可通过公式（6.57）进行计算更新：

$$U^{k+1}=U-(X^{k+1}-f_{\theta^{k+1}}(Z)) \tag{6.57}$$

ADMM 迭代优化结束后，网络能够输出精确的背景重建结果。

$$X^N=f_{\theta^N}(Z) \tag{6.58}$$

式中：$f_{\theta^N}(\cdot)$ 为训练好的网络；X^N 为网络重建背景。

重建误差图即可作为最终的异常探测结果。

$$D(y_{i,j})=\|y_{i,j}-x_{i,j}^N\|^2 \tag{6.59}$$

式中：$x_{i,j}^N$ 表示重建背景 X^N 在 (i,j) 位置对应的像元向量。

6.4.5.2 低秩正则化的全卷积自编码器

1) 低秩正则化损失函数

为了使无监督自编码器提取具有一定可解释性的背景特征，使网络重建背景更加精确，本节提出了一种低秩正则化的全卷积自编码器。通过 6.4.5.1 节的公式推导可知，网络参数 θ 通过求解优化式（6.56）来更新，相当于基于式（6.60）所示的损失函数对网络进行训练，称之为低秩正则化损失函数。

$$\|(f_{\theta^k}(Z)-Y)W\|^2+\mu\|X^{k+1}-f_{\theta^k}(Z)-U^k\|^2 \tag{6.60}$$

式中：$\|(f_{\theta^k}(Z)-Y)W\|^2$ 为自适应加权损失函数；其中权值图 W 计算方法和 Auto-AD 方法一致；$\mu\|X^{k+1}-f_{\theta^k}(Z)-U^k\|^2$ 可以看作低秩正则项，约束网络去拟合低秩背景 X^{k+1}。

2) 低秩正则化的全卷积自编码器网络结构

具体地，网络结构由一个编码器和一个解码器组成，如图 6.12 所示，使用 6 个 blcok 对网络结构进行表示，每个 block 包含一个卷积层和其他操作运算。

编码器包含 9 个卷积层，每个卷积层后均连接一个批归一化层和一个 LeakyReLU 激活层。block #1 和 block #4 包含一个 1×1 的卷积层，卷积步长为 1。block #1 和 block #4 提取的特征图没有被输入到下一个卷积层，而是通过跳跃连接与解码器对应层的特征图连接，如图 6.12 中的绿线所示，通过这种方式提高网络重建背景的空间细节精度。在编码器中，除了 block #1 中的卷积层和 block #2 中的第一个卷积层对高光谱影像进行降维并生成一个 32 维的特征图外，其他卷积层都没有对特征图进行降维操作。这意味着在编码过程中特征图维数保持在 32 维不变，光谱特征得以保留。

block #2 和 block #3 中的卷积层使用步长为 2 的 3×3 卷积核进行空间下采样操作，使得具备小尺寸、低概率特性的异常目标特征在特征图中被弱化。在每个 block #2 和每个 block #3 中第一个卷积层之后均连接一个步长为 1 的 3×3 卷积层。

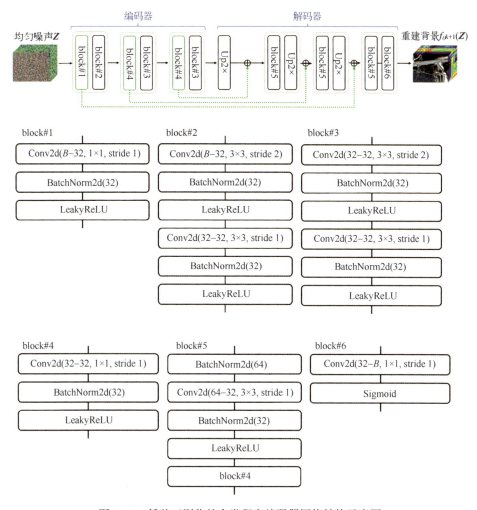

图 6.12　低秩正则化的全卷积自编码器网络结构示意图

解码器包含 7 个卷积层，与编码器不同，解码器使用尺度为 2 的最近邻插值进行上采样。每个 block #5 的输入是一个 64 维的特征图，即两个 32 维的特征图通过跳跃连接组成。每个 block #5 通过一个 3×3 的卷积层连接一个批量归一化层，将 64 维的输入特征图降维至 32 维，实现特征对齐。每个 block #5 包含一个 block #4 结构。最后一个 block #6 包含一个 1×1 的卷积层，卷积步长为 1，将 32 维的特征图升维至与原始高光谱影像相同的维数。与其他 block 不同，block #6 中的卷积层连接一个 sigmoid 激活层。

6.4.5.3 算法流程图

高光谱影像在输入 ADMM 迭代优化框架之前将其归一化到 $(0,1)$ 数值范围内，只需将每个像元光谱向量除以影像中最大的像元值即可。网络输入是一个均匀噪声影像，维度和原始的高光谱影像维度一致，即 $Z \in \mathbb{R}^{(H \times W) \times B}$，均匀噪声影像中的像元值通过 $[0, 0.1]$ 的均匀分布采样得到。

基于 ADAM 方法对网络进行训练，训练终止条件为最近 50 次训练损失变化小于特定阈值，公式表示为

$$\frac{1}{50}\sum_{i=k}^{k+50}(\mathcal{L}^{i+1} - \mathcal{L}^{i}) < \delta \qquad (6.61)$$

式中：k 表示第 k 次迭代；δ 为阈值，一般设置为 0.0001 或者 0.00001。

ADMM 方法中的拉格朗日乘子初始化为零矩阵，维度和原始高光谱影像维度一致。对于所有测试数据集，正则化参数 λ 设置为 1.0，惩罚参数 μ 设置为 0.5。第 $t+1$ 次迭代的惩罚参数可设置为 $\mu^{t+1} = \rho\mu^t$，其中 ρ 略大于 1，使得惩罚参数在每一次迭代缓慢增大，加速 ADMM 方法收敛。

表 6.2 总结了基于深度低秩先验的高光谱异常探测方法的流程图。

表 6.2 基于深度低秩先验的高光谱异常探测算法流程图

输入：高光谱影像 $Y \in \mathbb{R}^{(H \times W) \times B}$。 初始化：均匀噪声影像 $Z \in \mathbb{R}^{(H \times W) \times B}$，正则化参数 $\lambda = 1.0$，惩罚参数 $\mu = 0.5$，拉格朗日乘子 $U = 0 \in \mathbb{R}^{(H \times W) \times B}$，自适应权值图 $W = 0 \in \mathbb{R}^{H \times W}$
执行 ADMM 算法： （1）根据式（6.53）至式（6.55）更新低秩背景 X^{k+1}； （2）每 50 次迭代更新自适应权值图 W； （3）根据式（6.56）至式（6.60）更新网络参数 f_{θ}^{k+1}； （4）根据式（6.57）更新拉格朗日乘子 U； （5）检查 ADMM 方法迭代终止条件式（6.61）是否满足。 根据式（6.58）至式（6.60）计算异常探测结果
输出：异常探测强度图

6.5 实验分析

6.5.1 高光谱异常探测精度评价体系

高光谱异常探测输出探测结果强度图，其中响应值越高的像元越可能属于异常像元，反之则越可能属于背景像元。目视评判或对比主要依据异常目标的可视性、虚警和噪声水平，若探测结果目视效果相近，则需要定量评价准则。本节将对高光谱异常探测精度评价体系进行介绍，包括探测率和虚警率的定义、受试者工作特性（ROC）曲线和标准化异常目标-背景分离图。

6.5.1.1 探测率与虚警率定义

高光谱异常探测结果的最终决策需依据合适的阈值对探测结果强度图进行阈值化。最理想的异常探测结果是在特定阈值下，所有异常像元被探测而所有背景像元均未被误判为异常像元，但在实际应用中更多地会出现以下情况：①所有异常像元均被探测，部分背景像元被误判为异常像元；②部分异常像元被探测，部分背景像元被误判为异常像元；③异常像元未被探测，部分背景像元被误判为异常像元。被误判为异常目标的背景即为虚警，在高光谱异常探测问题中，探测率 P_D 和虚警率 P_F 的定义为[122]

$$P_D = \frac{TP}{P} \tag{6.62}$$

$$P_F = \frac{FP}{N} \tag{6.63}$$

式中：P 为所有异常像元的像元总数；TP 为被正确判断为异常像元的像元个数；N 为高光谱影像像元总数；FP 为被误判为异常像元的背景像元个数。

6.5.1.2 ROC 曲线

ROC 曲线[123-125]在高光谱异常探测领域广泛地用于评价和对比探测方法性能[126]。给定阈值 τ 对异常探测结果强度图进行阈值化，根据式（6.62）、式（6.63）可以计算一组探测率和虚警率，若设定阈值 τ 的取值范围为探测结果强度图的所有像元值，则根据计算的多组探测率和虚警率，可以绘制一条近似连续的 ROC 曲线，曲线横坐标为虚警率 P_F，纵坐标为探测率 P_D，如

图 6.13 所示。相同虚警水平下，探测率越高，则探测性能越好，因此 ROC 曲线越靠近左上角，则表明探测器性能越好，例如图中探测器 B 的性能优于探测器 A。当两种探测器 ROC 曲线相交时，通过 ROC 曲线无法判断哪种探测器性能更佳，此时可以用 ROC 曲线下面积（AUC）[127-128]进一步评价和对比探测器性能。

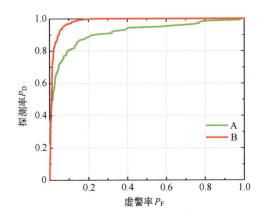

图 6.13　ROC 曲线示意图

然而，ROC 曲线存在一定的局限性，P_D 和 P_F 实际上均与阈值 τ 有关，均随着阈值 τ 的变化而变化，而 ROC 曲线无法体现阈值 τ 的相关信息。为此，3D ROC 曲线被提出[129-130]。对探测结果强度图进行归一化处理，当 τ 在 1~0 范围内变化时，可计算出 (P_D, P_F)，3D ROC 曲线由 P_D、P_F 和 τ 三个参数共同绘制，如图 6.14 所示。除了传统的 2D ROC 曲线 (P_D, P_F)，通过 3D ROC 曲线还可以得到两种新的 2D ROC 曲线，分别由 (P_D, τ) 和 (P_F, τ) 进行绘制，如图 6.14（c）、(d) 所示。

基于 2D ROC 曲线 (P_D, P_F) 可计算 $AUC_{(D,F)}$，反映探测器综合探测性能；基于 2D ROC 曲线 (P_D, τ) 可计算 $AUC_{(D,\tau)}$，反映探测器对异常目标的探测能力；基于 2D ROC 曲线 (P_F, τ) 可计算 $AUC_{(F,\tau)}$，反映探测器对背景的抑制能力。此外还能计算得到四种 AUC 值，分别为反映探测器异常探测能力的 AUC_{TD}，反映探测器背景抑制能力的 AUC_{BS}，反映总体探测率的 AUC_{ODP}，反映探测结果信噪比的 AUC_{SNPR}，计算公式如下：

$$0 \leqslant AUC_{TD} = AUC_{(D,F)} + AUC_{(D,\tau)} \leqslant 2 \tag{6.64}$$

$$-1 \leqslant AUC_{BS} = AUC_{(D,F)} + AUC_{(F,\tau)} \leqslant 1 \tag{6.65}$$

$$0 \leqslant \text{AUC}_{\text{ODP}} = \text{AUC}_{(D,\tau)} + (1 - \text{AUC}_{(F,\tau)}) \leqslant 1 \quad (6.66)$$

$$0 \leqslant \text{AUC}_{\text{SNPR}} = \frac{\text{AUC}_{(D,\tau)}}{\text{AUC}_{(F,\tau)}} \quad (6.67)$$

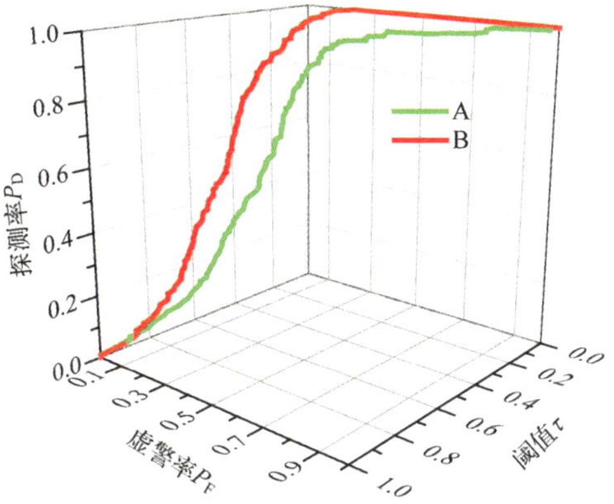

(a) 3D ROC曲线

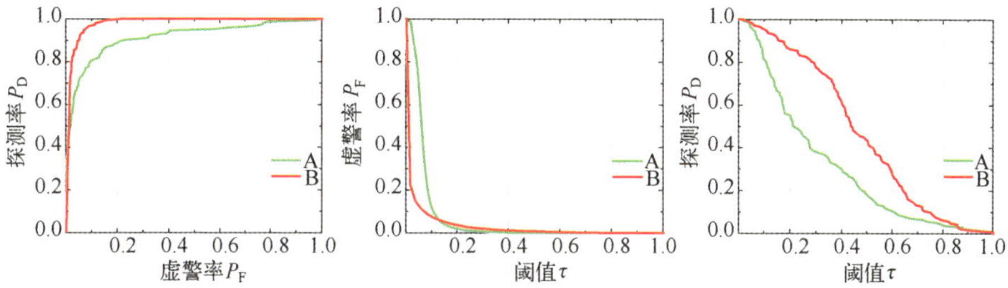

(b) 2D ROC曲线(P_D, P_F) (c) 2D ROC曲线(P_F, τ) (d) 2D ROC曲线(P_D, τ)

图 6.14　3D ROC 曲线示意图

$\text{AUC}_{(D,F)}$越高则探测器的整体探测性能越强，$\text{AUC}_{(D,\tau)}$和AUC_{TD}越高则探测器的异常目标探测能力越强，$\text{AUC}_{(F,\tau)}$越低或AUC_{BS}越高则探测器的背景抑制能力越强，AUC_{ODP}越高则探测器的总体探测率越高，AUC_{SNPR}越高则探测结果信噪比越高。

6.5.1.3　标准化异常目标-背景分离图

标准化异常目标-背景分离图是评价探测结果背景抑制效果的可视化方法[131-133]，将探测结果强度图线性拉伸到 [0, 255] 的数值范围内，分别统计异常像元和背景像元的数值分布并绘制箱型图，形成标准化异常目标-背景分离图。如图 6.15 所示，纵轴为标准化的探测结果统计范围，绿框表示在异常像元在 [10%, 90%] 区间内的数值分布，红框表示背景像元在 [10%,

90%]区间内的数值分布。方框顶部和底部横线分别表示最大和最小值，中线表示中值。背景框越窄且异常框与背景框分离程度越高，则表示探测器背景抑制性能越好。

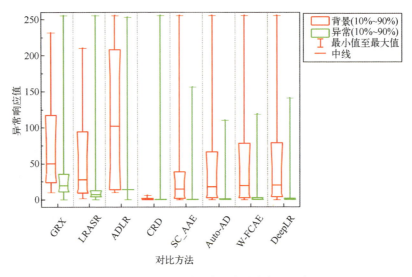

图 6.15　标准化异常目标-背景分离图示意图

6.5.2　实验数据

本节实验选取的公开数据集共包括两组航空机载数据集：AVIRIS-1 数据集和 HYDICE 数据集，2.3.2 节已有相关介绍。第一组 AVIRIS-1 数据集由 AVIRIS 传感器[134]采集，场景对应于美国圣地亚哥机场的某区域。覆盖光谱范围为 370～2510nm，空间分辨率为 3.5m，影像大小均为 100×100 像素。AVIRIS-1 数据集的光谱波段数为 186，将三架飞机看作异常目标，共 143 像素，如图 6.16 所示。

(a) 原始影像

(b) 真值

图 6.16　航空机载公开的 AVIRIS-1 数据集

第二组数据集由 HYDICE 传感器采集[135]，场景为美国密歇根州郊区居民区。影像的光谱范围为 400~2500nm，空间分辨率为 3m。影像场景大小为 80×100 像素。去除水汽波段、低信噪比、质量差的波段（1~4、76、87、101~111、136~153、198~210）后，共保留 162 个波段。将 10 辆人工车辆看作异常目标，共 17 像素，背景土地覆盖类型包括停车场、土壤、水、道路，如图 6.17 所示。

(a) 原始影像　　　　　　　　　　　　(b) 真值

图 6.17　航空机载公开的 HYDICE 数据集

6.5.3　实验结果与分析

6.5.3.1　实验参数设置

实验采用对比方法包括 GRX 方法、LRASR 方法、ADLR 方法、基于协同表示的探测器（CRD）、基于光谱约束的对抗自编码器（SC_AAE）、Auto-AD 方法、作为消融实验证明引入低秩先验有效性的自适应加权全卷积自编码器（W-FCAE）。所有的探测结果强度图均线性拉伸到 [0, 255] 进行显示，实验定量评价指标包括 3D ROC 曲线、$AUC_{(D,F)}$、$AUC_{(D,\tau)}$、$AUC_{(F,\tau)}$、AUC_{TD}、AUC_{BS}、AUC_{ODP}、AUC_{SNPR} 和异常目标与背景分离图。

GRX 方法基于全局协方差矩阵进行计算。LRASR 方法中聚类数 K 和所选像元数 P 均分别设置为 15 和 20，正则化参数 β 和 λ 均设置为 0.1。CRD 方法包含三个参数：内窗口尺寸 w_{in}、外窗口尺寸 w_{out} 和正则化参数 λ，通过大量的实验与分析，最终确定 CRD 方法的参数设置如下：对于 HYDICE 数据集，(w_{in}, w_{out}) 为（7, 15），$\lambda = 10^{-6}$；对于 AVIRIS-1 数据集，(w_{in}, w_{out}) 为（11, 17），$\lambda = 10^{-6}$；对于 WHU-Hi-Park 数据集，(w_{in}, w_{out}) 为（37, 41），$\lambda = 10^{-6}$；对于 WHU-Hi-Station 数据集，(w_{in}, w_{out}) 为（35, 39），$\lambda = 10^{-6}$。对于 W-FCAE 和 DeepLR 方法，除了 HYDICE 数据集的阈值 δ 设置为 0.00001，其他数据集阈值 δ 设置为 0.0001。

6.5.3.2 异常探测结果对比分析

HYDICE 数据集的探测结果强度图如图 6.18 所示，与 GRX、LRASR、ADLR、CRD 方法的结果相比，所提出的 DeepLR 方法的探测结果呈现更少的虚警。LRASR 和 ADLR 方法的结果中背景的响应相比于其他方法的结果更高。SC_AAE 结果的虚警略多于 DeepLR 结果，但异常目标响应较强。对比 Auto-AD、W-FCAE 和 DeepLR 方法的结果，虽然 Auto-AD 和 W-FCAE 方法的结果呈现较好的背景抑制性能，但部分异常目标响应较低。

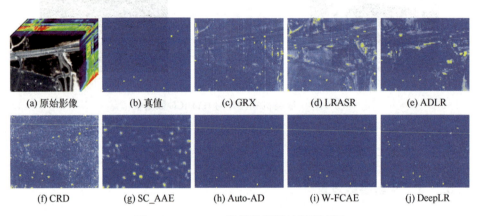

图 6.18 HYDICE 数据集探测结果强度图

HYDICE 数据集实验结果的 ROC 曲线如图 6.19 所示，AUC 值如表 6.3 所列。对 2D ROC 曲线 (P_D, P_F) 进行分析，DeepLR 方法曲线总是位于 GRX、ADLR、SC_AAE 方法曲线上方。虽然 LRASR、CRD、Auto-AD 和 W-FCAE 方法曲线与 DeepLR 方法曲线相交，但探测率达到 80% 左右时，DeepLR 方法结果的虚警率要低得多。当探测率达到 100% 时，GRX、LRASR、ADLR、CRD、SC_AAE、Auto-AD、W-FCAE、DeepLR 方法结果的虚警率分别为 2%、17.06%、24.21%、1%、1.25%、0.8%、2.31%、0.4%。此外，DeepLR 取得了最高的 $\mathrm{AUC}_{(D,F)}$ 值 0.9996，非常接近于理想最高值 1。

表 6.3 HYDICE 数据集 AUC 值表格

对比方法	$\mathrm{AUC}_{(D,F)}$	$\mathrm{AUC}_{(D,\tau)}$	$\mathrm{AUC}_{(F,\tau)}$	AUC_{TD}	AUC_{BS}	AUC_{ODP}	AUC_{SNPR}
GRX	0.9938	0.2487	0.0571	1.2425	0.9367	1.1916	4.3555
LRASR	0.9920	0.5189	0.0490	1.5109	0.9430	**1.4699**	10.5898

续表

对比方法	$AUC_{(D,F)}$	$AUC_{(D,\tau)}$	$AUC_{(F,\tau)}$	AUC_{TD}	AUC_{BS}	AUC_{ODP}	AUC_{SNPR}
ADLR	0.9624	0.4640	0.0713	1.4264	0.8911	1.3927	6.5077
CRD	0.9991	0.5145	0.0567	1.5136	0.9424	1.4578	9.0741
SC_AAE	0.9962	**0.5458**	0.1487	**1.5420**	0.8475	1.3971	3.6705
Auto-AD	0.9991	0.2756	0.0070	1.2747	**0.9921**	1.2686	39.3714
W-FCAE	0.9964	0.3115	**0.0051**	1.3079	0.9913	1.3064	**61.0784**
DeepLR	**0.9996**	0.3054	0.0156	1.3050	0.9840	1.2898	19.5769

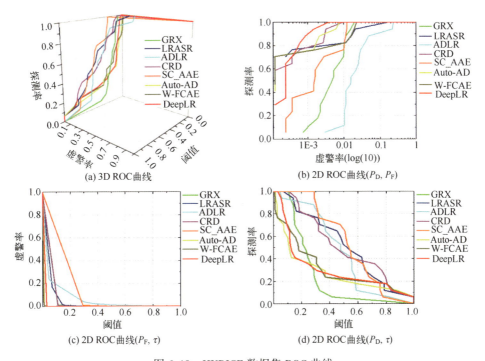

图 6.19 HYDICE 数据集 ROC 曲线

上述分析可知，DeepLR 方法在 HYDICE 数据集上的探测精度优于 W-FCAE 方法，而精度的提升来自于低秩先验的引入，因为这是这两种方法的唯一区别。虽然 SC_AAE 方法取得了最高的 $AUC_{(D,\tau)}$ 和 AUC_{TD}，但同时也表现出最高的 $AUC_{(F,\tau)}$ 和最低的 AUC_{BS}，这说明 SC_AAE 方法具有较好的异常探测能力，但其背景抑制能力低于所测试方法的平均水平。W-FCAE 方法结果取得最高的 AUC_{SNPR}，测试方法的 AUC_{ODP} 区别不大。HYDICE 数据集实验结果的异常目标与背景分离图如图 6.20 所示，除 ADLR 方法外，其他方法结果的异常框与背景框分离。DeepLR 方法结果异常框与背景框的分离程度大于 W-FCAE 方法，这说明在引入低秩先验后，所提出的 DeepLR 方法取得了比 W-FCAE 方法更好的背景抑制性能。

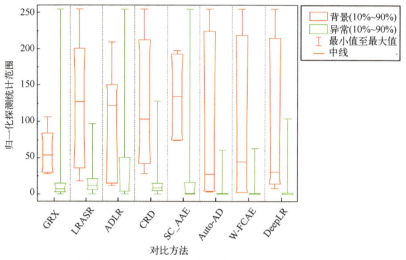

图 6.20　HYDICE 数据集异常目标与背景分离图

AVIRIS-1 数据集的探测结果强度图如图 6.21 所示，其中所提出的 DeepLR 方法探测结果强度图中异常目标响应强于 GRX、Auto-AD 和 CRD 方法的结果。具体来说，GRX、Auto-AD 和 CRD 方法的探测结果强度图中的异常目标在空间形态上是不完整的，而 DeepLR 结果中的异常目标空间形态更为完整。LRASR 和 ADLR 方法结果均存在明显的虚警。对比 SC_AAE 和 DeepLR 方法的结果，SC_AAE 探测结果强度图中异常目标响应更强，而虚警较多。与 W-FCAE 方法的结果相比，所提出的 DeepLR 方法具备更精确的背景重建能力，因为边缘区域的虚警明显较少。

AVIRIS-1 数据集实验结果的 3D ROC 曲线和 2D ROC 曲线如图 6.22 所示，AUC 值如表 6.4 所列。对于 2D ROC 曲线 (P_D, P_F)，除 LRASR 方法结果外，DeepLR 方法结果曲线几乎一直位于其他对比方法结果曲线的上方。当探测率达到 100% 时，GRX、LRASR、ADLR、CRD、SC_AAE、Auto-AD、W-FCAE、DeepLR 的虚警率分别为 54%、90%、38%、62%、15%、22%、12%、9%。DeepLR 方法也取得了最高的 $AUC_{(D,F)}$ 值 0.9845。对比 DeepLR 和 W-FCAE 方法的结果，DeepLR 方法的背景抑制效果主要体现在一些小区域虚警和噪声上，因此对于探测精度数值指标的提高并不明显。在该数据集上，SC_AAE 方法取得了最高的 AUC_{ODP}、$AUC_{(D,\tau)}$ 和 AUC_{TD}，Auto-AD 方法取得了最

低 $AUC_{(F,\tau)}$，DeepLR 获得最高的 AUC_{BS} 和最高的 AUC_{SNPR}，说明 SC_AAE 方法异常目标探测性能较好，Auto-AD 和 DeepLR 方法背景抑制能力较强。如图 6.23 所示，只有 SC_AAE、W-FCAE 和 DeepLR 三种基于深度学习的方法结果中异常框与背景框分离，其中 DeepLR 的 AUC_{BS} 最高，说明其背景抑制能力最强，也表明在引入低秩先验后背景重建的精度相比 W-FCAE 方法更高。

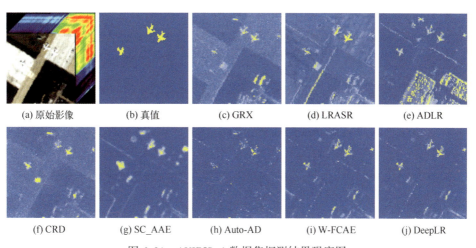

图 6.21 AVIRIS-1 数据集探测结果强度图

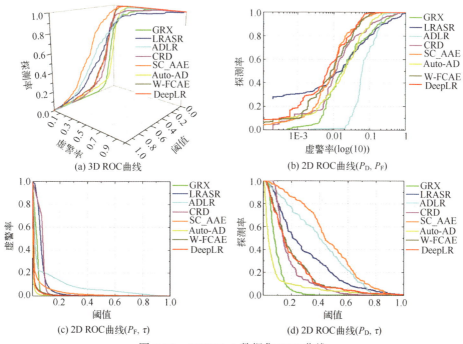

图 6.22 AVIRIS-1 数据集 ROC 曲线

表 6.4 AVIRIS-1 数据集 AUC 值表格

对比方法	$AUC_{(D,F)}$	$AUC_{(D,\tau)}$	$AUC_{(F,\tau)}$	AUC_{TD}	AUC_{BS}	AUC_{ODP}	AUC_{SNPR}
GRX	0.9370	0.0968	0.0309	1.0338	0.9061	1.0659	3.1327
LRASR	0.9146	0.2956	0.0665	1.2102	0.8481	1.2291	4.4451
ADLR	0.9081	0.3997	0.0852	1.3078	0.8229	1.3145	4.6913
CRD	0.9530	0.1857	0.0686	1.1387	0.8844	1.1171	2.7070
SC_AAE	0.9820	**0.4607**	0.0307	**1.4427**	0.9513	**1.4300**	15.0065
Auto-AD	0.9628	0.0884	**0.0053**	1.0512	0.9575	1.0831	16.6792
W-FCAE	0.9812	0.2058	0.0116	1.1870	0.9696	1.1942	17.7414
DeepLR	**0.9845**	0.2013	0.0098	1.1858	**0.9747**	1.1915	**20.5408**

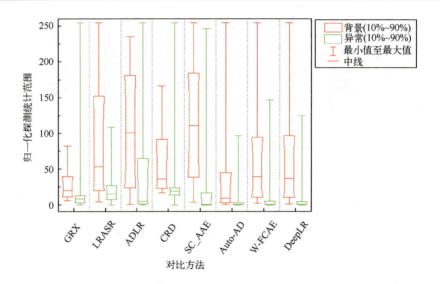

图 6.23 AVIRIS-1 数据集异常目标与背景分离图

6.6 小　　结

高光谱遥感影像得益于光谱连续、图谱合一的特性，在异常探测应用中具备其独特优势。高光谱异常探测旨在将与周围典型背景有显著性光谱差异的异常像元从影像中提取出来。由于没有任何目标先验信息，背景估计是高光谱异常探测的关键问题，也是大部分异常探测算法的研究重点。本章将现有异常探测算法分为基于统计的、基于正则化的和基于深度学习的三类，分别介绍其基本思想与经典算法,并在两个公开基准数据集上进行了实验对比分析。表6.5汇总了各类型算法的优缺点对比。在深度学习时代,基于深度学习的异常探测算法成为智能探测的主流,如何实现端到端的探测,防止误差累积,如何提取高性能背景特征,如何平衡深度模型的异常探测能力与背景抑制能力,是构建鲁棒深度探测器需要思考的问题。

表6.5 各类型算法优缺点对比

类 型	优 点	缺 点
基于统计的算法	数学理论强,处理速度快	特征提取能力弱,分布假设较难满足
基于正则化的算法	数学理论强,处理速度稍快	特征提取能力弱,完备字典较难构建
基于深度学习的算法	特征提取能力强	数学理论较差,处理速度慢

参考文献

[1] 张建祎. 高光谱遥感目标检测[M]. 武汉:湖北科学技术出版社,2021.

[2] CHANG C I. Real-time progressive hyperspectral image processing[M]. Berlin: Springer, 2016.

[3] CHANG C I. Hyperspectral data processing: algorithm design and analysis[M]. New Jersey: John Wiley & Sons, 2013.

[4] ZHAO D, LIU S, YANG X, et al. Research on camouflage recognition in simulated operational environment based on hyperspectral imaging technology[J]. Journal of Spectroscopy, 2021, 2021: 1-9.

[5] KASTEK M, PIĄTKOWSKI T, DULSKI R, et al. Multispectral and hyperspectral measurements of soldier's camouflage equipment[C]//Active and Passive Signatures Ⅲ, April 25-26, 2012, Baltimore, Maryland, USA. SPIE, c2012: 142-155.

[6] HUA W, GUO T, LIU X. Camouflage target reconnaissance based on hyperspectral imaging technology[C]//2015 International Conference on Optical Instruments and Technology: Optoelectronic Imaging and Processing Technology, May 17-19, 2015, Beijing, China. SPIE, c2015: 329-335.

[7] YANG J F, WAN J H, MA Y, et al. Oil spill hyperspectral remote sensing detection based on DCNN with multi-scale features[J]. Journal of Coastal Research, 2019, 90 (SI): 332-339.

[8] SCAFUTTO R D P M, LIEVENS C, HECKER C, et al. Detection of petroleum hydrocarbons in continental areas using airborne hyperspectral thermal infrared data (SEBASS) [J]. Remote Sensing of Environment, 2021, 256: 1-14.

[9] SALEM F, KAFATOS M, EL-GHAZAWI T, et al. Hyperspectral image analysis for oil spill detection [C]//Summaries of NASA/JPL Airborne Earth Science Workshop, February 27-March 2, 2001, Pasadena, California, USA. NASA, c2001: 5-9.

[10] ADÃO T, HRUŠKA J, PÁDUA L, et al. Hyperspectral imaging: a review on UAV-based sensors, data processing and applications for agriculture and forestry [J]. Remote Sensing, 2017, 9 (11): 1-30.

[11] ARELLANO P, TANSEY K, BALZTER H, et al. Detecting the effects of hydrocarbon pollution in the Amazon forest using hyperspectral satellite images [J]. Environmental Pollution, 2015, 205: 225-239.

[12] CAMPBELL P E, ROCK B, MARTIN M, et al. Detection of initial damage in Norway spruce canopies using hyperspectral airborne data [J]. International Journal of Remote Sensing, 2004, 25 (24): 5557-5584.

[13] CHANG C-I, CHIANG S S. Anomaly detection and classification for hyperspectral imagery [J]. IEEE Transactions on Geoscience and Remote Sensing, 2002, 40 (6): 1314-1325.

[14] MATTEOLI S, DIANI M, CORSINI G. A tutorial overview of anomaly detection in hyperspectral images [J]. IEEE Aerospace & Electronic Systems Magazine, 2010, 25 (7): 5-28.

[15] NASRABADI N. Hyperspectral target detection: an overview of current and future challenges [J]. IEEE Signal Processing Magazine, 2014, 31 (1): 34-44.

[16] STEIN D W J, BEAVEN S G, HOFF L E, et al. Anomaly detection from hyperspectral imagery [J]. IEEE Signal Processing Magazine, 2002, 19 (1): 58-69.

[17] MANOLAKIS D G. Taxonomy of detection algorithms for hyperspectral imaging applications [J]. Signal Processing Magazine IEEE, 2005, 19 (1): 29-43.

[18] ZHAO R, DU B, ZHANG L, et al. A robust background regression based score estimation algorithm for hyperspectral anomaly detection [J]. ISPRS Journal of Photogrammetry and Remote Sensing, 2016, 122: 126-144.

[19] 赵锐. 高光谱遥感影像异常探测：鲁棒性背景建模与机器学习方法研究 [D]. 武汉：武汉大学, 2017.

[20] ZHU L, WEN G. Hyperspectral anomaly detection via background estimation and adaptive weighted sparse representation [J]. Remote Sensing, 2018, 10 (2): 272.

[21] ARISOY S, KAYABOL K. Nonparametric bayesian background estimation for hyperspectral anomaly detection [J]. Digital Signal Processing, 2021, 111: 1-13.

[22] XIANG P, SONG J, QIN H, et al. Visual attention and background subtraction with adaptive weight for hyperspectral anomaly detection [J]. IEEE Journal of Selected Topics in Applied Earth Observations and Remote Sensing, 2021, 14: 2270-2283.

[23] MANOLAKIS D, TRUSLOW E, PIEPER M, et al. Detection algorithms in hyperspectral imaging systems: an overview of practical algorithms [J]. IEEE Signal Processing Magazine, 2013, 31(1): 24-33.

[24] CHANG C I. Hyperspectral anomaly detection: a dual theory of hyperspectral target detection [J]. IEEE Transactions on Geoscience and Remote Sensing, 2021, 60: 1-20.

[25] MANOLAKIS D, LOCKWOOD R, COOLEY T, et al. Is there a best hyperspectral detection algorithm? [J]. Algorithms and Technologies for Multispectral, Hyperspectral, and Ultraspectral Imagery XV, 2009, 7334: 13-28.

[26] REED I S, YU X. Adaptive multiple-band CFAR detection of an optical pattern with unknown spectral distribution [J]. IEEE Transactions on Acoustics Speech & Signal Processing, 1990, 38(10): 1760-1770.

[27] NASRABADI N M. Regularization for spectral matched filter and RX anomaly detector [C]//Algorithms and Technologies for Multispectral, Hyperspectral, and Ultraspectral Imagery XIV, March17-19, 2008 Orlando, Florida, USA. SPIE, c2008: 28-39.

[28] MATTEOLI S, DIANI M, CORSINI G. Improved estimation of local background covariance matrix for anomaly detection in hyperspectral images [J]. Optical Engineering, 2010, 49(4): 1-16.

[29] GUO Q, ZHANG B, RAN Q, et al. Weighted-RXD and linear filter-based RXD: improving background statistics estimation for anomaly detection in hyperspectral imagery [J]. IEEE Journal of Selected Topics in Applied Earth Observations and Remote Sensing, 2014, 7(6): 2351-2366.

[30] BILLOR, NEDRET, HADI, et al. BACON : blocked adaptive computationally efficient outlier nominators [J]. Computational Statistics & Data Analysis, 2000, 34(3): 279-298.

[31] DU B, ZHANG L. Random-selection-based anomaly detector for hyperspectral imagery [J]. IEEE Transactions on Geoscience and Remote sensing, 2010, 49(5): 1578-1589.

[32] XIANG P, ZHOU H, LI H, et al. Hyperspectral anomaly detection by local joint subspace process and support vector machine [J]. International Journal of Remote Sensing, 2020, 41(10): 3798-3819.

[33] TU B, YANG X, ZHOU C, et al. Hyperspectral anomaly detection using dual window density [J]. IEEE Transactions on Geoscience and Remote Sensing, 2020, 58(12): 8503-8517.

[34] LI L, LI W, QU Y, et al. Prior-based tensor approximation for anomaly detection in hyper-

spectral imagery [J]. IEEE Transactions on Neural Networks and Learning Systems, 2020, 33(3): 1037-1050.

[35] VAFADAR M, GHASSEMIAN H. Anomaly detection of hyperspectral imagery using modified collaborative representation [J]. IEEE Geoscience and Remote Sensing Letters, 2018, 15(4): 577-581.

[36] LI W, DU Q. Collaborative representation for hyperspectral anomaly detection [J]. IEEE Transactions on Geoscience and Remote Sensing, 2014, 53(3): 1463-1474.

[37] SU H, WU Z, DU Q, et al. Hyperspectral anomaly detection using collaborative representation with outlier removal [J]. IEEE Journal of Selected Topics in Applied Earth Observations and Remote Sensing, 2018, 11(12): 5029-5038.

[38] WANG R, HU H, HE F, et al. Self-weighted collaborative representation for hyperspectral anomaly detection [J]. Signal Processing, 2020, 177: 1-15.

[39] XU Y, WU Z, LI J, et al. Anomaly detection in hyperspectral images based on low-rank and sparse representation [J]. IEEE Transactions on Geoscience and Remote Sensing, 2015, 54(4): 1990-2000.

[40] QU Y, WANG W, GUO R, et al. Hyperspectral anomaly detection through spectral unmixing and dictionary-based low-rank decomposition [J]. IEEE Transactions on Geoscience and Remote Sensing, 2018, 56(8): 4391-4405.

[41] HUYAN N, ZHANG X, ZHOU H, et al. Hyperspectral anomaly detection via background and potential anomaly dictionaries construction [J]. IEEE Transactions on Geoscience and Remote Sensing, 2018, 57(4): 2263-2276.

[42] WANG S, WANG X, ZHONG Y, et al. Hyperspectral anomaly detection via locally enhanced low-rank prior [J]. IEEE Transactions on Geoscience and Remote Sensing, 2020, 58(10): 6995-7009.

[43] SUN W, LIU C, LI J, et al. Low-rank and sparse matrix decomposition-based anomaly detection for hyperspectral imagery [J]. Journal of Applied Remote Sensing, 2014, 8(1): 1-19.

[44] ZHANG Y, DU B, ZHANG L, et al. A low-rank and sparse matrix decomposition-based Mahalanobis distance method for hyperspectral anomaly detection [J]. IEEE Transactions on Geoscience and Remote Sensing, 2015, 54(3): 1376-1389.

[45] RAHMANI M, ATIA G K. High dimensional low rank plus sparse matrix decomposition [J]. IEEE Transactions on Signal Processing, 2017, 65(8): 2004-2019.

[46] XU Y, DU B, ZHANG L, et al. A low-rank and sparse matrix decomposition-based dictionary reconstruction and anomaly extraction framework for hyperspectral anomaly detection [J]. IEEE Geoscience and Remote Sensing Letters, 2019, 17(7): 1248-1252.

[47] CHANDRASEKARAN V, SANGHAVI S, PARRILO P A, et al. Sparse and low-rank matrix decompositions [J]. IFAC Proceedings Volumes, 2009, 42(10): 1493-1498.

[48] ZHOU T, TAO D. Godec: randomized low-rank & sparse matrix decomposition in noisy case [C]//Proceedings of the 28th International Conference on Machine Learning, June 28-July 2, 2011, Bellevue, Washington, USA. ACM, c2011: 33-40.

[49] LEI J, FANG S, XIE W, et al. Discriminative reconstruction for hyperspectral anomaly detection with spectral learning [J]. IEEE Transactions on Geoscience and Remote Sensing, 2020, 58(10): 7406-7417.

[50] LU X, ZHANG W, HUANG J. Exploiting embedding manifold of autoencoders for hyperspectral anomaly detection [J]. IEEE Transactions on Geoscience and Remote Sensing, 2019, 58(3): 1527-1537.

[51] ZHAO C, LI X, ZHU H. Hyperspectral anomaly detection based on stacked denoising autoencoders [J]. Journal of Applied Remote Sensing, 2017, 11(4): 1-14.

[52] CHANG S, DU B, ZHANG L. A sparse autoencoder based hyperspectral anomaly detection algorihtm using residual of reconstruction error [C]//IGARSS 2019 - 2019 IEEE International Geoscience and Remote Sensing Symposium, July28-August 2, 2019, Yokohama, Japan. IEEE, c2019: 5488-5491.

[53] XIE W, LEI J, LIU B, et al. Spectral constraint adversarial autoencoders approach to feature representation in hyperspectral anomaly detection [J]. Neural Networks, 2019, 119: 222-234.

[54] XIE W, LIU B, LI Y, et al. Autoencoder and adversarial-learning-based semisupervised background estimation for hyperspectral anomaly detection [J]. IEEE Transactions on Geoscience and Remote Sensing, 2020, 58(8): 5416-5427.

[55] LIU Y, XIE W, LI Y, et al. Dual-frequency autoencoder for anomaly detection in transformed hyperspectral imagery [J]. IEEE Transactions on Geoscience and Remote Sensing, 2022, 60: 1-13.

[56] BALDI P. Autoencoders, unsupervised learning, and deep architectures [C]//Proceedings of ICML Workshop on Unsupervised and Transfer Learning. JMLR Workshop and Conference Proceedings, June 26-July 1, 2012, Bellevue, Washington, USA. ACM, c2012: 37-49.

[57] YANG Z, XU B, LUO W, et al. Autoencoder-based representation learning and its application in intelligent fault diagnosis: a review [J]. Measurement, 2022, 189: 110460.

[58] LOPEZ R, REGIER J, JORDAN M I, et al. Information constraints on auto-encoding variational bayes [J]. Advances in Neural Information Processing Systems, 2018, 31.

[59] CRESWELL A, WHITE T, DUMOULIN V, et al. Generative adversarial networks: n overview [J]. IEEE Signal Processing Magazine, 2018, 35(1): 53-65.

[60] GOODFELLOW I, POUGET-ABADIE J, MIRZA M, et al. Generative adversarial networks [J]. Communications of the ACM, 2020, 63(11): 139-144.

[61] WANG K, GOU C, DUAN Y, et al. Generative adversarial networks: introduction and outlook [J]. IEEE/CAA Journal of Automatica Sinica, 2017, 4(4): 588-598.

[62] JIANG T, LI Y, XIE W, et al. Discriminative reconstruction constrained generative adversarial network for hyperspectral anomaly detection [J]. IEEE Transactions on Geoscience and Remote Sensing, 2020, 58(7): 4666-4679.

[63] JIANG K, XIE W, LI Y, et al. Semisupervised spectral learning with generative adversarial network for hyperspectral anomaly detection [J]. IEEE Transactions on Geoscience and Remote Sensing, 2020, 58(7): 5224-5236.

[64] JIANG T, XIE W, LI Y, et al. Weakly supervised discriminative learning with spectral constrained generative adversarial network for hyperspectral anomaly detection [J]. IEEE Transactions on Neural Networks and Learning Systems, 2021: 33(11): 6504-6517.

[65] ZHONG J, XIE W, LI Y, et al. Characterization of background-anomaly separability with generative adversarial network for hyperspectral anomaly detection [J]. IEEE Transactions on Geoscience and Remote Sensing, 2020, 59(7): 6017-6028.

[66] JIANG T, XIE W, LI Y, et al. Discriminative semi-supervised generative adversarial network for hyperspectral anomaly detection [C]//IGARSS 2020-2020 IEEE International Geoscience and Remote Sensing Symposium, September 26-October 2, 2020, Waikoloa, Hawaii, USA. IEEE, c2020: 2420-2423.

[67] LI Y, JIANG T, XIE W, et al. Sparse coding-inspired GAN for hyperspectral anomaly detection in weakly supervised learning [J]. IEEE Transactions on Geoscience and Remote Sensing, 2021, 60: 1-11.

[68] POGGIO T, TORRE V, KOCH C. Computational vision and regularization theory [M]. Amsterdam: Elsevier, 1987.

[69] BICKEL P J, LI B, TSYBAKOV A B, et al. Regularization in statistics [J]. Test, 2006, 15(2): 271-344.

[70] ENGL H W, HANKE M, NEUBAUER A. Regularization of inverse problems [M]. Berlin: Springer Science & Business Media, 1996.

[71] HÄGGSTRÖM I, SCHMIDTLEIN C R, CAMPANELLA G, et al. DeepPET: a deep encoder-decoder network for directly solving the PET image reconstruction inverse problem [J]. Medical Image Analysis, 2019, 54: 253-262.

[72] YU G, SAPIRO G, MALLAT S. Solving inverse problems with piecewise linear estimators: from Gaussian mixture models to structured sparsity [J]. IEEE Transactions on Image Processing, 2011, 21(5): 2481-2499.

[73] LUCAS A, ILIADIS M, MOLINA R, et al. Using deep neural networks for inverse problems in imaging: beyond analytical methods [J]. IEEE Signal Processing Magazine, 2018, 35(1): 20-36.

[74] KABANIKHIN S I. Definitions and examples of inverse and ill-posed problems [M]. Berlin: De Gruyter, 2008.

[75] BAKUSHINSKY A, GONCHARSKY A. Ill-posed problems: theory and applications [M]. Berlin: Springer Science & Business Media, 2012.

[76] BAKUSHINSKY A B, KOKURIN M Y, SMIRNOVA A. Iterative methods for Ill-posed problems: an introduction [M]. Berlin: de Gruyter, 2010.

[77] XIE J, XU L, CHEN E. Image denoising and inpainting with deep neural networks [J]. Advances in Neural Information Processing Systems, 2012, 25: 341-349.

[78] BERTALMIO M, SAPIRO G, Caselles V, et al. Image inpainting [C]//Proceedings of the 27th Annual Conference on Computer Graphics and Interactive Techniques, July 23-28, 2000, New Orleans, Louisiana, USA. SIGGRAPH, c2000: 417-424.

[79] ELHARROUSS O, ALMAADEED N, AL-MAADEED S, et al. Image inpainting: a review [J]. Neural Processing Letters, 2020, 51(2): 2007-2028.

[80] ZOMET A, RAV-ACHA A, PELEG S. Robust super-resolution [C]//Proceedings of the 2001 IEEE Computer Society Conference on Computer Vision and Pattern Recognition, December 8-14, 2001, Kauai, Hawaii, USA. IEEE, c2001, 1: I-I.

[81] YANG J, WRIGHT J, HUANG T S, et al. Image super-resolution via sparse representation [J]. IEEE Transactions on Image Processing, 2010, 19(11): 2861-2873.

[82] PARK S C, PARK M K, KANG M G. Super-resolution image reconstruction: a technical overview [J]. IEEE Signal Processing Magazine, 2003, 20(3): 21-36.

[83] DONOHO D L. Compressed sensing [J]. IEEE Transactions on Information Theory, 2006, 52(4): 1289-1306.

[84] COHEN A, DAHMEN W, DEVORE R. Compressed sensing and best [J]. Journal of the American Mathematical Society, 2009, 22(1): 211-231.

[85] LUSTIG M, DONOHO D L, SANTOS J M, et al. Compressed sensing MRI [J]. IEEE Signal Processing Magazine, 2008, 25(2): 72-82.

[86] TIAN C, FEI L, ZHENG W, et al. Deep learning on image denoising: an overview [J]. Neural Networks, 2020, 131: 251-275.

[87] BUADES A, COLL B, MOREL J M. A non-local algorithm for image denoising [C]// 2005 IEEE Computer Society Conference on Computer Vision and Pattern Recognition (CVPR'05), June 20-25, 2005, San Diego, California, USA. IEEE, c2005: 60-65.

[88] MOTWANI M C, GADIYA M C, MOTWANI R C, et al. Survey of image denoising tech-

niques [C]//Proceedings of GSPX, September 27-30, 2004, Santa Clara, California, USA. GSPX, 2004: 27-30.

[89] CHAMBOLLE A. An algorithm for total variation minimization and applications [J]. Journal of Mathematical Imaging and Vision, 2004, 20(1): 89-97.

[90] CHAMBOLLE A, CASELLES V, CREMERS D, et al. An introduction to total variation for image analysis [M]. Berlin: De Gruyter, 2010.

[91] VOGEL C R, OMAN M E. Iterative methods for total variation denoising [J]. SIAM Journal on Scientific Computing, 1996, 17(1): 227-238.

[92] DE LA TORRE F, BLACK M J. Robust principal component analysis for computer vision [C]//Proceedings Eighth IEEE International Conference on Computer Vision, July7-14, 2001, Vancouver, British Columbia, Canada. IEEE, c2001: 362-369.

[93] WRIGHT J, GANESH A, RAO S, et al. Robust principal component analysis: exact recovery of corrupted low-rank matrices via convex optimization [J]. Advances in Neural Information Processing Systems, 2009, 22: 2080-2088.

[94] CANDÈS E J, LI X, MA Y, et al. Robust principal component analysis? [J]. Journal of the ACM (JACM), 2011, 58(3): 1-37.

[95] LUAN X, FANG B, LIU L, et al. Extracting sparse error of robust PCA for face recognition in the presence of varying illumination and occlusion [J]. Pattern Recognition, 2014, 47(2): 495-508.

[96] BOUWMANS T, JAVED S, ZHANG H, et al. On the applications of robust PCA in image and video processing [J]. Proceedings of the IEEE, 2018, 106(8): 1427-1457.

[97] DING X, HE L, CARIN L. Bayesian robust principal component analysis [J]. IEEE Transactions on Image Processing, 2011, 20(12): 3419-3430.

[98] SHANG F, CHENG J, LIU Y, et al. Bilinear factor matrix norm minimization for robust PCA: algorithms and applications [J]. IEEE Transactions on Pattern Analysis and Machine Intelligence, 2017, 40(9): 2066-2080.

[99] BOUWMANS T, ZAHZAH E H. Robust PCA via principal component pursuit: a review for a comparative evaluation in video surveillance [J]. Computer Vision and Image Understanding, 2014, 122: 22-34.

[100] GUYON C, BOUWMANS T, ZAHZAH E-H. Robust principal component analysis for background subtraction: systematic evaluation and comparative analysis [J]. Principal Component Analysis, 2012, 10: 223-238.

[101] KILMER M E, O'LEARY D P. Choosing regularization parameters in iterative methods for ill-posed problems [J]. SIAM Journal on Matrix Analysis and Applications, 2001, 22(4): 1204-1221.

[102] SUN W, YANG G, LI J, et al. Randomized subspace-based robust principal component analysis for hyperspectral anomaly detection [J]. Journal of Applied Remote Sensing, 2018, 12(1): 1-20.

[103] SUN W, YANG G, LI J, et al. Hyperspectral anomaly detection using compressed columnwise robust principal component analysis [C]//IGARSS 2018-2018 IEEE International Geoscience and Remote Sensing Symposium, July22-27, 2018, Valencia, Spain. IEEE, c2018: 6372-6375.

[104] XU Y, WU Z, CHANUSSOT J, et al. Joint reconstruction and anomaly detection from compressive hyperspectral images using Mahalanobis distance-regularized tensor RPCA [J]. IEEE Transactions on Geoscience and Remote Sensing, 2018, 56(5): 2919-2930.

[105] MIAO L, QI H. Endmember extraction from highly mixed data using minimum volume constrained nonnegative matrix factorization [J]. IEEE Transactions on Geoscience and Remote Sensing, 2007, 45(3): 765-777.

[106] CHENG Y. Mean shift, mode seeking, and clustering [J]. IEEE Transactions on Pattern Analysis and Machine Intelligence, 1995, 17(8): 790-799.

[107] NG A. Sparse autoencoder [J]. CS294A Lecture Notes, 2011, 72(2011): 1-19.

[108] ROWEIS S T, SAUL L K. Nonlinear dimensionality reduction by locally linear embedding [J]. Science, 2000, 290(5500): 2323-2326.

[109] CRESWELL A, BHARATH A A. Denoising adversarial autoencoders [J]. IEEE Transactions on Neural Networks and Learning Systems, 2018, 30(4): 968-984.

[110] OLEKSII S YNGVE HARDEBERG J. Deep hyperspectral prior: denoising, inpainting, super-resolution [EB/OL]. (2019-12-04) [2024-05-27]. https://arxiv.org/abs/1902.00301.

[111] ULYANOV D, VEDALDI A, LEMPITSKY V. Deep image prior [C]//Proceedings of the IEEE Conference on Computer Vision and Pattern Recognition, June18-23, 2018, Salt Lake City, Utah, USA. IEEE, c2018: 9446-9454.

[112] WANG S, WANG X, ZHANG L, et al. Auto-AD: autonomous hyperspectral anomaly detection network based on fully convolutional autoencoder [J]. IEEE Transactions on Geoscience and Remote Sensing, 2021, 60: 1-14.

[113] IOFFE S, SZEGEDY C. Batch normalization: accelerating deep network training by reducing internal covariate shift [C]//International Conference on Machine Learning, July 6-July 11, 2015, Lille, France. ACM, c2015: 448-456.

[114] KHALID M, BABER J, KASI M K, et al. Empirical evaluation of activation functions in deep convolution neural network for facial expression recognition [C]//2020 43rd International Conference on Telecommunications and Signal Processing (TSP), July 7-9, 2020,

Milan, Italy. IEEE, c2020: 204-207.

[115] BARAKAT A, BIANCHI P. Convergence and dynamical behavior of the ADAM algorithm for nonconvex stochastic optimization [J]. SIAM Journal on Optimization, 2021, 31(1): 244-274.

[116] POWELL W B. A unified framework for stochastic optimization [J]. European Journal of Operational Research, 2019, 275(3): 795-821.

[117] WANG S, WANG X, ZHANG L, et al. Deep low-rank prior for hyperspectral anomaly detection [J]. IEEE Transactions on Geoscience and Remote Sensing, 2022, 60: 1-17.

[118] SILVEY S D. The Lagrangian multiplier test [J]. The Annals of Mathematical Statistics, 1959, 30(2): 389-407.

[119] GHADIMI E, TEIXEIRA A, SHAMES I, et al. Optimal parameter selection for the alternating direction method of multipliers (ADMM): quadratic problems [J]. IEEE Transactions on Automatic Control, 2014, 60(3): 644-658.

[120] CAI J F, CANDÈS E J, SHEN Z. A singular value thresholding algorithm for matrix completion [J]. SIAM Journal on Optimization, 2010, 20(4): 1956-1982.

[121] WALL M E, RECHTSTEINER A, ROCHA L M. Singular value decomposition and principal component analysis: a practical approach to microarray data analysis [M]. Berlin: Springer, 2003.

[122] 董燕妮. 高光谱遥感影像的测度学习方法研究 [D]. 武汉: 武汉大学, 2017.

[123] MANDREKAR J N. Receiver operating characteristic curve in diagnostic test assessment [J]. Journal of Thoracic Oncology, 2010, 5(9): 1315-1316.

[124] PERKINS N J, SCHISTERMAN E F. The inconsistency of "optimal" cutpoints obtained using two criteria based on the receiver operating characteristic curve [J]. American Journal of Epidemiology, 2006, 163(7): 670-675.

[125] COOK N R. Use and misuse of the receiver operating characteristic curve in risk prediction [J]. Circulation, 2007, 115(7): 928-935.

[126] CHANG C I, CHIANG S S, DU Q, et al. An ROC analysis for subpixel detection [C]// IEEE 2001 International Geoscience and Remote Sensing Symposium, July9-13, 2001, Sydney, New South Wales, Australia. IEEE, c2001: 2355-2357.

[127] LOBO J M, JIMÉNEZ-VALVERDE A, REAL R. AUC: a misleading measure of the performance of predictive distribution models [J]. Global Ecology & Biogeography, 2008, 17(2): 145-151.

[128] 杜博. 高光谱遥感影像亚像元小目标探测研究 [D]. 武汉: 武汉大学, 2010.

[129] CHANG C I. Multiparameter receiver operating characteristic analysis for signal detection and classification [J]. IEEE Sensors Journal, 2010, 10(3): 423-442.

[130] CHANG C I. An effective evaluation tool for hyperspectral target detection: 3D receiver operating characteristic curve analysis [J]. IEEE Transactions on Geoscience and Remote Sensing, 2020, 59(6): 5131-5153.

[131] CHANG S, DU B, ZHANG L. BASO: a background-anomaly component projection and separation optimized filter for anomaly detection in hyperspectral images [J]. IEEE Transactions on Geoscience and Remote Sensing, 2018, 56(7): 3747-3761.

[132] LI J, ZHANG H, ZHANG L, et al. Hyperspectral anomaly detection by the use of background joint sparse representation [J]. IEEE Journal of Selected Topics in Applied Earth Observations and Remote Sensing, 2015, 8(6): 2523-2533.

[133] CHANG S, DU B, ZHANG L. A subspace selection-based discriminative forest method for hyperspectral anomaly detection [J]. IEEE Transactions on Geoscience and Remote Sensing, 2020, 58(6): 4033-4046.

[134] GREEN R O, EASTWOOD M L, SARTURE C M, et al. Imaging spectroscopy and the airborne visible/infrared imaging spectrometer (AVIRIS) [J]. Remote Sensing of Environment, 1998, 65(3): 227-248.

[135] BASEDOW R W, CARMER D C, ANDERSON M E. HYDICE system: implementation and performance [C]//Imaging Spectrometry, April 17-19, 1995, Orlando, Florida, USA. SPIE, c1995: 258-267.

第7章 高光谱遥感智能处理前沿技术

近年来，随着新技术革命，尤其是电子科学、计算机科学的快速发展，研发的新型光谱成像设备、构建的智能化高光谱数据处理技术，逐步推动高光谱遥感从静态到动态、从可见光到长波红外、从对地观测到深空探测的应用，使得高光谱更加广泛、深入地服务于大众。

7.1 高光谱视频目标跟踪

7.1.1 概述

传统的高光谱成像技术可分为"摆扫式"扫描[1]、"推扫式"扫描[2]和"凝视型"扫描[3]。基于上述成像技术的传感器获取的高光谱图像数据可以称为H^1和H^2数据[4]。通常星载高光谱传感器获取的数据可以被称为H^1数据，具体是指由于空间分辨率、光谱分辨率、时间分辨率之间的权衡，具有光谱分辨率高但空间分辨率和时间分辨率相对较低的高光谱数据。近年来，随着高光谱传感器和机载平台的快速发展，机载高光谱成像系统可以获得H^2数据，即同时具有高空间分辨率和高光谱分辨率的图像数据[5]。H^2数据的引入，使得相关分类、识别、检测等任务的模型性能有了较大提升。上述传统的高光谱成像技术需要空间扫描或者时间扫描，无法在传感器的一个曝光周期内获得动态目标的完整光谱立方体，因此无法捕获动态目标，只能获取静态图像，无法分析与统计目标的动态信息。近年来，快照光谱成像技术[6-7]的出现解决了传统光谱成像技术无法拍摄动态目标的问题。快照成像技术可以在传感器的一个曝光周期内获得目标的所有光谱和空间信息（完整的光谱立方），能够以实时的速率获取H^2数据，即高光谱视频数据（H^3数据）。如图7.1所示，

x、y 代表空间坐标，λ 代表光谱的波段，在一个传感器曝光周期内，"点扫式"仅能获取"一个点"的光谱曲线，"线扫式"仅能获取"一条线"上所有点的光谱曲线，"光谱扫描式"仅能获得高光谱图像中的一个波段，这几种传统扫描方式必须通过多次扫描（多次曝光）才能获取完整的光谱立方，无法拍摄包含动态目标的高光谱视频。而快照光谱成像技术仅需一次扫描（一次曝光）就能获取完成光谱立方，能够以视频级速率获取高光谱立方体。

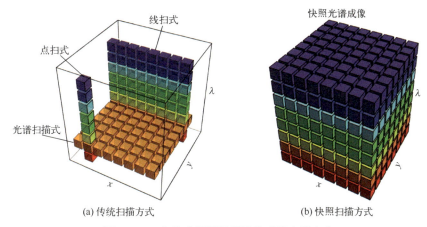

(a) 传统扫描方式　　　　　　　　(b) 快照扫描方式

图 7.1　一个传感器周期所搜集到的光谱立方

单目标跟踪是计算机视觉的基础问题，旨在第一帧给出感兴趣目标的位置和大小，并在后续帧中预测感兴趣目标的位置和大小，确定目标的速度、方向和轨迹等状态，为更高级的视觉任务提供研究基础。目前，目标跟踪在安全监控、自动驾驶、人机交互、战场态势感知等领域都有着非常广阔的应用前景。然而，基于可见光视频的目标跟踪出于数据源的原因无法有效处理伪装目标、背景与目标相似、目标空间形状不明显等属于背景干扰的问题，其原因在于可见光视频仅有红、绿、蓝三个波段的光谱信息，其跟踪模型更关注目标的空间信息，一旦感兴趣目标的形状、颜色与背景相似，模型就有很大可能丢失目标。随着高光谱视频数据的出现，这一问题得到缓解。高光谱视频数据在拥有空间信息的基础上还拥有丰富的光谱信息，即使目标与背景的形状、颜色相似，只要目标与背景的材料不同，就可以从光谱信息上区分目标与背景。高光谱视频数据同时综合了高光谱数据与可见光视频的优势，可以让目标跟踪模型获得更强的鉴别能力，能够提升模型在伪装目标等迷惑性场景下的准确性。

7.1.2　高光谱视频目标跟踪研究现状

由于硬件的制约，2009 年开始才出现基于高光谱视频数据的目标跟踪方法，2009年到2019年之间基于高光谱视频的目标跟踪方法发展非常缓慢，只有少量相关研究。直到2020年Xiong等人公开了一个较为完善的高光谱视频目标跟踪数据集[8]，基于高光谱视频的目标跟踪方法才开始展现出蓬勃的发展潜力。

2009年Banerjee等[9]提出了一种基于高光谱视频数据的目标跟踪方法，其利用光谱角匹配算法（SAM）区分前景和背景。Hien等[10]提出了一种结合光谱反射率和均值漂移的跟踪框架来跟踪高光谱视频目标，算法计算复杂度较高。Qian等[11]提出一种基于卷积操作和核相关滤波器的高光谱跟踪（CNHT）方法，该方法以目标区域局部高光谱图像立方体为滤波器与输入图像进行卷积操作，提取跟踪目标的内在结构特征，将多维特征输入核相关滤波（KCF）算法跟踪器中确定目标位置。Uzkent等[12]提出深度核相关滤波器的高光谱跟踪器（DeepHKCF），将高光谱视频转换为假彩色视频（选取高光谱视频的三个波段）作为预训练好的VGGNet模型的输入，提取出的深度卷积特征替换传统手工特征输入到KCF模型中确定目标位置。2020年，Xiong等[8]提出一种基于材质的高光谱跟踪（MHT）方法，该方法设计出多维梯度的光谱-空间直方图（SSHMG）来描述高光谱影像的三维局部空谱结构，并与组成成分丰度结合表示目标材质信息，输入到背景感知相关滤波器（BACF）中进行目标跟踪。Chen等[13]针对快照拼接高光谱视频提出了一种拼接空间光谱-跟踪（MSST）框架，该方法设计出定向梯度的拼接空间光谱直方图（MSSHOG）描述符提取空间光谱特征，并将MSSHOG描述符嵌入到时空正则化相关滤波器（STRCF）中。Zhang等[14]提出了一种基于多特征集成的高光谱视频跟踪（MFI-HVT）方法，将VGG-19网络提取的卷积特征和方向梯度直方图（HOG）特征结合作为混合特征输入到KCF模型中检测目标。Zhang等[15]考虑视频帧图像局部区域的空间和光谱变化，通过计算对比度、信息熵和目标背景差选择高光谱图像的三个通道构成伪彩色图像输入背景感知相关滤波器（BACF）中进行目标跟踪。

基于深度学习的目标跟踪方法需要海量标注的训练样本训练才能得到一个高精度、高鲁棒的跟踪模型。当前的训练样本无法支撑模型学习到丰富的特征表达，因此其中一种解决方法就是利用高光谱影像中的不同波段组合成伪彩色图像，并输入现成的基于海量可见光数据训练的可见光跟踪模型中，依靠可见光模型预测目标状态。Li等[16]提出用于高光谱视频目标跟踪的波段注意感知集成网络（BAE-Net），利用波段选择模块学习不同的波段组合（将每三个波段合成一个伪彩色图像），然后将高光谱视频数据中同一帧的多个伪彩色图像传递给对抗学习目标跟踪器（VITAL）[17]跟踪方法进行目标的状态预测，最终融合多个伪彩色图像的弱跟踪结果以获得该帧的最终跟踪结果，并在此基础上[18]提出了光谱-空间-时间注意力神经网络（SST-Net），通过利用高光谱影像波段的光谱-空间-时间关系生成波段的权重，更好地进行波段组合。Tang 等[19]提出一种背景感知高光谱跟踪（BAHT）方法，设计出一种背景感知波段选择（BABS）模块，通过矩阵投影将高光谱影像映射到三波段影像，输入 SiamBAN 跟踪器中进行目标定位，在此基础上将 BABS 模块替换为异构编解码器（HED）模块，并加入空谱表示（SSR）模块组成 SiamHT[20]，SSR 模块通过空间注意力和通道注意力机制来提取有用的光谱信息提升网络对目标和背景的分类能力。Wang 等[21]通过计算最佳指数因子（OIF）选择高光谱图像的三个通道输入利用可见光视频数据集预训练好的 SiamRPN 跟踪器进行目标跟踪。Gao 等[22]提出了一种跨波段特征融合网络（CBFF-Net），利用可见光跟踪网络中的骨干网络提取不同波段组合的伪彩色图像特征，通过双向多深度特征融合（BMDFF）模块来融合从不同波段中提取的高光谱图像特征，并引入了跨波段群体注意（CBGA）模块来学习高光谱图像跨波段的交互信息，进一步输入可见光跟踪网络中的跟踪模块进行目标定位。

但是这样无法完全利用高光谱影像丰富的光谱信息来建模广义特征表示，限制了跟踪器的精度，因此需要输入完整的高光谱图像到深度学习模型中提取目标的高光谱语义特征表达，从而进行目标定位。Liu 等[23]提出了一种用于高光谱跟踪的无锚框孪生网络（HA-Net），该方法在无锚框孪生网络中引入了光谱分类分支，该分支利用高光谱视频的所有波段进行端到端训练，获得目标更多的判别特征，增加了网络识别目标的能力，并在此基础上将在线更新模块替换成空间-光谱交叉注意力模块[24]，提出一种基于可见光-高光谱融合的双孪生网络目标跟踪方法（SiamHYPER），用于从预训练的 RGB 跟踪器学习高光谱跟踪器来解决"数据饥饿"问题。Wang 等[25]提出了一种新型的光谱空间感知 Transformer 融合网络（SSATFN），通过多头自注意力机制和交叉注意力机制将模板和搜索区域分支的光谱和空间特征结合起来进行目标定位。Su 等[26]提出了一种基于 Transfomer 的三分支孪生网络（TrTSN），使用两个 Transformer 融合模块结合不同分支孪生网络生成的语义特征进行目标跟踪，此外，Zhao 等[27]提出了一种基于 Transformer 融合跟踪网络（TFTN），首先利用孪生网络提取出高光谱视频和可见光视频对于目标的特征表示，然后利用自注意力机制将两种模态的特征表示融合以提升目标跟踪效果。

7.1.3 基于可见光-高光谱融合的双孪生网络目标跟踪方法

基于可见光-高光谱融合的双孪生网络目标跟踪方法（SiamHYPER）采用双孪生网络框架，分为可见光目标跟踪模块和高光谱目标感知模块（图7.2）。可见光目标跟踪模块直接载入训练好的可见光跟踪器模型，无须更新参数。高光谱目标感知模块负责提取深度高光谱语义信息，与可见光目标跟踪模块预测的分类信息结合，以提升可见光目标跟踪模块对目标和背景的判别能力。同时该方法提出空-谱互注意力模块，以融合高光谱语义特征与可见光语义特征，选择性地增强针对特定目标的特定通道响应，同时加强了高光谱目标感知模块与可见光目标跟踪模块的信息交互。

SiamHYPER方法中的可见光孪生网络目标跟踪模块采用了两种基准模型，分别为基于锚框预测方式的代表性基准模型SiamRPN++与基于无锚框预测方式的代表性基准模型SiamBAN，SiamRPN++和SiamBAN两种模型是相应作者提供的训练好的现成模型，不需要再进行训练。该方法从高光谱图像中选择三个波段构成伪彩色图像输入到可见光孪生网络目标跟踪模块中得到跟踪的初步结果。高光谱目标感知模块采用孪生网络架构，与SiamRPN++和SiamBAN一致，不同的是输入图像为高光谱图像。空-谱互注意力模块采用通道注意力机制对可见光孪生网络目标跟踪模块提取的伪彩色图像特征和高光谱目标感知模块提取的高光谱图像特征进行加权求和，并将加权求和后的特征进行累加后获得可见光-高光谱融合特征，然后输入到高光谱目标感知模块的分类头中得到分类响应图，最后与可见光孪生网络目标跟踪模块的分类响应图加权求和后得到SiamHYPER算法最终的分类响应图，回归响应图为可见光孪生网络目标跟踪模块的回归响应。

7.1.4 实验结果与分析

7.1.4.1 数据集与评价指标

本小节使用的高光谱视频目标跟踪数据集为IEEE HOT比赛数据集[8]，IEEE HOT比赛数据集由三种类型的视频序列组成。数据集中的许多序列包含具有伪装目标的场景或具有背景干扰的场景，如card、coin、coke、fruit、paper、pedestrian2、student、toy和toy2。第一种视频数据类型是高光谱视频数据；第二种视频数据类型是利用高光谱视频序列合成的假彩色视频数据；

第7章 高光谱遥感智能处理前沿技术

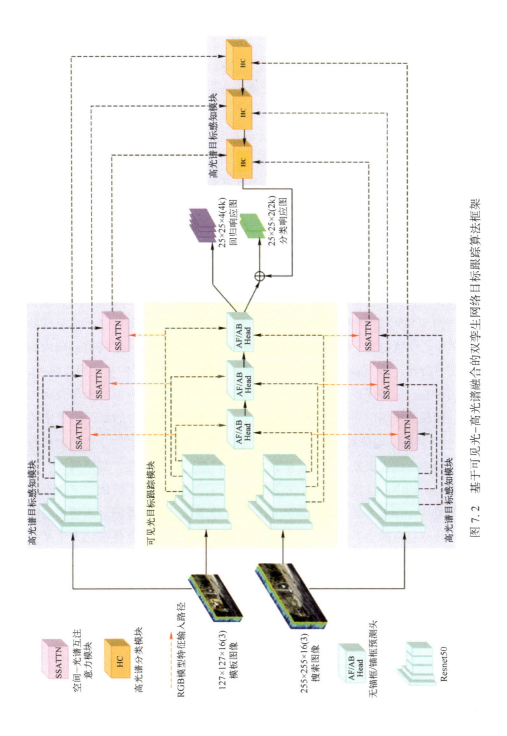

图 7.2 基于可见光－高光谱融合的双孪生网络目标跟踪算法框架

第三种视频数据类型是 RGB 视频数据，与高光谱视频同时以几乎相同的视角拍摄。Xiong 等[8]对高光谱视频序列和 RGB 视频序列进行了配准，这两种视频序列描述了几乎相同的场景，通过手动选择点计算 RGB 视频数据和高光谱视频数据的几何变换矩阵，并使用变换矩阵对齐高光谱视频帧和 RGB 视频帧。为了获得与高光谱视频空间完全对齐的 RGB 视频数据，Xiong 等[8]通过 CIE 颜色匹配函数将高光谱视频转换为假彩色视频。整个数据集包含 40 组用于训练的视频和 35 组用于测试的视频，每个视频都标记有 11 个属性中的相关挑战因素，即平面外旋转（OPR）、移出视野（OV）、背景杂波（BC）、平面内旋转（IPR）、快速运动（FM）、运动模糊（MB）、变形（DEF）、遮挡（OCC）、尺度变化（SV）、照明变化（IV）和低分辨率（LR）。Xiong 等[8]手动标记每帧目标的边界框，高光谱和 RGB 视频的标签是独立标注的，高光谱视频的标签可以直接用于假彩色视频。

评价指标主要包括四部分，分别为精确度曲线图、DP20pixel 得分、成功率曲线图和 ROC 曲线下的面积（AUC）值。精确度曲线图显示了预测目标的边界框中心位置与人工标注的精确边界框中心的位置和在给定阈值距离内的帧数的百分比，DP20pixel 得分为以 20 像素为阈值计算而得的平均距离精度，二者由中心点位置误差生成。中心点位置误差是评估跟踪模型性能最直观的方式，即模型预测的目标位置的中心点 (x_0^m, y_0^m) 与人工标注的目标位置中心 (x_0^g, y_0^g) 之间的平均像素距离，如图 7.3（a）所示。一般采用一个序列的所有帧的平均中心位置误差（APE）来评价跟踪模型的总体性能，其值越大，误差越大。平均中心位置误差生成精确度曲线图是通过统计不同阈值下跟踪成功（平均中心误差小于给定阈值）的比例来绘制精确度曲线图。成功率曲线图显示预测目标的边界框和人工标注的精确边界框之间的重叠率比大于某个

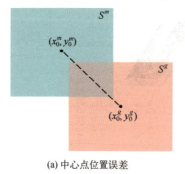
(a) 中心点位置误差

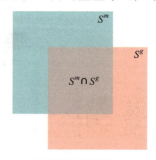
(b) 区域重叠面积比率

图 7.3 评价指标

阈值（阈值范围0~1）时帧数的百分比，AUC值为成功率曲线下面积，二者由区域重叠面积比率生成。区域重叠面积比率为模型预测的边界框区域 S^m 与人工标注的边界框区域 S^g 的交集与并集之比，如图7.3（b）所示。区域重叠面积比率生成成功率曲线图是通过统计不同阈值对应的跟踪成功（重叠率大于给定阈值）帧数所占总帧数的比例绘制阈值从0~1变化的成功率曲线。以上评价指标与Wu等[28]发布的目标跟踪基准中使用的评价指标相同。

7.1.4.2 总体性能测评

为了公平地比较，本节在高光谱视频上测试了高光谱跟踪方法，即SiamHYPER_BAN（以SiamBAN为基准方法训练）、SiamHYPER_RPN（以SiamRPN++为基准方法训练）、BAE-Net、MHT和CNHT。如图7.4所示，SiamHYPER_BAN方法在高光谱视频上获得了最高的AUC分数0.678、最高的DP20pixel分数0.945和最快的处理速度。与其他高光谱跟踪方法相比，SiamHYPER_RPN方法在高光谱视频上获得了第二高的AUC分数0.675、第二高的DP20pixel分数0.937和最快的处理速度。SiamHYPER_BAN在AUC得分和DP20pixel得分方面分别超过BAE-Net 7.2%和6.8%。

如表7.1所列，SiamHYPER可以在图形处理器（GPU）上以19帧/s的速度运行，在对比算法中是最快的高光谱跟踪方法。BAE-Net是VITAL跟踪方法的改进，VITAL跟踪方法可以在GPU上以1.5帧/s的速度运行。由于BAE-Net在VITAL跟踪方法中添加了波段选择模块，并使用同一帧的多个伪彩色图像进行预测，因此BAE-Net只能在GPU上以0.5帧/s的速度运行。

表7.1 SiamHYPER以及对比高光谱目标跟踪方法的
AUC/DP20pixel得分与运行速度

对比方法	BAE-Net	MHT	SiamHYPER_BAN	SiamHYPER_RPN	CNHT
AUC/DP	0.606/0.877	0.587/0.880	0.678/0.945	0.675/0.937	0.177/0.334
速度/(帧/s)	0.5	0.5	19	19	0.8
运行设备	NVIDIA TITAN X（Pascal）GPU	Intel Core i7 2.8GHz CPU	NVIDIA TITAN X（Pascal）GPU	NVIDIA TITAN X（Pascal）GPU	Intel Core i7 2.8GHz CPU

MHT利用SSHMG特征和来自高光谱分解的丰度用于描述高光谱目标，只能在中央处理器（CPU）上以0.5帧/s运行。CNHT选择目标区域的光谱立方作为卷积滤波器与图像进行卷积操作提取高光谱图像的特征替代HOG特征，并将卷积特征输入KCF跟踪器。CNHT只能在CPU上以0.8帧/s的速度

运行。目前所有高光谱视频目标跟踪方法都不能利用深层次高光谱语义信息，SiamHYPER 可以通过高光谱目标感知模块和 SSATTN 模块提取并增强高级语义特征。在"光谱数据饥饿"问题的情况下，SiamHYPER 可以有效地学习高级语义特征，这是其性能优于现有高光谱跟踪器的重要原因。

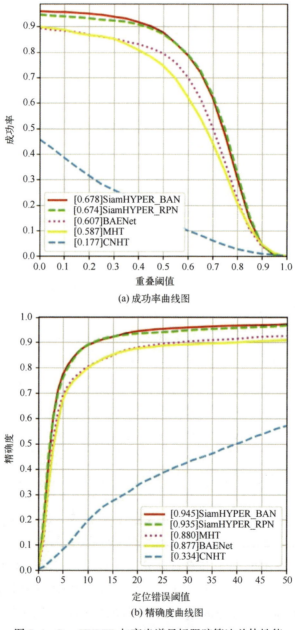

图 7.4　SiamHYPER 与高光谱目标跟踪算法总体性能

7.1.4.3 不同挑战属性下的模型性能测评

为了进一步验证不同高光谱视频目标跟踪算法应对各种挑战的能力，本节展示了不同高光谱视频目标跟踪算法在第一届 IEEE HOT 比赛数据集的 35 组测试视频的 11 种属性上的表现，采用成功率曲线图和精确度曲线图在 11 种属性子集上对算法进行测评。如表 7.2 所列，在 AUC 得分上，除了移出视野属性 MHT 排序第一，SiamHYPER_BAN、SiamHYPER_RPN 分别排第二和第三位，其余 10 种属性都是 SiamHYPER_BAN、SiamHYPER_RPN 排在前两位。在 DP20pixel 得分上，BAE-Net 在平面外旋转、平面内旋转、移出视野属性上排序第一，SiamHYPER_BAN、SiamHYPER_RPN 紧随其后；除开平面外旋转、平面内旋转、移出视野这三种属性，SiamHYPER_BAN、SiamHYPER_RPN 在其余 8 种属性中都排在前两位。

表 7.2 高光谱跟踪方法在不同属性高光谱视频的 AUC 得分/DP 得分

Attribute	SiamHYPER_BAN	SiamHYPER_RPN	BAE-Net	MHT	CNHT
背景杂波（BC）	0.702/0.960	0.697/0.946	0.631/0.909	0.594/0.886	0.183/0.277
变形（DEF）	0.720/0.956	0.740/0.972	0.679/0.940	0.664/0.908	0.294/0.439
快速运动（FM）	0.710/0.993	0.656/0.947	0.607/0.871	0.541/0.774	0.189/0.413
平面内旋转（IPR）	0.720/0.943	0.716/0.945	0.699/0.985	0.670/0.940	0.278/0.477
照明变化（IV）	0.592/0.952	0.553/0.873	0.440/0.745	0.474/0.866	0.087/0.281
低分辨率（LR）	0.664/0.979	0.613/0.908	0.491/0.734	0.478/0.819	0.029/0.133
运动模糊（MB）	0.750/0.999	0.678/0.962	0.594/0.882	0.560/0.839	0.102/0.275
遮挡（OCC）	0.635/0.906	0.638/0.904	0.555/0.790	0.565/0.812	0.123/0.218
平面外旋转（OPR）	0.706/0.934	0.700/0.931	0.693/0.979	0.631/0.875	0.265/0.396
移出视野（OV）	0.596/0.860	0.590/0.860	0.516/0.864	0.620/0.855	0.149/0.380
尺度变化（SV）	0.657/0.936	0.656/0.932	0.608/0.908	0.564/0.865	0.152/0.290

7.1.4.4 跟踪结果可视化测评

如图 7.5 所示，pedestrian2、coke、student 和 fruit 序列包含背景干扰和其他属性，但 SiamHYPER 方法始终保持与人工标注的精确边界框的最高重叠率。特别是 MHT、BAE-Net 和 CNHT 方法在 pedestrian2 序列和 fruit 序列中完全丢失了目标，但 SiamHYPER 方法仍然可以正确跟踪目标。从可视化的结果中可得出结论，SiamHYPER 的结果更准确，对背景干扰等属性具有鲁棒性。

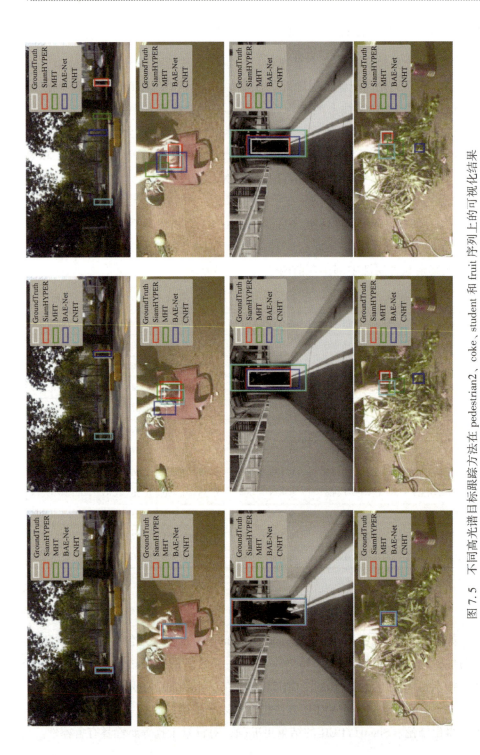

图 7.5 不同高光谱目标跟踪方法在 pedestrian2、coke、student 和 fruit 序列上的可视化结果

7.2 高光谱热红外探测

7.2.1 概述

传统高光谱成像集中在 0.38~2.5μm 区间的可见光近红外到短波红外（VNIR-SWIR）波段[29-31]，这个光谱区间的高光谱影像辐射信息主要是反射的太阳光能量，比较适合对物质电子跃迁层面产生的波谱特征进行探测、识别[30-32]。随着高光谱成像技术的发展，可实现在 8~14μm 的热红外（TIR）波段进行高光谱成像，并用于对地物进行遥感观测[33-34]。相对于 VNIR-SWIR 的反射波谱区间，高光谱热红外影像（TIR HSI）记录的是地物自身辐射信息，反映的是物质分子层面的结构和热运动信息，而且具有昼夜成像优势，蕴含了更加丰富的光谱信息，不仅能提供地表温度信息，还可以提供精细的发射率光谱和大气信息，是高光谱遥感重要且前沿的研究方向之一。

美国、法国、加拿大等主要发达国家早在 20 世纪 80 年代就开始了 TIR 高光谱传感器及其机理的研究。经过几十年的发展，高光谱热红外传感器技术得到了长足进步，先后出现了一批代表性的高光谱热红外传感器[35]，主要分为成像和非成像两种数据获取模式。

非成像热红外光谱仪在热红外遥感中有着广泛且重要的应用，典型的地基热红外光谱仪主要有 μFTIR、Model 102F、Tourbo FT 等，目前全球公开的地物热红外波谱库基本上是基于非成像热红外光谱仪构建的，例如 John Hopkins University（JHU）波谱库[36]、Advanced Space borne Thermal Emission and Reflection Radiometer（ASTER）波谱库等[37]。非成像高光谱热红外传感器具有自身的特点和优势，它能够避免成像设计需求所造成的仪器性能开支，把仪器的性能集中在获取物体发射率波谱单一维度的信息上。因此，这类传感器一般具有较高的信噪比，经常用于室内/外样本的发射率波谱的精准测量，测量的数据可以作为星载或机载热红外遥感定量反演的验证基准。如 1996 年，作为全球第一个星载高光谱傅里叶红外光谱仪，温室气体干涉仪 IMG（Interferometric Monitor for Greenhouse Gases）搭载到 ADEOS 卫星上成功发射，用于痕量气体探测，其探测光谱区间为 3.3~14μm，光谱分辨率高达 0.1cm^{-1}[38]。2002 年，搭载在 EOS/Aqua 卫星上的大气红外探测仪 AIRS（Atmospheric Infrared Sounder）也发射成功，用于全球天气预报、火山气体检测，以及干旱监测等。随后，一系列非成像星载热红外光谱仪被研制出来并发射率升空。

成像热红光谱仪目前主要以机载为主，既能够获取地物光谱维度的信息，也能够保持地表精细的空间结构信息。早期的高光谱热红外成像仪以SEBASS、AHI等为代表，近期以Hyper-Cam、QWEST、MAKO和HyTES等为代表。SEBASS是高光谱热红外成像仪研发史上的经典之作，1996由美国Aerospace Corporation研发推出，且在矿物质图方面展现了强大的应用价值[39]，2003年，基于SEBASS改进研制了LWHIS高光谱热红外传感器[40]。另外，AHI机载高光谱热红外成像仪由美国夏威夷大学1994年开始研制，1998年成功推出，其开发目的是探索高光谱热红外成像遥感在矿物勘测方面的应用[41]。HYTES仪器为JPL于2016年研发推出的新一代机载高光谱热红外成像仪，具有目前全球最高的高光谱热红外成像技术水平，不仅在应用上为民用和军事提供支撑，更重要的是为未来星载任务HyspIRI进行探索[42-43]。作为一种前沿的遥感观测手段，我国在红外高光谱领域的研究仍相对薄弱，尚没有一款成熟的、可业务化的高光谱热红外成像遥感系统。2016年，中国科学院上海技术物理研究所推出了我国首台机载高光谱热红外成像仪样机，并开展矿产资源调查、地表温度监测等领域的应用探索[41-45]。

红外高光谱仪的发展为红外高光谱数据获取提供了有效手段，尤其近30多年随着高光谱热红外成像仪的层出不穷，获得红外高光谱影像数据使高光谱热红外技术在矿产识别与地质填图、石油烃化合物探测、火灾遥感监测、植被水分胁迫探测、气体监测、沙尘暴监测和气象预报等方面表现出了独特的优势，也是未来解决大气环境和工业领域应急管理等问题的有力手段之一。

7.2.2 高光谱热红外影像异常目标探测应用

7.2.2.1 研究区域

异常目标探测实验的高光谱热红外遥感数据为Hyper Cam LW成像仪获取的航空影像。采集时间为2019年3月，机载影像的采集范围从34°47′48.94″N到34°51′55.56″N和113°16′3.27″E到113°17′6.26″E，大致位于郑州市中心以西约30km的区域，飞行高度为2500m，Hyper Cam LW影像中的空间分辨率约为0.95m，光谱分辨率为6cm^{-1}，其中冷热黑体温度分别为10℃和30℃。整个航拍飞行过程于UTC时间的2:00开始，持续到4:10结束。

数据预处理包括大气校正与地表温度和发射率分离,研究采用地面站点探空数据与再分析数据结合的方法,输入 Hyper Cam LW 高光谱热红外数据,根据 MODTRAN 大气模型进行大气校正,同时利用迭代光谱平滑温度发射率分离法(ISSTES)实现地表温度和发射率的分离,将反演获得的地表温度和发射率作为目标探测模型的输入数据。目标数据主要包括 4 块人造金属板目标、2 块水域浮标目标和 1 辆汽车目标,具体如图 7.6 所示。

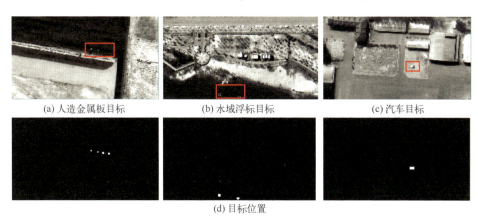

图 7.6 辐亮度及真实目标位置影像图

7.2.2.2 异常目标探测方法

高光谱热红外异常目标探测方法与可见光高光谱异常目标探测方法基本原理相同,不同之处在于高光谱热红外影像相对可见光高光谱影像而言背景噪声较大,对于自然地物来说发射率光谱值域范围差异较小。现有已用于高光谱热红外异常目标探测算法包括:经典的 RX 算法[46]及其改进的分块 RX(Segmented RX、SegRX)方法[47]和基于低秩稀疏理论的异常探测方法,如基于低秩先验表示的异常探测器(LRASR)[48]、基于低秩和稀疏分解的马氏距离高光谱异常探测方法(LSMAD)[49]、基于局部增强的低秩先验异常探测方法(LELRP-AD)[50]等。

1) 分块 RX(SegRX)方法

为了解决复杂背景使得背景平均光谱向量估计不准确的问题,Matteoli 等在 2010 年提出了分块 RX 探测器(SegRX),SegRX 通过将背景分成多个小的同质区域来降低背景的复杂度,在每一块小的同质区域上用 RX 探测器进行探测,这就相当于在一块单一背景下进行 RX 的异常探测,分块 RX 的计算算子可如下式表示：

$$H_0: t = n_b, \quad H_1: t = cs_t + n_b \tag{7.1}$$

$$\text{Segmented-RX}(x) = (x - \mu^{\text{seg}})^T K^{\text{seg}-1}(x - \mu^{\text{seg}}) \tag{7.2}$$

式中：H_0、H_1 分别为目标存在和不存在的两种情况假设；t 为待检测的像元向量；n_b 为背景噪声向量；s_t 为目标向量。

计算式与 RX 探测器类似，其中背景向量均值和背景协方差矩阵都被替换成了局部区域的背景向量和协方差矩阵。因此，背景协方差矩阵和平均背景向量与直接全局估计的背景协方差矩阵和平均背景向量相比更加接近真实的情况，这样在一定程度上避免了复杂背景带来的背景估计不准确问题。更加准确的背景估计会使在进行马氏距离计算的时候可以更好地将异常与背景进行分离，简化背景的改进在一定程度上提高了复杂背景下异常探测的精度。

2) 基于低秩和稀疏分解的马氏距离高光谱异常探测方法（LSMAD）

LSMAD 算子将影像视为由低秩背景分量和稀疏分量还有噪声分量三个部分组成。LSMAD 认为统计方法直接使用全局影像计算影像的背景协方差矩阵获得的矩阵并不能真实代表背景信息，所以利用低秩稀疏模型提取出代表背景的低秩背景部分矩阵，然后利用这个矩阵计算背景协方差矩阵，这样获取的背景信息更为准确。

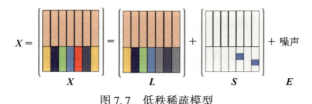

图 7.7 低秩稀疏模型

LSMAD 根据低秩稀疏模型，使用 GoDec 的分解方法对全局影像进行低秩和稀疏分解，提取全局影像的低秩背景部分。GoDec 近似分解问题可以通过求解下列秩和稀疏约束的最小化问题来解决：

$$\min_{L_k, S_k} \| X_k - L_k - S_k \|_F^2, \quad \text{s.t.} \quad \text{rank}(L_k) \leq r, \text{card}(S_k) \leq c \times ((r+1) \times B \times N_k) \tag{7.3}$$

式中：r 和 $c \times ((r+1) \times B \times N_k)$ 分别是 L_k 的秩和 S_k 的基数；基数 $c \times ((r+1) \times B \times N_k)$ 被定义为 S_k 的零范数。

然后，根据提取的低秩背景信息计算背景协方差矩阵：

$$\Gamma_k = \frac{1}{N}(L^k - M_k)^T(L^k - M_k) \tag{7.4}$$

式中：M_k、Γ_k 分别为背景数据第 k 个波段影像的均值和协方差矩阵；L^k 为所恢复的背景成分矩阵。

最后,利用原始的全局高光谱影像数据与低秩稀疏背景部分计算获取的背景协方差矩阵和背景平均光谱进行马氏距离的计算:

$$D(x)=(x-M)^{\mathrm{T}}\Gamma^{-1}(x-M) \tag{7.5}$$

3) 基于局部增强的低秩先验异常探测方法(LELRP-AD)

基于局部增强的低秩先验的异常探测(LELRP-AD)方法解决了影像的背景复杂导致背景估计不准确问题和避免复杂的字典构造问题[50]。这个方法首先对全局影像进行了区域分割,将复杂的高光谱影像背景分割成多块小的背景单一的同质区域,将复杂背景简化,然后再对每一块小的区域进行局部区域增强,目的是增加局部区域异常像素的稀疏性和背景像素的低秩特性,将 GoDec 的低秩和稀疏分解方法应用于每一块小的局部区域上,提取局部区域的稀疏部分,最后将全波段的稀疏图叠加在一起完成异常像素的提取。这个方法很好地解决了高光谱影像的背景复杂问题,同时又避免了复杂字典的构造过程,提高了效率。

4) 联合发射率和低秩分割异常探测(EaSLRP)方法

采用联合发射率和低秩分割思路实现异常探测[51]。该方法利用热红外辐亮度影像和温度影像进行区域分割,并融合发射率影像构建局部背景稀疏矩阵,将背景数据矩阵与原始局部数据矩阵拼接构造增强矩阵,增强局部均匀区域的异常稀疏性,采用 GoDec 的低秩和稀疏矩阵分解方法对局部增强矩阵进行分解,得到低秩背景信息,最后利用马氏距离探测器对异常像素和背景像素进行分离,具体流程图见图 7.8。

7.2.2.3 实验结果与分析

将获取的分割图和发射率图采用 RXD 方法,分块 RX(SegRX)方法,基于 LRaSMD 的马氏距离法(LSMAD),局部增强低秩先验法(LELRP-AD)和低秩稀疏表示(LRASR)方法进行处理,获取异常探测的效果图,结果如图 7.9 至图 7.11 所示。由探测结果分析可知,EaSLRP 方法在高光谱热红外图像异常检测中具有良好的性能,可以有效地抑制高光谱热红外影像背景噪声。对于光谱对比度低或背景分布复杂的图像,如水域浮标目标和汽车目标,ROC 曲线和 AUC 值均能取得较优的结果,见图 7.12 和表 7.3。总的来说,高光谱热红外数据是异常目标探测的重要数据源,发射率光谱和地表温度信息是异常目标探测的重要特征信息。

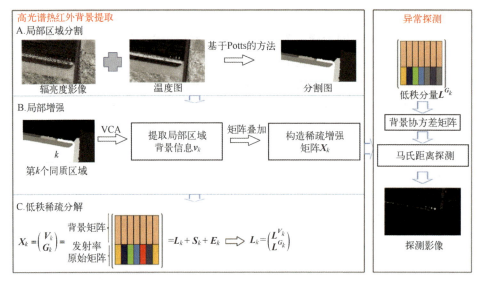

图 7.8 EaSLRP 方法流程图

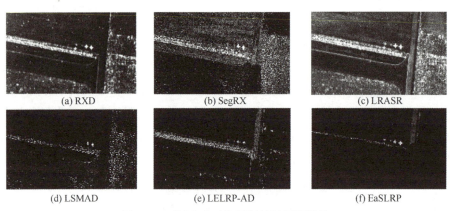

图 7.9 不同方法对金属板目标探测结果

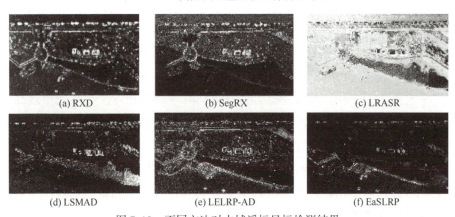

图 7.10 不同方法对水域浮标目标检测结果

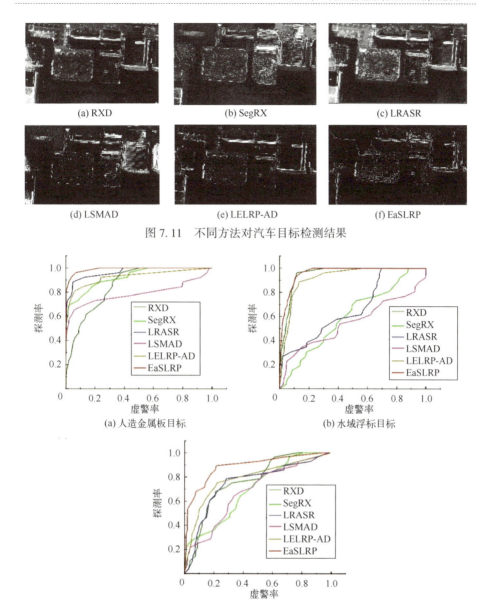

图 7.11 不同方法对汽车目标检测结果

图 7.12 ROC 曲线结果图

表 7.3 异常目标探测 AUC 值统计

目标数据	RXD	SegRX	LRASR	LSMAD	LELRP-AD	EaSLRP
金属板	0.8581	0.9240	0.9652	0.7879	0.9255	0.9896
水域浮标	0.9493	0.6004	0.6634	0.5481	0.9200	0.9602
汽车	0.7661	0.6934	0.7483	0.6786	0.7860	0.8457

7.2.3 高光谱热红外影像地物分类

7.2.3.1 研究区域

高光谱热红外分类数据为航空平台采集的经傅里叶变换后的高光谱热红外影像，区域为河南省郑州市上街区东虢湖。数据采集的飞行参数与7.2.2.1节异常目标数据集一致，影像大小为439×68像素，包含78个波段，空间分辨率为0.95m。研究区域包括建筑物、道路、沙地、水、植被和裸土。

数据预处理包括大气校正和地表温度与发射率分离，实验流程和方法详见7.2.2.1节，将反演获得的地表温度与发射率作为高光谱热红外影像地物分类的输入数据。

7.2.3.2 基于温度发射率残差网络和条件随机场的高光谱热红外影像地物分类方法

大量研究表明用于可见光近红外高光谱的图像处理方法适用于高光谱热红外[42]，但由于高光谱热红外影像数据源的缺乏和受到前端影像大气补偿和温度发射率提取的限制，对于高光谱热红外，目前分类方法仍基于传统的像素级分类。然而，受温度和发射率反演结果的限制和影像本身噪声的影响，高光谱热红外影像具有高的光谱相似性和强烈的空间异质性，给分类任务带来挑战。传统的基于光谱和面向对象的高光谱影像分类方法，如SVM、FNEA等，在对双高分辨率的高光谱热红外影像分类时存在椒盐噪声且依赖于分割尺度的选择问题。融合光谱和空间信息的方法可以在有一定程度上提升分类精度，但传统方法如面向对象依赖分割尺度，也仅是浅层光谱和空间特征的提取。深度学习的理论和方法为高光谱热红外影像的分类带来了契机。

温度发射率残差网络和条件随机场的分类模型（Tempcrature-Emissivity Residual Network with Conditional Random Field，TERN-CRF）[52]融合卷积神经网络模型和条件随机场实现高光谱热红外影像地物分类，具体模型框架见图7.13，主要包括温度发射率残差网络模型和基于分割先验的条件随机场模型。温度发射率残差网络模型的输入为训练数据和发射率影像，其输出为类别概率图，该概率图作为条件随机场模型一元势能输入。残差网络包括光谱特征学习、空间特征学习、平均池化层和全连接层，可连续学习发射率高光谱影像在光谱和空间上的深层次特征。基于分割先验的条件随机场模型中，首先对输入的温度影像进行分割，计算标签成本并将分割后的影像作为条件

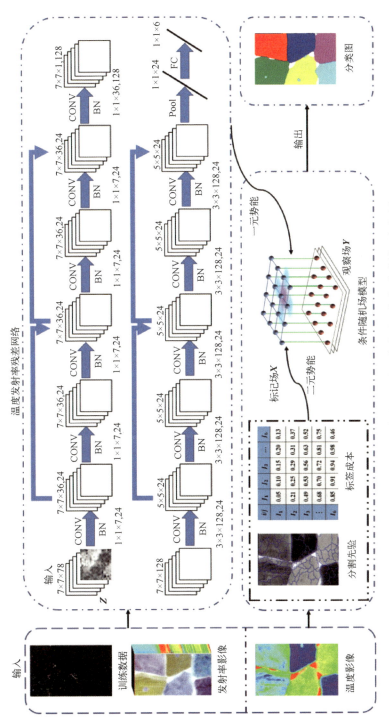

图 7.13 温度发射率残差网络和条件随机场的分类模型框架图

随机场的二元势能输入，最后经过条件随机场模型推理输出最终的分类影像。这一过程融合温度图中的空间上下文信息，可改善分类图中的椒盐噪声和孤立区域问题。

1) 温度发射率残差网络

基于温度发射率残差网络（TERN）模型采用批归一化的三维卷积层、残差块、平均池化层和全连接（FC）层提取融合深度光谱和局部空间特征。温度和发射率残差网络包括光谱特征学习部分、空间特征学习部分、平均池化层和全连接层。

一般架构中使用两个残差块从原始的三维高光谱热红外立方体中连续提取光谱和空间特征。这种架构可以使高层的梯度迅速传播回低层，从而促进和规范模型训练过程。

在光谱残差块中，在连续的滤波库 h^{p+1} 和 h^{p+2} 中分别对第 p 层和 $p+1$ 层使用大小为 $1×1×m$ 的卷积核。同时，通过对填充的策略使三维特征立方体 X^{p+1} 和 X^{p+2} 的空间大小一直保持在 $w×w$ 不变，即输出的三维特征立方体经过光谱维上卷积运算后，在对边界区域值进行复制后再返回给所有需要填充的区域。然后，这两个卷积层建立一个残差函数 $F(X^p;\theta)$，而不是直接用跳过连接映射 X^p。光谱残差架构用公式表达如下：

$$X^{p+2} = X^p + F(X^p;\theta) \quad (7.6)$$

$$F(X^p;\theta) = R(\hat{X}^{p+1}) * h^{p+2} + b^{p+2} \quad (7.7)$$

$$X = R(\hat{X}^{p+1}) * h^{p+1} + b^{p+1} \quad (7.8)$$

式中：$\theta = \{h^{p+1}, h^{p+2}, b^{p+2}\}$；$X^{p+1}$ 表示第 $p+1$ 层的 n 个输入三维特征立方体；h^{p+1} 和 b^{p+1} 分别表示第 $p+1$ 层中的光谱卷积核和偏置。事实上，卷积核 h^{p+1} 和 b^{p+1} 是由一维向量组成的，他们可以被当作三维卷积核的一种特殊情况。光谱残块的输出张量同时还包括 n 个三维特征立方体。

在空间残差块中，主要目的是利用连续两层滤波库 H^{q+1} 和 H^{q+2} 中大小为 $a×a×d$ 的 n 个三维卷积核来进行空间特征提取。这些核的光谱深度 d 等于输入的一个三维特征立方体 X^q 的光谱深度。特征立方体 X^{q+1} 和 X^{q+2} 的空间大小在 $w×w$ 时保持恒定不变。因此，空间中的残差框架用公式来表达为

$$X^{q+2} = X^q + F(X^q;\xi) \quad (7.9)$$

$$F(X^q;\xi) = R(\hat{X}^{q+1}) * H^{q+2} + b^{q+2} \quad (7.10)$$

$$X = R(\hat{X}^{q+1}) * H^{q+1} + b^{q+1} \quad (7.11)$$

式中：$\theta=\{H^{q+1},H^{q+2},b^{q+1},b^{q+2}\}$；$X^{q+1}$ 表示第 $q+1$ 层中的三维输入特征量；H^{q+1} 和 b^{q+1} 分别表示第 $q+1$ 层中的 n 个空间卷积核。与光谱残差模块相比，空间残差块中的卷积滤波库由三维张量组成。该块的输出是一个三维特征量。

2）基于分割先验的条件随机场模型

在条件随机场模型中融入面向对象方法的优势，通过 TERN 网络对发射率的光谱和空间信息进行深层提取，并融合温度影像分割的大尺度空间上下文信息，实现对高光谱热红外影像的分类制图。

7.2.3.3 地物分类结果与分析

图 7.14 和表 7.4 为 SVM、SVM-CRF、FNEA-OO、CNN、CNN-CRF、TERN 和 TERN-CRF 分类结果。CNN-CRF 中将 CNN 网络分类得到的概率图作为一元势能，用地表温度影像作为二元势能。结果显示高光谱热红外影像是地物分类的有效数据源，利用温度发射率残差网络和条件随机场的分类方法可获取高精度的分类结果。

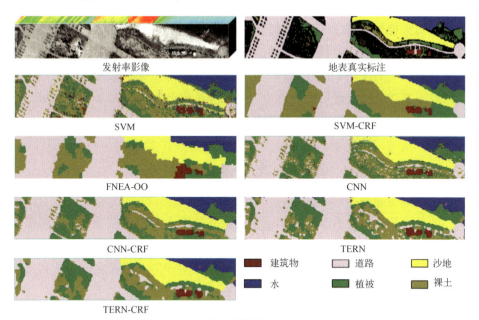

图 7.14 郑州东虢湖数据的分类结果

表 7.4 郑州东虢湖数据不同方法的分类结果

对比方法	SVM	SVM-CRF	FNEA-OO	CNN	CNN-CRF	TERN	TERN-CRF
OA/%	82.17	84.66	86.56	89.06	91.72	93.95	**94.42**
AA/%	80.36	83.25	82.22	86.19	89.65	89.58	**89.59**

续表

对比方法	SVM	SVM-CRF	FNEA-OO	CNN	CNN-CRF	TERN	TERN-CRF
KA	0.7433	0.7757	0.8009	0.8372	0.8760	0.9073	**0.9145**
建筑物	87.70	97.54	89.34	**98.36**	98.36	98.36	96.72
道路	80.67	87.18	88.09	89.41	91.27	95.55	**95.99**
沙地	94.45	97.65	96.83	98.68	99.37	**99.50**	99.42
水	94.56	97.25	91.50	97.77	98.60	99.90	**99.95**
植被	64.30	39.38	65.83	73.04	82.94	83.31	**86.19**
裸土	60.50	80.50	61.75	59.88	67.38	**60.88**	59.25

从不同分类方法的可视化结果看，仅基于光谱的 SVM 分类器分类结果存在大量椒盐噪声，将 SVM 分类概率图作为条件随机场模型的一元势能使得分类结果过于平滑。面向对象的 FNEA-OO 分类算法对于复杂的自然场景分割结果不理想导致不同地物间的边界呈现大锯齿状，CNN 方法在可视化上优于传统结果，但仍存在大量椒盐噪声，将 CNN 的分类概率图作为条件随机场模型的一元势能同样造成裸土和植被过于光滑，不符合实际地物分布情况。TERN 网络得到更优的可视化结果，与 SVM、FNEA-OO 和 CNN 相比，TERN 网络的 OA 值分别提高了 11.78%、7.39%和 4.89%，分类精度证明了残差网络提取深度空间和光谱特征的能力。但 TERN 仍存在少量孤立错分区域，引入条件随机场后，孤立错分区域基本改善。

7.3 高光谱深空探测

随着科学技术的不断发展和创新，新兴的重大科技创新领域——深空探测领域已经逐渐成为国际上航天活动的新热点和科技竞争的制高点。在对太阳系进行探索的过程中，火星因其是与地球最为相似的行星之一，受到人类的广泛关注，成为深空探索的主要目标之一[53]。

7.3.1 火星高光谱探测发展

人类对于火星的探测开始于 20 世纪 60 年代，苏联发射的首颗火星探测器 Mars 1960A，正式拉开了人类探测火星的序幕。此后，美国、欧洲空间局、印度等国家和组织相继实施了一系列的火星探测任务，截至目前，全球共开展过 47 次火星探测任务，但大约只有一半成功到达火星并开展研究，截至

2021年底，在轨的火星探测任务共有11项，包括环火轨道的探测轨道器和火星表面的火星车。2020年7月23日，"天问一号"探测器发射，我国在第一次尝试的情况下就成功实现一次性完成环绕、着陆和巡视探测，这是火星探测中的重大技术突破，具有里程碑式的意义[54]。各国的火星探测任务都有相似的科学目标，涉及火星演化历史、火星磁场、火星地质构造与地貌、火星古气候古地理环境等方面，获取了大量的科学数据和成果。

火星表面存在撞击坑和大型撞击盆地、盾形火山、风成沙丘、极区极冠、峡谷系统、干涸河床和沟渠等多种地貌。广泛发育的干涸河床、三角洲、冲积扇和沟渠等反映了火星表面曾经存在液态水环境，这些流水地貌记录了火星表面不断被侵蚀改造的过程。在地球上，水环境的存在往往与生命活动密切相关，因此，各类火星探测任务的重点目标之一总是包括探寻和追踪水曾经或目前在火星表面不同的存在形式和证据，如极冠永久水冰、地下水冰、地表短时液态水以及以不同形式存在于矿物中的水[55]。目前，研究火星表面物质成分主要包括卫星遥感探测和原位探测两种方式。随着火星轨道探测器性能的不断提高，卫星遥感技术能够对火星表面进行大范围探测，所获取到的遥感数据的空间分辨率和光谱分辨率都不断增加，大大提高了火星探测的准确度和精度，高光谱影像成为火星表面探测的重要数据源。高光谱遥感是一种能够获取连续波谱曲线、图谱合一的观测技术，可以获取具有纳米级光谱分辨率的连续光谱，波段数多，可覆盖至可见光、近红外、热红外和微波，是目前对于火星表面大范围探测最有效和最常用的技术手段。

与火星表面探测相关的遥感探测器主要有热发射光谱仪（TES）[56]、可见光及红外矿物填图光谱仪（OMEGA）[57]、火星紧凑型侦察成像光谱仪（CRISM）[58]、火星矿物光谱分析仪（MMS）[59]，具体参数如表7.5所列。TES搭载于火星全球勘探者轨道器，波长范围是$6\sim50\mu m$，具有低空间、高光谱分辨率；OMEGA搭载于火星快车轨道器，空间分辨率较低，光谱分辨率为$7\sim20nm$，波长范围为$0.36\sim5.1\mu m$，利用其较大的空间覆盖率可以对整个火星范围进行探测，被广泛应用于火星表面矿物填图中；MMS搭载于"天问一号"，光谱范围为$0.379\sim3.4nm$，空间分辨率为265m，光谱分辨率为$2.96\sim3.9nm$，通过获取火星表面可见光和热红外高分辨率反射光谱，从而分析火星表面物质组成与分布；CRISM搭载于火星勘测轨道器，矿物探测一般采用其目标模式下的数据产品，光谱分辨率是6.55nm，空间分辨率达$18\sim200m$，波长范围是$0.36\sim3.92nm$，覆盖可见光-近红外范围，虽然这种目标观测模式的

CRISM 高分辨率数据的综合空间覆盖范围不到火星表面的 2%，但因其具有高空间、高光谱分辨率的优点，适合于对火星表面矿物的组成成分和含量进行探测，是目前最为常用的火星高光谱数据。

表 7.5 火星高光谱矿物探测器参数

光谱仪	轨道器	光谱范围/μm	光谱分辨率	波段数	空间分辨率
TES	火星全球勘探者	6~50	$10cm^{-1}$ 或 $20cm^{-1}$	148 或 296	约 3×6 km
OMEGA	"火星快车"探测器	0.36~5.1	7~20nm	352	300~4000m
CRISM	火星勘测轨道器	0.36~3.92	6.55nm	544	18~200m
MMS	天问一号	0.379~3.4	2.96~3.9nm	576	265m

7.3.2 基于高光谱的火星探测分析

7.3.2.1 高光谱混合像元分解技术的比对与验证：以火星为例

由于 CRISM 这样的行星高光谱数据的体积和复杂性不断增加，高效而准确的算法对于它们的分析至关重要。无监督光谱解混技术是潜在的相关工具，特别是在只有很少的地面真实数据可用的行星科学中。这些技术旨在分离形成遥感信号的不同贡献之间存在的混合物。由于传感器空间分辨率的限制以及不同物理源之间发生的太阳光子的多次散射，不同的光谱特征可以线性和非线性组合。将光谱解混技术应用于行星高光谱数据的首次尝试是基于线性模型。

本节通过测试以下最先进算法的综合选择来评估光谱解混技术在行星背景下的适用性：BPSS、VCA、N-FINDR、MVC-NMF、MVES 和 SISAL。此外，通过考虑空间预处理，将空间信息集成到解混过程中。通过这种方式，考虑了基于几何、贝叶斯和光谱空间第一原理的大范围方法。

选定的研究区域是火星罗素陨石坑中的大沙丘，这个 134km 宽的陨石坑拥有一个 $17002km$ 的沙丘场，其东北部有一个罕见的大沙丘。这个大沙丘高约 500m，宽约 20km，长约 40km。特别是，在冬末 CO_2 冰开始减少时，面向西南的沙丘陡坡显示出许多解冻的特征。这些现象以黑点的形式（主要在沙丘的顶部）和深色的细长图案（遍布整个陡坡）先于冰的全球升华，最终露出砂质矿物底层。罗素沙丘代表了在行星环境下测试光谱分解算法的潜在基准。在火星勘测轨道器（MRO）执行任务期间，火星的这一区域已经通过非常高分辨率的图像和成像光谱以协调的方式进行了广泛的仔细检查。在冬末，前者完全解决了深色特征（主要由尘埃构成）和较亮的冰在地理上共存的问题，而后者则没有。因此，来自这两个分量贡献的高光谱信号中线性混合的假设是非常合理的。此外，可以使用非常高分辨率的图像来构建一个基础真值，根据该真值评估应用于高光谱图像的解混技术提供的丰度图。在目标模式下，CRISM 仪器以高光谱（362~3920nm，6.5nm/通道）和空间（高达 18m/像素）分辨率绘制火星关键区域的矿物学图。由于 CRISM 的高分辨率和由其平衡光学传感器单元（OSU）提供的多角度能力，CRISM 提供了对火星行星的新认识。

为了估计图像 frt000042aa 中的端元数量，考虑了两种方法：一种是广泛使用的最小误差高光谱信号子空间识别（HySIME）方法[60]；另一种是最近的特征值似然最大化（ELM）[61]技术，该技术最初是为来自火星的高光谱数据开发的。

（1）HySIME：该方法近年作为一种基于最小均方误差的方法被提出，用于推断高光谱图像中的信号子空间。HySIME 是基于特征分解的、无监督的、全自动的方法，它首先估计信号和噪声相关矩阵，然后选择在最小二乘误差意义上最能代表信号子空间的特征值子集。HySIME 的性能已经通过模拟和地面遥感高光谱数据得到了令人满意的验证。

（2）ELM：该技术作为一种自动和无监督的算法被提出，用于估计高光谱图像的端元数。该方法基于对应于 x 的相关和协方差矩阵的特征值分布。

在估计了测试图像的端元数量之后，基于以下不同的原则选择了最先进的算法：①假设图像中存在纯像素的几何技术；②没有纯像素假设的几何方法；③基于贝叶斯框架的统计方法。此外，我们考虑通过对图像 frt000042aa 进行空间预处理来整合空间信息。考虑的端元提取技术简要说明如下：

（1）VCA[62]：VCA 作为在线性混合假设下提取端元的一种高效快速的几何方法被提出。VCA 迭代地将数据投影到已经提取的端元所张成的子空间的正交方向上，指定最极端的投影作为下一个端元。这个过程不断重复，直到找到所有端元。VCA 对来自火星的 OMEGA 数据进行了令人满意的评估[61]，因此它可以适用于 CRISM 数据的光谱解混。

（2）N-FINDR[63]：广泛使用的 N-FINDR 算法使用简单的非线性反演提取最大体积单纯形的极值点。该方法迭代地选择随机端元，并评估由这些端元维持的单纯形的体积是否发生变化。高光谱数据的凸性使得该操作能够以快速且相对直接的方式执行。与 VCA 相反，N-FINDR 是一种真正的基于单纯体的技术。然而，由于其随机性，这种方法可能会变得效率较低且不可复制。N-FINDR 已在 CRISM 数据上得到应用[64]，取得了令人满意的结果。

(3) MVC-NMF[65]：该技术被提出用于高度混合高光谱数据的端元提取，不需要纯像素假设。MVC-NMF 通过分析光谱解混分析与非负矩阵分解之间的联系，对混合像元进行分解。最小体积约束使得 MVC-NMF 学习较少依赖于初始化，对不同程度的噪声具有鲁棒性，对估计的端元数量不太敏感，并且适用于具有或不具有纯像素表示的图像。已有实验表明[66]，MVC-NMF 具有识别不太普遍的端元的潜力，因此它可能适用于提取 frt000042aa 中的暗特征。

(4) MVES[67]：MVES 方法是一种体积最小化方法，不需要假设"端元在图像中"，寻找包含所有像元点的体积最小的单形体来获得端元。MVSA 的最小体积是通过从内向外扩张得到的。另外，使用 MVSA 算法之前需要根据端元数量 m 对图像进行降维，使得 $L=m$（而不是 $L=m-1$），得到降维后的图像矩阵 R。

(5) SISAL[67]：最近，提出了 SISAL 方法来解决没有纯像素假设的最小体积单纯形的线性解混问题。作为一个带有凸约束的非凸优化问题，正性约束被软约束取代，迫使谱向量属于端元签名的凸包。由此产生的问题通过一系列增广拉格朗日优化来解决。由于 SISAL 的有效性，它可能适合于测试图像的解混。通过与其他最先进的方法（如 VCA 和 MVES）的比较，SISAL 在模拟数据上得到了令人满意的验证。

(6) BPSS[68]：该算法提出在具有固有正性和可加性约束的线性模型下，在贝叶斯框架中对矩阵 M 和 S 进行估计，不存在纯像素假设。在 BPSS 中，假设噪声 S 和 M 分别遵循高斯、狄利克雷和伽马概率密度函数。BPSS 基于分层贝叶斯模型来编码有关感兴趣参数的先验信息。通过使用马尔可夫链蒙特卡罗方法克服了由此产生的后验分布估计的复杂性。在 BPSS 中，由于结果被计算为概率分布函数，因此可以估计影响提取的端元光谱的不确定性程度。该方法在 OMEGA 高光谱图像上得到了令人满意的应用，但从未在 CRISM 的高光谱图像上得到过应用。实验结果如图 7.15 所示。

7.3.2.2 当代火星液态盐水探测：从光谱分解到亚像素映射

水环境是深空探测中判断生命存在的关键性证据，因此，探索当代火星地表是否存在液态水对于火星水文循环和潜在生命的发现具有重要意义。当前主要的火星卫星观测系统是火星勘测轨道器（MRO）携带的高光谱传感器

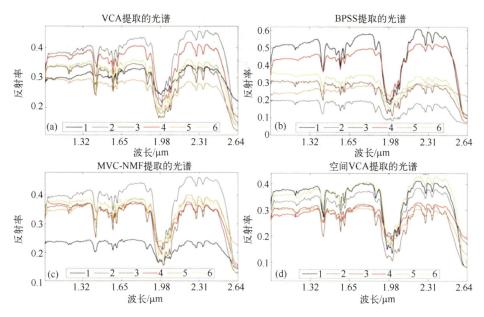

图 7.15 不同方法提取的光谱

CRISM 和高空间分辨率传感器 HiRISE。高光谱传感器 CRISM 能够在狭窄的、连续的光谱谱段上获得密集的遥感影像,覆盖可见光、近红外、中红外波段,这些连续的光谱信息构成了具有唯一性的诊断性特征,能够反映地物晶体结构的物理、化学特性,从而更加精确地反演地物成分和材质,对于深空探测中探索和发现水环境和未知元素具有重要作用[69-71]。

在过去几十年中,越来越多的研究者通过卫星遥感影像以及火星车采集的样本,观测到火星地表上与液态水有关的地理现象——季节性斜坡纹线(Recurring Slope Lineae, RSL)[72],其光谱特性约在 $1.4\mu m$ 和 $1.9\mu m$ 处存在吸收峰,与实验室含水盐的光谱特征极为相似,并且随着时间推移周期性出现和消失,因此推测为液态水的活动[73-74]。然而,RSL 的尺寸一般为 $0.5\sim 5m$,而 CRISM 传感器的空间分辨率为 $18m$[75],因此在 CRISM 高光谱影像上存在 RSL 的像元大多为混合像元。如图 7.16 所示,CRISM 像元的光谱曲线由 RSL、二氧化碳冰等物质光谱曲线混合而成,而传统通过像元尺度光谱特性分析试图探索 RSL 的方法会受到混合像元干扰,导致探测结果不可靠。另一方面,MRO 平台上搭载的高分辨率传感器 HiRISE 获取的影像上可以清楚观测到该混合像元内丰富的纹理特征,然而 HiRISE 只有 3 个光谱波段,仅靠 HiRISE 影像无法识别物质成分。

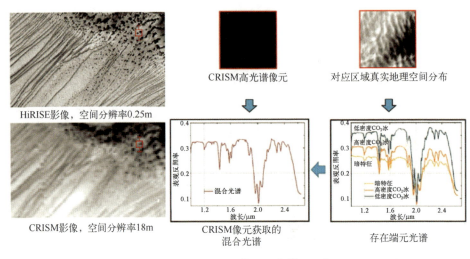

图 7.16 CRISM 影像的混合像元现象

针对 RSL 探测中面临的混合像元问题，本节采用光谱分解和亚像元制图方法实现纯净 RSL 的探测与高分辨率制图。光谱分解能够在无监督的条件下探索危险未知区域（如火星地表）中存在的地物类型，得到类别数、端元光谱以及丰度影像等信息，并在诊断性光谱波段范围内与实验室采集的标准光谱进行比对与识别，判断研究区内的纯净地物端元中是否存在含水化合物，解决传统在混合像元尺度寻找含水化合物的诊断性光谱特征导致的不确定性问题。亚像元制图能够在无监督的条件下实现含水化合物的高分辨率制图，提高观测尺度解决混合像元的空间不确定性。同时，为了验证 RSL 高分辨率制图的可靠性，利用与 CRISM 高光谱传感器协同观测的 HiRISE 影像作为真实地表覆盖，对高分辨率制图进行定量精度评价，总体流程如图 7.17 所示。

本节选择火星罗素火山坑（Russell Crater）中大型沙丘斜坡作为试验区（图 7.18（a）），利用光谱分解和亚像元制图方法，实现火星地表季节性斜坡纹线 RSL 的精准探测和高分辨率制图，解决 RSL 在探索与分析中存在的混合像元问题。罗素火山坑区域具有协同观测的 CRISM 和 HiRISE 影像，如图 7.18（b）和图 7.18（c）所示，HiRISE 影像可以作为真实地表覆盖对 CRISM 高光谱影像的亚像元制图结果进行精度评价。

实验步骤如下：首先对 CRISM 和 HiRISE 影像进行配准，两者经配准后的空间位置关系如图 7.18（d）所示。在 CRISM 和 HiRISE 的重叠区域中选取局部区域用于试验，如图 7.18（e）和图 7.18（f）所示，影像大小分别为 60×100 像素和 4320×7200 像素（两者尺度差 72 倍，为降低重建难度，提高亚像

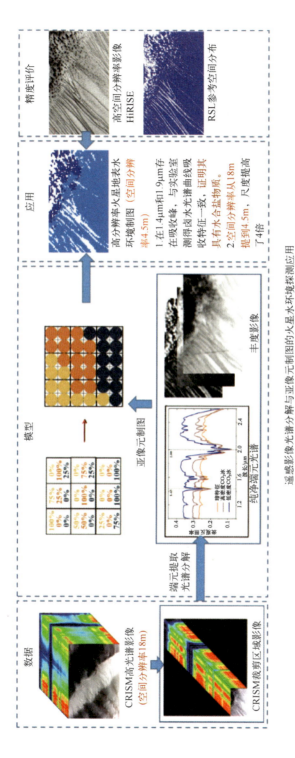

图 7.17 火星地表季节性斜坡纹线 RSL 的光谱分解与亚像元制图总体流程图

元制图可靠性，通常将 HiRISE 影像降采样，与 CRISM 影像保持 4 倍尺度差）。首先利用端元数目估计、端元提取和丰度反演等光谱分解方法，获得该地区各纯净端元的光谱曲线以及丰度影像。同时结合前人在罗素火山坑的研究基础进行微调[76-78]，可以得知此研究区主要存在季节性斜坡纹线 RSL，以及不同形态的二氧化碳冰等纯净地物的混合分布。

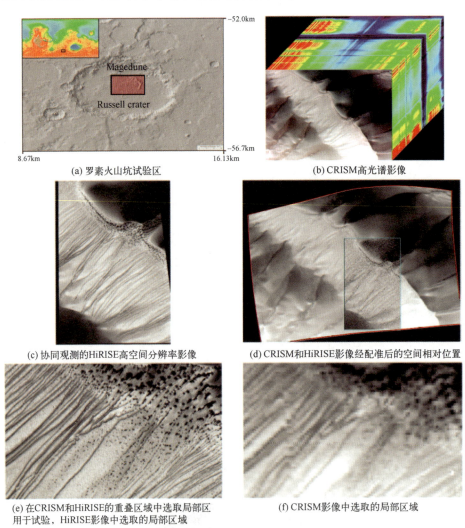

图 7.18　罗素火山坑（Russell Crater）中大型沙丘斜坡获取的 CRISM 和 HiRISE 影像

端元提取的试验结果如图 7.19 所示，从端元光谱曲线可以看出，RSL 在波长约 $1.4\mu m$ 和 $1.9\mu m$ 处存在吸收峰，与实验室测得的含盐卤水的光谱曲线吸收特征相似，证明季节性斜坡纹线附近存在含水化合物。利用全约束最小二乘法可得到丰度影像，如图 7.20 所示。

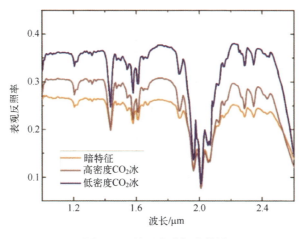

图 7.19 端元光谱提取结果

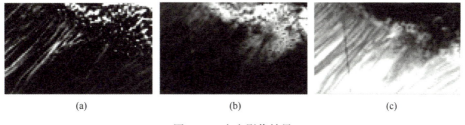

图 7.20 丰度影像结果

以丰度影像作为输入，利用亚像元制图算法对 RSL 进行制图分辨率提高。参与对比的亚像元制图方法包括最近邻差值亚像元制图（Nearest Neighbor Interpolation，NNISM）、吸引力模型亚像元制图（SASM）、像元置换亚像元制图（PSSM）、遗传算法亚像元制图（GASM）、克隆选择亚像元制图（CSSM）、最大后验概率亚像元制图（AMCDSM）以及顾及 RSL 空间信息的最大后验概率亚像元制图（RSL_MAP）[79]。亚像元制图的重建尺度为 4。试验结果如图 7.21 所示，总体精度 OA 和 Kappa 的定量评价结果如表 7.6 所列。

表 7.6 火星地表 RSL 亚像元制图的总体分类精度和 Kappa 系数

精度	NNI	PSSM	SASM	GASM	CSSM	AMCDSM	RSL_MAP
OA/%	75.74	74.24	74.21	74.12	74.26	**80.11**	75.67
Kappa	0.1249	0.1885	0.1874	0.1845	0.1887	**0.2325**	27.22

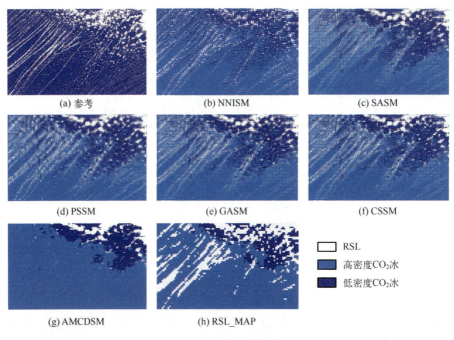

图 7.21 亚像元制图结果

从制图结果的目视效果评价，NNISM、SASM、PSSM、GASM、CSSM 等方法能够较好重建 RSL 的空间纹理信息，然而存在严重的噪声影响。AMCDSM 因加入了空间先验项使得重建结果更加平滑，然而感兴趣的 RSL 细节纹理被错误地平滑抹消。相比而言，RSL_MAP 能够利用丰度影像中蕴含的 RSL 空间信息作为约束，实现更好地 RSL 空间纹理特征重建。

本节将亚像元制图原型系统应用于火星水环境探测与高分辨率制图，解决了季节性斜坡纹线 RSL 的观测分辨率不足导致的混合像元问题。利用端元提取和丰度反演等光谱分解方法获取混合像元中纯净地物的类别数量、端元光谱以及丰度影像。通过 RSL 在波长约 $1.4\mu m$ 和 $1.9\mu m$ 处存在吸收峰，与实验室测得的含盐卤水的光谱曲线吸收特征相似，证明季节性斜坡纹线附近存在含水化合物。利用亚像元制图方法将 RSL 的空间分辨率提高了 4 倍，制图分辨率为 4.5m，证明了亚像元制图方法的有效性。因此，光谱分解和亚像元制图方法对于火星探测中大范围未知区域（无 HiRISE 协同观测，不存在真实地表覆盖的区域）含水盐的高分辨率制图具有重要意义。

参考文献

[1] WANG Z, XIONG X. Band-to-band misregistration of the images of MODIS onboard calibrators and its impact on calibration [J]. IEEE Transactions on Geoscience and Remote Sensing, 2017, 55(4): 2136-2143.

[2] ORTEGA S, GUERRA R, DIAZ M, et al. Hyperspectral push-broom microscope development and characterization [J]. IEEE Access, 2019, 7: 122473-122491.

[3] GUPTA N. Development of staring hyperspectral imagers [C]//2011 IEEE Applied Imagery Pattern Recognition Workshop (AIPR), October 11-13, 2011, Washington, DC, USA. IEEE, c2011: 1-8.

[4] ZHONG Y, WANG X, XU Y, et al. Mini-UAV-borne hyperspectral remote sensing: from observation and processing to applications [J]. IEEE Geoscience and Remote Sensing Magazine, 2018, 6(4): 46-62.

[5] ZHONG Y, HU X, LUO C, et al. WHU-Hi: UAV-borne hyperspectral with high spatial resolution (H2) benchmark datasets and classifier for precise crop identification based on deep convolutional neural network with CRF [J]. Remote Sensing of Environment, 2020, 250: 112012.

[6] XIONG Z, WANG L, LI H, et al. Snapshot hyperspectral light field imaging [C]//Proceedings of the IEEE Conference on Computer Vision and Pattern Recognition, July 21-July 26, 2017, Honolulu, Hawaii, USA. IEEE, c2017: 3270-3278.

[7] 高泽东, 高洪兴, 朱院院, 等. 快照式光谱成像技术综述 [J]. 光学精密工程, 2020, 28(6): 1323-1343.

[8] XIONG F, ZHOU J, QIAN Y. Material based object tracking in hyperspectral videos [J]. IEEE Transactions on Image Processing, 2020, 29: 3719-3733.

[9] BANERJEE A, BURLINA P, BROADWATER J. Hyperspectral video for illumination-invariant tracking [C]//2009 First Workshop on Hyperspectral Image and Signal Processing: Evolution in Remote Sensing, August 26-28, 2009, Grenoble, France. IEEE, c2009: 1-4.

[10] VAN NGUYEN H, BANERJEE A, CHELLAPPA R. Tracking via object reflectance using a hyperspectral video camera [C]//2010 IEEE Computer Society Conference on Computer Vision and Pattern Recognition-Workshops, June 13-18, 2010, San Francisco, California, USA. IEEE, c2010: 44-51.

[11] QIAN K, ZHOU J, XIONG F, et al. Object tracking in hyperspectral videos with convolutional features and kernelized correlation filter [C]//Smart Multimedia: First International Conference, ICSM 2018, August 24-26, 2018, Toulon, France. Springer International Publishing, c2018: 308-319.

［12］UZKENT B, RANGNEKAR A, HOFFMAN M J. Tracking in aerial hyperspectral videos using deep kernelized correlation filters［J］. IEEE Transactions on Geoscience and Remote Sensing, 2018, 57(1): 449-461.

［13］CHEN L, ZHAO Y. Mosaic spatial-spectral feature based object tracking in hyperspectral video［C］//IEEE 11th Workshop on Hyperspectral Image and Signal Processing: Evolution in Remote Sensing (WHISPERS), March 24-26, 2021, Amsterdam, Netherlands. IEEE, c2021: 1-5.

［14］ZHANG Z, QIAN K, DU J, et al. Multi-features integration based hyperspectral videos tracker［C］//2021 11th Workshop on Hyperspectral Imaging and Signal Processing: Evolution in Remote Sensing (WHISPERS), March 24-26, 2021, Amsterdam, Netherlands. IEEE, c2021: 1-5.

［15］ZHANG Y, LI X, WANG F, et al. A fast hyperspectral object tracking method based on channel selection strategy［C］//2022 12th Workshop on Hyperspectral Imaging and Signal Processing: Evolution in Remote Sensing (WHISPERS), September13-16, 2022, Rome, Italy. IEEE, c2022: 1-5.

［16］LI Z, XIONG F, ZHOU J, et al. BAE-Net: a band attention aware ensemble network for hyperspectral object tracking［C］//2020 IEEE International Conference on Image Processing (ICIP), October 25-28, 2020, Abu Dhabi, United Arab. IEEE, c2020: 2106-2110.

［17］SONG Y, MA C, WU X, et al. Vital: visual tracking via adversarial learning［C］//Proceedings of the IEEE Conference on Computer Vision and Pattern Recognition, June 18-23, 2018, Salt Lake City, Utah, USA. IEEE, c2018: 8990-8999.

［18］LI Z, YE X, XIONG F, et al. Spectral-spatial-temporal attention network for hyperspectral tracking［C］//2021 11th Workshop on Hyperspectral Imaging and Signal Processing: Evolution in Remote Sensing (WHISPERS), March 24-26, 2021, Amsterdam, Netherlands. IEEE, c2021: 1-5.

［19］TANG Y, LIU Y, JI L, et al. Robust hyperspectral object tracking by exploiting background-aware spectral information with band selection network［J］. IEEE Geoscience and Remote Sensing Letters, 2022, 19: 1-5.

［20］TANG Y, HUANG H, LIU Y, et al. A Siamese network-based tracking framework for hyperspectral video［J］. Neural Computing and Applications, 2023, 35(3): 2381-2397.

［21］WANG S Q, QIAN K, CHEN P. BS-SiamRPN: hyperspectral video tracking based on band selection and the Siamese region proposal network［C］//2022 12th Workshop on Hyperspectral Imaging and Signal Processing: Evolution in Remote Sensing (WHISPERS), September13-16, 2022, Rome, Italy. IEEE, c2022: 1-8.

[22] GAO L, LIU P, JIANG Y, et al. CBFF-Net: a new framework for efficient and accurate hyperspectral object tracking [J]. IEEE Transactions on Geoscience and Remote Sensing, 2023, 61: 1-14.

[23] LIU Z, WANG X, SHU M, et al. An anchor-free Siamese target tracking network for hyperspectral video [C]//2021 11th Workshop on Hyperspectral Imaging and Signal Processing: Evolution in Remote Sensing (WHISPERS), March 24-26, 2021, Amsterdam, Netherlands. IEEE, c2021: 1-5.

[24] LIU Z, WANG X, ZHONG Y, et al. SiamHYPER: learning a hyperspectral object tracker from an RGB-based tracker [J]. IEEE Transactions on Image Processing, 2022, 31: 7116-7129.

[25] WANG Y, LIU Y, ZHANG G, et al. Spectral-spatial-aware transformer fusion network for hyperspectral object tracking [C]//2022 12th Workshop on Hyperspectral Imaging and Signal Processing: Evolution in Remote Sensing (WHISPERS), September 13-16, 2022, Rome, Italy. IEEE, c2022: 1-5.

[26] SU N, LIU H, ZHAO C, et al. A transformer-based three-branch Siamese network for hyperspectral object tracking [C]//2022 12th Workshop on Hyperspectral Imaging and Signal Processing: Evolution in Remote Sensing (WHISPERS), September 13-16, 2022, Rome, Italy. IEEE, c2022: 1-5.

[27] ZHAO C, LIU H, SU N, et al. TFTN: a transformer-based fusion tracking framework of hyperspectral and RGB [J]. IEEE Transactions on Geoscience and Remote Sensing, 2022, 60: 1-15.

[28] WU Y, LIM J, YANG M H. Online object tracking: a benchmark [C]//Proceedings of the IEEE Conference on Computer Vision and Pattern Recognition, June 23-28, 2013, Portland, Oregon, USA. IEEE, c2013: 2411-2418.

[29] 张兵. 当代遥感科技发展的现状与未来展望 [J]. 中国科学院院刊, 2017, 32(7): 774-784.

[30] JUNG-RIM M, MIN-JUNG K. Current status of hyperspectral remote sensing: principle, data processing techniques, and applications [J]. Korean Journal of Remote Sensing, 2005, 21(4): 341-369.

[31] VERAVERBEKE S, DENNISON P, GITAS I, et al. Hyperspectral remote sensing of fire: state-of-the-art and future perspectives [J]. Remote Sensing of Environment, 2018, 216: 105-121.

[32] TONG Q, XUE Y, ZHANG L. Progress in hyperspectral remote sensing science and technology in China over the past three decades [J]. IEEE Journal of Selected Topics in Applied Earth Observations and Remote Sensing, 2013, 7(1): 70-91.

[33] KIM S H, MA J R, KOOK M J, et al. Current status of hyperspectral remote sensing: principle, data processing techniques, and applications [J]. Korean Journal of Remote Sensing, 2005, 21(4): 341-369.

[34] 王建宇, 李春来, 姬弘桢, 等. 热红外高光谱成像技术的研究现状与展望 [J]. 红外与毫米波学报, 2015, 34(1): 51-59.

[35] 李春来, 刘成玉, 金健, 等. 红外高光谱遥感成像的技术发展与气体探测应用（特邀）[J]. 红外与激光工程, 2022, 51(7): 33-45.

[36] OGAWA K, SCHMUGGE T, JACOB F, et al. Estimation of broadband emissivity from satellite multi-channel thermal infrared data using spectral libraries [C]//IEEE International Geoscience and Remote Sensing Symposium, June24-28, 2002, Toronto, Ontario, Canada. IEEE, c2002: 3234-3236.

[37] BALDRIDGE A M, HOOK S J, GROVE C, et al. The ASTER spectral library version 2.0 [J]. Remote Sensing of Environment, 2009, 113(4): 711-715.

[38] SHIMODA H, OGAWA T. Interferometric monitor for greenhouse gases (IMG) [J]. Advances in Space Research, 2000, 25(5): 937-946.

[39] ASLETT Z, TARANIK J V, RILEY D N. Mapping rock forming minerals at Boundary Canyon, Death Valley National Park, California, using aerial SEBASS thermal infrared hyperspectral image data [J]. International Journal of Applied Earth Observation and Geoinformation, 2018, 64: 326-339.

[40] YOKOYAMA K E, MILLER JR H, HEDMAN T, et al. NGST longwave hyperspectral imaging spectrometer system characterization and calibration [C]//Imaging Spectrometry IX, August6-7, 2003, San Diego, California, USA. SPIE, c2004: 262-274.

[41] LIU C, XU R, XIE F, et al. New airborne thermal-infrared hyperspectral imager system: initial validation [J]. IEEE Journal of Selected Topics in Applied Earth Observations and Remote Sensing, 2020, 13: 4149-4165.

[42] IQBAL A, ULLAH S, KHALID N, et al. Selection of HyspIRI optimal band positions for the earth compositional mapping using HyTES data [J]. Remote Sensing of Environment, 2018, 206: 350-362.

[43] ULLAH S, IQBAL A. Application of hyperspectral thermal emission spectrometer (hytes) data for hyspiri optimal band positioning to characterize surface minerals [J]. The International Archives of the Photogrammetry, Remote Sensing and Spatial Information Sciences, 2019, 42: 1893-1897.

[44] YUAN L, HE Z, LV G, et al. Optical design, laboratory test, and calibration of airborne long wave infrared imaging spectrometer [J]. Optics Express, 2017, 25(19): 22440-22454.

[45] JIA J, WANG Y, CHEN J, et al. Status and application of advanced airborne hyperspectral imaging technology: a review [J]. Infrared Phys. Technol., 2020, 104: 103115.

[46] REED I S, YU X. Adaptive multiple-band CFAR detection of an optical pattern with unknown spectral distribution [J]. IEEE Transactions on Acoustics, Speech, and Signal Processing, 1990, 38(10): 1760-1770.

[47] MATTEOLI S, DIANI M, CORSINI G. Improved estimation of local background covariance matrix for anomaly detection hyperspectral images [J]. Optical Engineering, 2010, 49(4): 1-16.

[48] QU Y, QI H. uDAS: an untied denoising autoencoder with sparsity for spectral unmixing [J]. IEEE Transactions on Geoscience and Remote Sensing, 2018, 57(3): 1698-1712.

[49] ZHANG Y, DU B, ZHANG L, et al. A low-rank and sparse matrix decomposition-based Mahalanobis distance method for hyperspectral anomaly detection [J]. IEEE Transactions on Geoscience and Remote Sensing, 2015, 54(3): 1376-1389.

[50] WANG S, WANG X, ZHONG Y, et al. Hyperspectral anomaly detection via locally enhanced low-rank prior [J]. IEEE Transactions on Geoscience and Remote Sensing, 2020, 58(10): 6995-7009.

[51] ZHU X, CAO L, WANG S, et al. Anomaly detection in airborne fourier transform thermal infrared spectrometer images based on emissivity and a segmented low-rank prior [J]. Remote Sensing, 2021, 13(4): 754.

[52] CAO L, HE J, GAO L, et al. LWIR hyperspectral image classification based on a temperature-emissivity residual network and conditional random field model [J]. International Journal of Remote Sensing, 2022, 43(10): 3744-3768.

[53] 刘洋, 吴兴, 刘正豪, 等. 火星的地质演化和宜居环境研究进展 [J]. 地球与行星物理论评, 2021, 52(4): 416-436.

[54] WAN W X, WANG C, LI C L, et al. China's first mission to Mars [J]. Nature Astronomy, 2020, 4(7): 721-721.

[55] 李春来, 刘建军, 耿言, 等. 中国首次火星探测任务科学目标与有效载荷配置 [J]. 深空探测学报 (中英文), 2018, 5(5): 406-413.

[56] CHRISTENSEN P R, BANDFIELD J L, HAMILTON V E, et al. Mars global surveyor thermal emission spectrometer experiment: investigation description and surface science results [J]. Journal of Geophysical Research: Planets, 2001, 106(E10): 23823-23871.

[57] BIBRING J P, SOUFFLOT A, BERTHÉ M, et al. OMEGA: Observatoire pour la Minéralogie, l'Eau, les Glaces et l'Activité [M]. Noordwijk: Mars Express, 2004.

[58] MURCHIE S, ARVIDSON R, BEDINI P, et al. Compact reconnaissance imaging spectrometer for Mars (CRISM) on Mars reconnaissance orbiter (MRO) [J]. Journal of Ge-

ophysical Research: Planets, 2007, 112(E5): 1-57.

[59] 何志平, 吴兵, 徐睿, 等. 天问一号环绕器火星矿物光谱分析仪探测机理与仪器特性 [J]. 中国科学: 物理学力学天文学, 2022, 52(3): 27-37.

[60] BIOUCAS-DIAS J M, NASCIMENTO J M. Hyperspectral subspace identification [J]. IEEE Transactions on Geoscience and Remote Sensing, 2008, 46(8): 2435-2445.

[61] LUO B, CHANUSSOT J. Unsupervised hyperspectral image classification by using linear unmixing [C]//IEEE ICIP, November7-10, 2009, Cairo, Egypt. IEEE, c2009.

[62] NASCIMENTO J M, DIAS J M B. Vertex component analysis: a fast algorithm to unmix hyperspectral data [J]. IEEE Transactions on Geoscience and Remote Sensing, 2005, 43(4): 898-910.

[63] WINTER M E. N-FINDR: an algorithm for fast autonomous spectral end-member determination in hyperspectral data [C]//Imaging Spectrometry V, July 19-21, Denver, Colorado, USA. SPIE, c1999: 266-275.

[64] THOMPSON D R, MANDRAKE L, GILMORE M S, et al. Superpixel endmember detection [J]. IEEE Transactions on Geoscience and Remote Sensing, 2010, 48(11): 4023-4033.

[65] MIAO L, QI H. Endmember extraction from highly mixed data using minimum volume constrained nonnegative matrix factorization [J]. IEEE Transactions on Geoscience and Remote Sensing, 2007, 45(3): 765-777.

[66] CHAN T H, CHI C Y, HUANG Y M, et al. A convex analysis-based minimum-volume enclosing simplex algorithm for hyperspectral unmixing [J]. IEEE Transactions on Signal Processing, 2009, 57(11): 4418-4432.

[67] BIOUCAS-DIAS J M. A variable splitting augmented Lagrangian approach to linear spectral unmixing [C]//2009 First Workshop on Hyperspectral Image and Signal Processing: Evolution in Remote Sensing, August26-28, 2009, Grenoble, France. IEEE, c2009: 1-4.

[68] MOUSSAOUI S, HAUKSDÓTTIR H, SCHMIDT F, et al. On the decomposition of Mars hyperspectral data by ICA and Bayesian positive source separation [J]. Neurocomputing, 2008, 71(10-12): 2194-2208.

[69] 徐伟杰. 火星表面模拟矿物和卤水的光谱鉴别研究 [D]. 济南: 山东大学, 2018.

[70] 林红磊. 火星含水矿物精细类别的高光谱遥感探测方法研究 [D]. 北京: 中国科学院大学, 2018.

[71] 于艳梅. 遥感技术在月球、火星岩矿信息提取中的研究和应用 [D]. 北京: 中国地质大学（北京）, 2019.

[72] MCEWEN A S, DUNDAS C M, MATTSON S S, et al. Recurring slope lineae in equatorial regions of Mars [J]. Nature Geoscience, 2014, 7(1): 53-58.

[73] OJHA L, WILHELM M B, MURCHIE S L, et al. Spectral evidence for hydrated salts in re-

curring slope lineae on Mars [J]. Nature Geoscience, 2015, 8(11): 829.

[74] MARTIN-TORRES F J, ZORZANO M P, VALENTIN-SERRANO P, et al. Transient liquid water and water activity at gale crater on Mars [J]. Nature Geoscience, 2015, 8(5): 357-361.

[75] MCEWEN A S, OJHA L, DUNDAS C M, et al. Seasonal flows on warm martian slopes [J]. Science, 2011, 333(6043): 740-743.

[76] CEAMANOS X, DOUTE S. Spectral smile correction of CRISM/MRO hyperspectral images [J]. IEEE Transactions on Geoscience and Remote Sensing, 2010, 48(11): 3951-3959.

[77] CEAMANOS X, DOUTÉ S, LUO B, et al. Intercomparison and validation of techniques for spectral unmixing of hyperspectral images: a planetary case study [J]. IEEE Transactions on Geoscience and Remote Sensing, 2011, 49(11): 4341-4358.

[78] JOUANNIC G, GARGANI J, COSTARD F, et al. Morphological and mechanical characterization of gullies in a periglacial environment: the case of the Russell crater dune (Mars) [J]. Planetary and Space Science, 2012, 71(1): 38-54.

[79] ZHONG Y, HE D, LUO B, et al. Contemporary liquid brine exploration on Mars: from spectral unmixing to subpixel mapping [J]. Earth and Space Science, 2019, 6(3): 433-466.

附录 高光谱遥感算法库

为方便读者复现书中实验并快速获取经典算法资源,附表将高光谱遥感领域经典的算法进行了汇总,下载链接如下:http://rsidea.whu.edu.cn/resource_Intelligent_processing_of_hyperspectral_RS.htm。

附表 高光谱遥感算法汇总

高光谱数据处理任务	算法名称	原始论文	参考文献
高光谱去噪 (参考第3章)	LRMR	Hyperspectral Image Restoration Using Low-Rank Matrix Recovery	[1]
	LLRSSTV	Hyperspectral Image Denoising Using Local Low-Rank Matrix Recovery and Global Spatial-Spectral Total Variation	[2]
	WFAF	De-striping hyperspectral imagery using wavelet transform and adaptive frequency domain filtering	[3]
	LRTF_DFR	Double Factor-Regularized Low-Rank Tensor Factorization for Mixed Noise Removal in Hyperspectral Image	[4]
	SGIDN	Satellite-ground integrated destriping network: A new perspective for EO-1 Hyperion and Chinese hyperspectral satellite datasets	[5]
高光谱混合像元分解 (参考第4章)	SAED	Autonomous endmember detection via an abundance anomaly guided saliency prior for hyperspectral imagery	[6]
	SGSNMF	Spatial group sparsity regularized nonnegative matrix factorization for hyperspectral unmixing	[7]
	MVSA	Minimum volume simplex analysis: A fast algorithm for linear hyperspectral unmixing	[8]
	CyCU-Net	CyCU-Net: Cycle-consistency unmixing network by learning cascaded autoencoders	[9]

续表

高光谱数据处理任务	算法名称	原 始 论 文	参考文献
高光谱混合像元分解（参考第4章）	GBM	Nonlinear unmixing of hyperspectral images using a generalized bilinear model	[10]
	PPNMM	Supervised nonlinear spectral unmixing using a polynomial post nonlinear model for hyperspectral imagery	[11]
	MVCNMF	Endmember extraction from highly mixed data using minimum volume constrained nonnegative matrix factorization	[12]
	UDAS	uDAS：An untied denoising autoencoder with sparsity for spectral unmixing	[13]
高光谱分类（参考第5章）	FPGA	FPGA：Fast Patch-Free Global Learning Framework for Fully End-to-End Hyperspectral Image Classification	[14]
	HybridSN	HybridSN：Exploring 3-D-2-D CNN feature hierarchy for hyperspectral image classification	[15]
	3-D CNN	A Fast and Compact 3-D CNN for Hyperspectral Image Classification	[16]
	SSAN	Spectral-Spatial Attention Networks for Hyperspectral Image Classification	[17]
	PresNet	Deep Pyramidal Residual Networks for Spectral-Spatial Hyperspectral Image Classification	[18]
	SSRN	Spectral-Spatial Residual Network for Hyperspectral Image Classification：A 3-D Deep Learning Framework	[19]
高光谱异常探测（参考第6章）	RXD	Adaptive multiple-band CFAR detection of an optical pattern with unknown spectral distribution	[20]
	ADLR	Hyperspectral Anomaly Detection Through Spectral Unmixing and Dictionary-Based Low-Rank Decomposition	[21]
	LRASR	Anomaly Detection in Hyperspectral Images Based on Low-Rank and Sparse Representation	[22]
	Auto-AD	Auto-AD：Autonomous hyperspectral anomaly detection network based on fully convolutional autoencoder	[23]
	CRD	Collaborative Representation for Hyperspectral Anomaly Detection	[24]
	RSAD	Random-Selection-Based Anomaly Detector for Hyperspectral Imagery	[25]

参考文献

[1] ZHANG H, HE W, ZHANG L, et al. Hyperspectral image restoration using low-rank matrix recovery [J]. IEEE Transactions on Geoscience and Remote Sensing, 2014, 52(8): 4729-43.

[2] HE W, ZHANG H, SHEN H, et al. Hyperspectral image denoising using local low-rank matrix recovery and global spatial-spectral total variation [J]. IEEE Journal of Selected Topics in Applied Earth Observations and Remote Sensing, 2018, 11(3): 713-729.

[3] PANDE-CHHETRI R, ABD-ELRAHMAN A. De-striping hyperspectral imagery using wavelet transform and adaptive frequency domain filtering [J]. ISPRS Journal of Photogrammetry and Remote Sensing, 2011, 66(5): 620-636.

[4] ZHENG Y B, HUANG T Z, ZHAO X L, et al. Double-factor-regularized low-rank tensor factorization for mixed noise removal in hyperspectral image [J]. IEEE Transactions on Geoscience and Remote Sensing, 2020, 58(12): 8450-8464.

[5] ZHONG Y, LI W, WANG X, et al. Satellite-ground integrated destriping network: a new perspective for EO-1 Hyperion and Chinese hyperspectral satellite datasets [J]. Remote Sensing of Environment, 2020, 237: 111416.

[6] WANG X, ZHONG Y, CUI C, et al. Autonomous endmember detection via an abundance anomaly guided saliency prior for hyperspectral imagery [J]. IEEE Transactions on Geoscience and Remote Sensing, 2020, 59(3): 2336-2351.

[7] WANG X, ZHONG Y, ZHANG L, et al. Spatial group sparsity regularized nonnegative matrix factorization for hyperspectral unmixing [J]. IEEE Transactions on Geoscience and Remote Sensing, 2017, 55(11): 6287-6304.

[8] LI J, AGATHOS A, ZAHARIE D, et al. Minimum volume simplex analysis: a fast algorithm for linear hyperspectral unmixing [J]. IEEE Transactions on Geoscience and Remote Sensing, 2015, 53(9): 5067-5082.

[9] GAO L, HAN Z, HONG D, et al. CyCU-Net: cycle-consistency unmixing network by learning cascaded autoencoders [J]. IEEE Transactions on Geoscience and Remote Sensing, 2021, 60: 1-14.

[10] HALIMI A, ALTMANN Y, DOBIGEON N, et al. Nonlinear unmixing of hyperspectral images using a generalized bilinear model [J]. IEEE Transactions on Geoscience and Remote Sensing, 2011, 49(11): 4153-62.

[11] ALTMANN Y, HALIMI A, DOBIGEON N, et al. Supervised nonlinear spectral unmixing

using a polynomial post nonlinear model for hyperspectral imagery [C]//2011 IEEE International Conference on Acoustics, Speech and Signal Processing (ICASSP), May 22-27, 2011, Prague, Gzech Republic. IEEE, C2011: 1009-1012.

[12] MIAO L, QI H. Endmember extraction from highly mixed data using minimum volume constrained nonnegative matrix factorization [J]. IEEE Transactions on Geoscience and Remote Sensing, 2007, 45(3): 765-777.

[13] QU Y, QI H. uDAS: an untied denoising autoencoder with sparsity for spectral unmixing [J]. IEEE Transactions on Geoscience and Remote Sensing, 2018, 57(3): 1698-1712.

[14] ZHENG Z, ZHONG Y, MA A, et al. FPGA: fast patch-free global learning framework for fully end-to-end hyperspectral image classification [J]. IEEE Transactions on Geoscience and Remote Sensing, 2020, 58(8): 5612-5626.

[15] ROY S K, KRISHNA G, DUBEY S R, et al. HybridSN: exploring 3-D-2-D CNN feature hierarchy for hyperspectral image classification [J]. IEEE Geoscience and Remote Sensing Letters, 2019, 17(2): 277-281.

[16] AHMAD M, KHAN A M, MAZZARA M, et al. A fast and compact 3-D CNN for hyperspectral image classification [J]. IEEE Geoscience Remote Sensing Letters, 2020, 19: 1-5.

[17] MEI X, PAN E, MA Y, et al. Spectral-spatial attention networks for hyperspectral image classification [J]. Remote Sensing, 2019, 11(8): 963.

[18] PAOLETTI M E, HAUT J M, FERNANDEZ-BELTRAN R, et al. Deep pyramidal residual networks for spectral-spatial hyperspectral image classification [J]. IEEE Transactions on Geoscience Remote Sensing, 2018, 57(2): 740-754.

[19] ZHONG Z, LI J, LUO Z, et al. Spectral-spatial residual network for hyperspectral image classification: a 3-D deep learning framework [J]. IEEE Transactions on Geoscience Remote Sensing, 2017, 56(2): 847-858.

[20] REED I S, YU X. Adaptive multiple-band CFAR detection of an optical pattern with unknown spectral distribution [J]. IEEE Transactions on Acoustics Speech & Signal Processing, 1990, 38(10): 1760-1770.

[21] QU Y, WANG W, GUO R, et al. Hyperspectral anomaly detection through spectral unmixing and dictionary-based low-rank decomposition [J]. IEEE Transactions on Geoscience & Remote Sensing, 2018, 56(8): 4391-4405.

[22] YANG X, WU Z, LI J, et al. Anomaly detection in hyperspectral images based on low-rank and sparse representation [J]. IEEE Transactions on Geoscience & Remote Sensing, 2016, 54(4): 1990-2000.

[23] WANG S, WANG X, ZHANG L, et al. Auto-AD: autonomous hyperspectral anomaly detection network based on fully convolutional autoencoder [J]. IEEE Transactions on Geoscience and Remote Sensing, 2021, 60: 1-14.

[24] WEI L, QIAN D. Collaborative Representation for Hyperspectral Anomaly Detection [J]. IEEE Transactions on Geoscience and Remote Sensing, 2015, 53(3): 1463-1474.

[25] DU B, ZHANG L. Random-selection-based anomaly detector for hyperspectral imagery [J]. IEEE Transactions on Geoscience and Remote Sensing, 2011, 49(5): 1578-1589.